太湖流域生态引领区：绿色发展·政策创新

张 磊 高 爽 陈 婷 张姗姗 等/著

中国环境出版集团·北京

图书在版编目（CIP）数据

太湖流域生态引领区：绿色发展·政策创新/张磊等著. —北京：中国环境出版集团，2023.2
ISBN 978-7-5111-5378-4

Ⅰ. ①太… Ⅱ. ①张… Ⅲ. ①太湖—流域—生态系统—研究 Ⅳ. ①X832

中国版本图书馆 CIP 数据核字（2022）第 244197 号

出 版 人 武德凯
责任编辑 史雯雅
封面设计 彭 杉

出版发行 中国环境出版集团
（100062 北京市东城区广渠门内大街 16 号）
网 址：http://www.cesp.com.cn
电子邮箱：bjgl@cesp.com.cn
联系电话：010-67112765（编辑管理部）
010-67113412（第二分社）
发行热线：010-67125803，010-67113405（传真）
印 刷 北京建宏印刷有限公司
经 销 各地新华书店
版 次 2023 年 2 月第 1 版
印 次 2023 年 2 月第 1 次印刷
开 本 787×1092 1/16
印 张 18.25
字 数 380 千字
定 价 128.00 元

编委会

前　言

太湖治理作为江苏省生态文明建设的标志性工程，随着生态保护引领区任务的提出，需要通过进一步完善体制机制和政策体系，持续深化重点领域和关键环节改革，倒逼和激励流域治理不断深入，用制度保障治理效果。江苏省委、省政府启动实施了“两减六治三提升”专项行动，在实施方案中首次提出，推进生态保护引领区建设，把太湖上游宜兴、武进两地作为生态保护引领区首批试点。宜兴市位于太湖上游，近年来通过大力开展污染治理和生态建设，太湖综合治理取得显著成效，但是宜兴水环境质量持续改善依然面临诸多挑战。宜兴市在《宜兴市生态保护引领区建设规划》中提出，以生态环境整治为抓手，努力建成环境治理样板区、绿色发展示范区、生态宜居典范区、制度创新先行区，把体制机制改革作为生态保护引领区建设的战略基点，需要通过制度创新助力太湖治理。

本书根据太湖流域生态引领区绿色发展现状与存在问题，发现环保优先的政策导向在实践中可操作性不强、考核激励机制不完善、基于自然资源集约高效利用机制尚未形成、生态环境治理以政府投入为主、市场化环境经济政策体系尚不完善、精细化的水生态环境管理体系尚未形成是造成宜兴绿色发展水平不高的深层次原因。结合引领区建设需求和水环境改善目标，研究构建了涵盖自然资源保护、环境经济政策、水生态环境管理、环境保护考核与责任追究 4 个方面，包括自然资源资产负债表、生态补偿、产业准入负面清单等 13 项具体政策的宜兴市绿色发展政策制度体系。自然资源保护制度体系主要从自然资源资产负债表、转移支付、生态保护补偿 3 个方面进行完善，环境经济政策体系主要通过对转移支付、环境税、损害赔偿、绿色信贷、产业准入负面清单等制度优化与创新促进宜兴市绿色发展；水生态环境管理体系主要从水生态监测网络优化、河长制创新管理、环境保护督查等制度方面进行细化，环境保护考核与责任追究制度体系主要研究绩效评价考核、损害责任赔偿和干部离任审计制度，通过构建差别化的考核实施方案促进宜兴市绿色发展。

本书研究成果将有效支撑宜兴市生态文明体制改革深化推进，提升生态保护水平、环境管理水平和政府决策管理水平，为宜兴市实现精准治太提供政策支撑，保障环境质量改善和经济发展的协同并进，开拓一条绿色发展新道路。研究形成了一批具有示范效果的示范工程和制度集成成果，通过在宜兴市对相关政策的综合示范和应用，为将宜兴市打造成为绿色发展示范区和制度创新先行区提供科技与政策支撑，为太湖流域生态文明体制改革提供示范，实现生态文明体制改革“1+6”的创新，为全国生态文明体制改革提供实践示范和技术支撑。

本书出版得到了国家科技重大专项课题“太湖流域生态引领区绿色发展综合示范（2018ZX07208007）”和江苏省生态环境厅科研课题“江苏省生态保护区域监督管理立法可行性研究（2022022）”“沿海地区（江苏段）重点产业布局优化研究及主要污染物排海总量控制应用示范（2019005）”的资助。

本书撰写过程中得到了南京大学、东南大学、宜兴市生态环境局、江苏省环科院同事们的大力支持，在此表示感谢！

课题研究仍处于不断探索与完善的过程中，本书难免存在不足之处，敬请各位读者不吝指正。

作　者

2022 年 1 月 13 日

目　录

第1章

绪　论

1.1　绿色发展内涵及理论基础

1.1.1　绿色发展的内涵

英国环境经济学家大卫·皮尔斯（David Pierce）[1]在《绿色经济蓝图》中提出，绿色发展是自然环境和人类自身能够承受的、不因人类盲目追求经济增长而导致生态危机与社会分裂，不因自然资源耗竭而致使经济不可持续发展的经济发展模式。杨志等[2]指出，绿色发展是以生态环境容量和自然资源承载力为约束条件、以保持生物多样化为基础、以人类福祉为本和人类代际可持续发展为目的的经济发展形态。一些学者认为，绿色发展是建立在传统发展模式上的一种新型发展模式，其内涵主要包括生态健康、经济绿化、社会公平、人民幸福4个方面，而建设生态经济则是实现绿色发展的基本途径。王有捐等[3]认为，绿色发展以促进经济增长为逻辑归宿，是强调将绿色新兴产业作为新的经济增长点，保持环境友好的经济增长的一种方式，它能够实现低碳、资源节约和社会包容的经济增长。根据经济合作与发展组织（OECD）的定义，绿色发展是指“在确保自然资产能够继续为人类幸福提供各种资源和环境服务的同时，促进经济增长和社会发展”。关于绿色发展的内涵、定义非常丰富，笔者认为绿色发展是一种高效可持续的发展模式，其关键是发展，核心是将资源环境视为内生增长要素，通过转变发展方式，用绿色的理念、智力、资本、技术及制度实现高效率、高水平的发展，用高质量发展成效来提升绿色发展能力。

1.1.2　绿色发展的基本特征

作为一种新的发展模式，绿色发展的主要特征表现为“三低”和“三高”，即低消耗、低污染、低排放和高效率、高效益、高循环的有机统一。“三低”与“三高”共同体现绿色发展，既体现了绿色又涵盖了发展。

1）低消耗：是指生产单位产品所耗费的资源、能源较少。绿色发展要求在生产和生活中尽可能降低土地、水、矿产等资源和能源的消耗，特别是降低对化石能源等不可再生能源的消耗。绿色发展就是要在各种资源有限的情况下实现可持续发展。

2）低污染：是指尽量减少生产和生活过程中大气、水、土壤等的环境污染物的排放，以尽可能少的环境污染实现经济社会的可持续发展。绿色发展要求降低各种污染物的排放量，达到人类生产生活的低污染，实现可持续发展。

3）低排放：是指在经济社会发展过程中尽可能降低二氧化碳等的排放量。绿色发展的重要目标之一就是要解决全球气候变暖、生态环境恶化等问题。

4）高效率：是指以较少的投入获得更多的产出，提高生产要素投入效率和资源配置效率。绿色发展一方面要实现各种生产要素在某一行业生产过程中的高效配置，另一方面要实现生产要素在不同区域、不同行业之间的高效配置。

5）高效益：是指高效率的价值表现。高效率不一定等于高效益，因为高效益考虑了成本与产出的价格因素，是用价值量衡量经济社会活动的效果。绿色发展就是要以较少的价值投入实现较高的综合收益。

6）高循环：是指以资源的高效利用和循环利用为目标，通过减量化、再利用、资源化（“3R”）等手段，使经济系统和自然生态系统的物质实现循环，维护自然生态平衡，实现可持续发展。绿色发展要求按照循环经济发展方式，对资源及其废弃物实行综合利用，把经济活动组成一个“资源—产品—再生资源”的反馈式流程。

1.1.3 绿色发展理论分析框架

绿色发展的核心是提高资源环境生产率，即单位资源环境生态消耗的生产率。资源环境生产率公式为：资源环境生产率（PREE）=［国内或地区生产总值（GDP）+生态系统生产总值（GEP）］/资源环境生态消耗。

其中，国内或地区生产总值用 GDP 或 Y 表示，$Y=Af(K, L)$，A 为全要素生产率系数，K、L 分别为资本投入和劳动投入，Y 为 GDP 产出。资源环境生态消耗可分解为资源消耗量、污染排放量、生态空间占用量（含生态损害量）3 个方面，分别用 CRE、CEN、CEC 表示。

最后得到资源环境生产率公式为

$$\text{PREE}=[Af(K, L)+\text{GEP}]/(\text{CRE}+\text{CEN}+\text{CEC})$$

GDP 或者 GEP 的数值越大，资源环境生产率越高，CRE、CEN、CEC 数值越大，则资源环境生产率越低，如果考虑制度系数，则生态文明制度体系越完善，资源环境生产率越高。制度影响绿色发展的机理如图 1-1 所示。

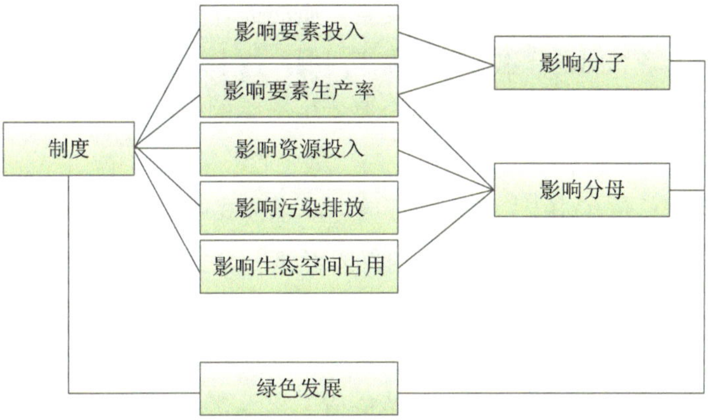

图 1-1 制度影响绿色发展的机理

在绿色发展或资源环境生产率公式中，分子、分母均受制度的影响，制度通过影响各主体的行为，进而影响地区生产总值、生态系统生产总值、资源消耗量、污染物排放量、生态空间占用量等，带来分子、分母数值的增减变化，最后影响绿色发展。

（1）生产要素投入

生产要素投入是公式中影响 GDP 的重要因素。在全要素生产率不变的情况下，增加劳动、资本、资源、技术、人才、信息等生产要素投入会带来 GDP 的增加。生产要素又分为两类：一类是规模型要素，包括劳动、资本、资源等，这类因素投入量的增加可以带来 GDP 的增加，但不是通过效率提高带来 GDP 的增加。另一类是效率型要素，包括技术、人才、信息和知识等，这类要素可以通过提高效率来实现 GDP 增长。规模型要素投入量的增加，一方面可以增加公式中分子上的 GDP 的量，另一方面也增加公式中分母上的资源消耗量，它对资源环境生产率究竟是产生提高还是降低作用，具有不确定性。而效率型要素则主要通过效率提高带来 GDP 的增长，可以直接提高资源环境生产率。

（2）全要素生产率

全要素生产率是影响公式中分子上的 GDP 的又一重要因素。提高全要素生产率意味着以较小的资源环境生态投入来增加 GDP，故特别符合绿色发展的要求。提高全要素生产率的基本途径是笔者近年来反复强调和论证的“三大发动机”——制度变革、结构优化、要素升级（或改革、转型、创新）。其中，制度变革是指改革；结构优化包括工业化（含产业升级）、城镇化、区域经济一体化、国际化等；要素升级包括技术进步、提升人力资本、信息化和知识增长等。在提高全要素生产率的“三大发动机”中，制度变革是根源性发动机，因为结构优化、要素升级依赖于制度变革。结构优化就是将人口和生产要素从较低效率的地区、行业和岗位，转移到较高效率的地区、行业和岗位，实现以较少的资源能源消耗和污染物排放增加产出的效果，进而促进绿色发展。与生产要素投入量增加不同，要素升级是指生产要素“质的提升”，技术、人才、信息等效率型要素既有量的投入增加问题，也有质的提高问题，技术进步、提升人力资本、信息化意味着质的提升。故要素升级尤其有利于全要素生产率的提高。

（3）生态系统生产总值

生态系统生产总值（GEP）在资源环境生产率公式中的分子上。党的十八大报告提出，要把资源消耗、环境损害、生态效益纳入经济社会发展评价体系，建立体现生态文明要求的目标体系、考核办法。由世界自然保护联盟（IUCN）提出并倡导的 GEP，旨在通过计算森林、荒漠、湿地等自然生态系统，以及农田、牧场、水产养殖场等人工生态系统的生产总值，来衡量生态系统的总价值。生态系统生产总值包括生态产品价值、生态调节价值、生态文化价值等。植树造林、保育草原、保护水体、治理沙漠荒漠、维护生物多样性等，都是增加生态系统生产总值的途径。

（4）资源环境生态消耗

资源环境生态消耗（或投入）是资源环境生产率公式中的分母，包括资源消耗量、污染物排放量、生态空间占用量（含生态损害量）3 个方面。要想提高资源环境生产率，促进绿色发展，就必须减少资源环境生态消耗。减少资源环境生态消耗，即减少资源消耗、环境污染与生态破坏。其主要途径有节约集约利用资源能源、控制环境污染排放、加大生态保护建设力度、优化产业结构和空间布局、建设绿色低碳社会等。

（5）制度系数

制度系数是资源环境生产率公式中的重要组成部分，但为简便起见没有在公式中直接显现，但它是本部分的核心内容。制度是同时影响分子 GDP、GEP 和分母 CRE、CEN、CEC 的关键因素，它可放在分子、分母括号的外面。虽然在影响 GDP 的全要素生产率的“三大发动机”中已提到了制度变革，但这里的制度变革主要强调了对生产要素投入效率和资源配置效率的作用。除此之外，还有 GEP、CRE、CEN、CEC 也受制度的影响，故需要加一个制度系数。这个制度系数中的制度主要是指生态文明制度体系。若生态文明制度体系科学合理而完善，则一方面会增加 GEP，另一方面会减少 CRE、CEN、CEC，总之能促进绿色发展。

1.2 绿色发展绩效评价体系研究

1.2.1 政府绿色发展绩效评估的兴起及演进

绿色发展绩效评估是指利用合适的指标反映可持续发展状态，并对绿色发展绩效进行测量与评估的一种管理方法，是一种开放式的管理理念。实践证明，在公众环境质量要求日益提高的现代社会，政府承担了保护环境的历史重任，是解决环境污染外部性的重要责任主体。利用绩效评估的方式，促使政府更好履行环境保护行政职责，推进社会可持续发展，已成为许多国家政府一种重要的环境管理手段。

在20世纪80年代，对绿色发展绩效系统化的研究开始全面展开。1982年5月，在肯尼亚首都内罗毕召开了人类环境特别会议，通过了《内罗毕宣言》，宣言充分肯定了1972年通过的《人类环境宣言》对世界环境保护工作做出的重要贡献，认识到环境保护、经济发展、资源利用与人类活动之间紧密而复杂的相互关系。基于这种综合性认识，提出了只有在人类生活的不同区域采取一种综合的、系统性的管理办法，才能实现环境无害化，使人类社会得到可持续发展。而要实现这一目标，建立环境管理和评价制度就变得尤为重要。1980—1988年，英国政府制定了一套较为完整的环境指数系统，评估人类的各种活动对环境造成的影响。该指数的特点是通过分析后对数据加权合成的方法，反映环境质量整体状况，被普遍认为是世界上最早提出整体测评环境质量的指标体系。1987年世界环境与发展委员会（WCED）向第42届联合国大会提交了《我们共同的未来》报告，在该报告中首次提出：人类应用可持续发展的眼光看待人与自然的关系，人类在追求经济发展的同时，应提高环境保护意识，而有效的环保必须依靠政府和企业的共同参与。1989年，英国环境经济学家大卫·皮尔斯（David Pierce）出版了《绿色经济蓝图》一书，指出经济发展会带来污染，这是人类物质满足必须付出的代价，而政府可以通过一些手段减少污染，并建议将环境因素纳入企业生产决策，企业应对环境资源进行实物核算[1]。20世纪80年代末，人们逐渐认识到许多生产行为潜存环境风险。为了降低危害发生的概率，环境风险评估逐渐被运用，其中最常见的风险评估是对人类健康和生态风险的评估。在风险评估的指标内容中，包含环境绩效指标。风险评估的广泛使用，极大地减少了突发性环境损害事件的出现，对改善环境质量起到了一定的积极作用。以上研究从理论层面为政府绿色发展绩效评估奠定了基础，但缺乏定量的评估方法。

真正意义上对绿色发展绩效评价指标体系的研究与使用始于20世纪90年代，多是从国家尺度对各国可持续发展指数进行研究。1991年OECD环境绩效评估项目启动，开始对区域环境绩效进行评估。1994年在世界可持续发展工商理事会（WBCSD）的提议下，国际标准化组织（ISO）组织人员制定了环境绩效评价国际标准，这些标准被一些国家、企业、社会团体等普遍采用，对促进环境保护起到了较好作用。至1999年，ISO完成了ISO 14031（环境绩效评价标准），该标准为企业内部设计和实施环境绩效审核提供了一个“环境绩效指标库”。几乎在同一时间，国际会计与报告标准政府间专家工作组（ISAR）从1990年开始，也较为深入地研究了企业环境评价问题，并于1990年、1992年、1994年分别对各国企业环境信息披露状况进行了跟踪调研，并公布建议书。1998年，ISAR在对原调研建议书修订的基础上，公布了企业环境信息披露建议书，确定了 8 个关键性的环境业绩指标，这 8 个关键性的指标分别是环境影响最终指标、潜在环境影响的风险指标、排放物和废弃物指标、投入指标、资源耗费指标、与环境相关的资本性支出和运营成本等财务指标等。在 2000 年 8 月，WBCSD 发布了具有指导性的生态效益评估标准。该标准所制定的指标体系是通过对企业的长期实践考察所提出的，具有较强的针对性，对企业规范生产、提高生产技术和管理水平起到了重要作用。2006 年在瑞士达沃斯世界经济论坛上，耶鲁大学环境法和政策中心（YCELP）公布了由埃斯蒂教授主持完成的《世界环境绩效排名 2006》，该报告通过整理和分析从世界银行、世界卫生组织、联合国环境规划署、联合国开发计划署等部门获得的权威数据，建立相应的环境绩效指标体系，对全球 133 个国家和地区的环境质量进行评分并排名，名单上的各国政府根据评估结果，能对本国环境质量状况准确定位，并推动了各国和地方政府环境绩效的发展。

我国对绿色发展绩效的研究开始于 2000 年前后，相对于国外环境绩效评估理论，国内学者的研究领域目前主要集中在对国外绿色发展绩效理论的介绍、对国外一些机构绩效指标的借鉴、对绩效概念和内涵的分析及对一些区域环境保护绩效指标的设定。国内早期研究环境绩效的学者主要介绍国外环境绩效评价的规范、方法和历史发展等，例如，钟朝宏[4]介绍了 ISAR 的 3 份报告，刘丽敏等[5]介绍了全球报告倡议组织（GRI）的《可持续发展报告指南》，陈静等[6]介绍了亚洲相互协作与信任措施会议（CICA）的《环境绩效报告》和日本、英国、加拿大等国家发布的相关规范，曹东等[7]介绍了 OECD 以及大湄公河次区域（GMA）的环境绩效评估目标、内容和方法、主要程序、指标遴选等。在引入国外先进环境绩效评估理论的同时，我国学者也开始以独立的视角对环境绩效的内涵、外延及评价标准展开研究，如卞亦文[8]认为环境绩效评估是环境主管部门对企业环境绩效进行考核的一种手段；许家林等[9]认为环境绩效评估的主要内容包括企业的环境财务业绩和环境质量业绩。在环境绩效评价标准研究方面，学者主要探讨了环境绩效评价指标的选取原则。例如，胡健等[10]认为指标选取要依据科学性、相关性、综合性、动态性、可比性以及可操作性的原则。在环境绩效评价方法方面，学者主要探讨了有哪些定量方法与定性方法可以在评估中使用，并对比了二者的优缺点，例如，袁广达等[11]探讨了普遍使用的定性研究方法之外，模糊综合评价等定量方法在绩效评估中使用的可能性。

1.2.2 国内外典型绿色发展绩效评估及启示

近年来，国内外围绕绿色发展评价指标体系的研究不断涌现新的成果，主要围绕 3 条路径展开：绿色国民经济核算、绿色发展多指标测度体系和绿色发展综合指数。

1.2.2.1 绿色国民经济核算

传统国民经济核算（SNA）只能反映经济总量情况，却不能反映经济活动对资源环境所造成的消耗成本和污染代价。因此，国际社会开始探寻绿色国民经济核算体系，以弥补对经济绩效衡量扭曲的缺陷。挪威是最早进行自然资源核算的国家，1981 年首次公布“自然资源核算”数据，并于 1987 年发布挪威自然资源核算报告，对 1978—1986 年的能源、鱼类、土地利用、森林和矿产资源进行核算，为绿色国民经济核算奠定了重要基础。[12]芬兰借鉴挪威的核算经验，建立了包括森林资源、环境保护支出和大气污染排放在内的自然资源核算框架体系。1993 年，联合国统计司将资源环境纳入国民核算体系，提出与传统国民经济核算一致的解释环境资源存量和流量的系统框架，即环境经济账户（SEEA），为各国建立绿色国民经济核算体系提供了理论框架。在各国实践的基础上，联合国不断进行完善，先后推出了 SEEA2000 和 SEEA2003，为进一步规范各国绿色国民经济核算体系提供了可靠指南和保障。[13]

SEEA 体系一经推出就受到了国际社会的广泛关注，目前已经成为影响最深、应用最广的绿色国民经济核算体系之一。墨西哥是最早进行 SEEA 试点工作的发展中国家之一，在联合国的支持下，建立了墨西哥经济和生态核算体系（SEEAM），对森林资源、石油、大气和水污染等进行核算。[14]随后，泰国、菲律宾、巴布亚新几内亚等发展中国家相继展开核算工作。美国、德国、加拿大、芬兰、丹麦、韩国等发达国家在 SEEA 框架的基础上，也进行了资源环境核算的探索和实践。美国根据 SEEA 架构建立了综合经济与环境的卫星账户（Integrated Economic and Environment Satellite Accounts，IEESA），IEESA 主要包括两个结构特征：①将资源环境作为生产资本；②建立详细的经济核算类别标准，以突出经济活动和资源环境的相互作用关系。[15]加拿大在 SEEA 框架的基础上构建了符合其国情的资源环境核算体系（CSERA），包括自然资本存量、物质和能源流，以及环保支出账户。[16]德国环境经济核算体系（GEEA）采用 SEEA 基本理论和原则，从环境压力、环境状态、环境反应 3 个方面来构建框架结构，分别展开实物量流量核算、自然资源存量核算和环境保护价值量核算，其中实物量流量核算是德国环境经济核算中最完善的部分。[17]

由于资源环境问题的复杂性，以及当前绿色国民经济核算相关理论方法的不成熟，许多国家都选择从某一领域出发进行局部核算，并取得了较好成果。[18]如瑞典的森林资源与环境核算[19]，芬兰的木材和林产品物质流量核算[20]，德国的废弃物及其再循环核算[21]，澳大利亚的环保支出核算[22]，菲律宾的鱼类、森林、水和矿物资源账户[23]等。

国内对绿色国民经济核算的研究相对较晚，但近年来发展较快。2001 年，国家统计局开展了自然资源核算工作，重点试编“全国自然资源实物表”，包括土地、矿产、森林、水这 4 种自然资源。[24]之后，又先后与国家林业局、国家环境保护总局等合作启动了“中国森林资源核算及纳入绿色 GDP 研究”和“将环境污染损失核算纳入绿色 GDP 研究”等项目工作。[25]国内一些地方政府也进行了绿色国民经济核算相关的研究，1999 年，北京大学开展了“可持续发展下的绿色核算”课题研究，并在宁夏进行试点核算。[26]黑龙江、重庆、海南作为国家统计局绿色核算的试点地区，分别对森林、水和工业污染损失展开了核算工作。

为了进一步提升绿色国民经济核算的实力，我国充分利用良好的国际合作平台，多次与处于国际领先水平的国家合作。1998—2001 年，国家统计局与挪威统计局合作，编制了 1987 年、1995 年、1997 年中国能源生产与使用账户，测算了 CO_2、SO_2、CH_4、NO_x 等 8 种大气污染物的排放量。[25]2004—2006 年，国家环境保护总局和世界银行联合启动“建立中国绿色国民核算体系研究”项目，以切实推进绿色国民经济核算体系在中国的应用进程。该项目组正式完成了《中国绿色国民经济核算研究报告 2004》《中国绿色国民经济核算体系框架》等重要研究成果，标志着中国绿色国民经济核算取得了阶段性的成果，为建立长期目标奠定了坚实的基础，并为发展中国家乃至发达国家全面开展绿色国民经济核算树立了典范，起到了探索性和标志性的作用。其中，《中国绿色国民经济核算研究报告 2004》对 2004 年全国 31 个省（区、市）和各产业部门的水污染、大气污染和固体废物污染的实物量进行核算，同时分别从虚拟治理成本和环境污染角度对环境污染的价值量进行核算，得出经环境污染调整的绿色 GDP 核算结果。[27]

1.2.2.2 绿色发展多指标测度体系

绿色发展多指标测度体系是指通过一系列核心指标从各角度反映绿色发展进步情况，不需要进行指标加权。这类指标体系能够直观地显示绿色发展的促进和制约因素，但无法类似综合指数从总体上评估绿色发展。

（1）经济合作与发展组织绿色增长监测指标体系

近年来，OECD 各成员国逐渐意识到发展与环境的相辅相成，认为应进一步实施绿色增长战略，以应对金融危机及更长期的政策选择。因此，在 2009 年 OECD 部长级理事会上，来自 34 个国家的部长授意 OECD 制定绿色增长战略，并为各国拟定一个集经济、环境、社会、技术和发展于一体的综合框架。OECD 界定绿色增长以经济增长为逻辑归宿，强调从经济角度来解决环境退化和气候变化等问题，其建立的绿色增长战略框架也充分体现了这一点（图 1-2）。该框架充分考虑了自然资源的价值，并将其他商品和服务视为生产要素，注重用低成本高效益的方式来缓解环境压力。基于此框架，OECD 构建了一套完整的涵盖经济、环境和人类福祉等方面的绿色增长指标体系，以经济活动中的环境和资源生产率、自然资产基础、生活质量的环境因素、经济机遇和政策响应这 4 类相互关联的核心要素为一级指标，共包括 14 个二级指标和 23 个三级指标。

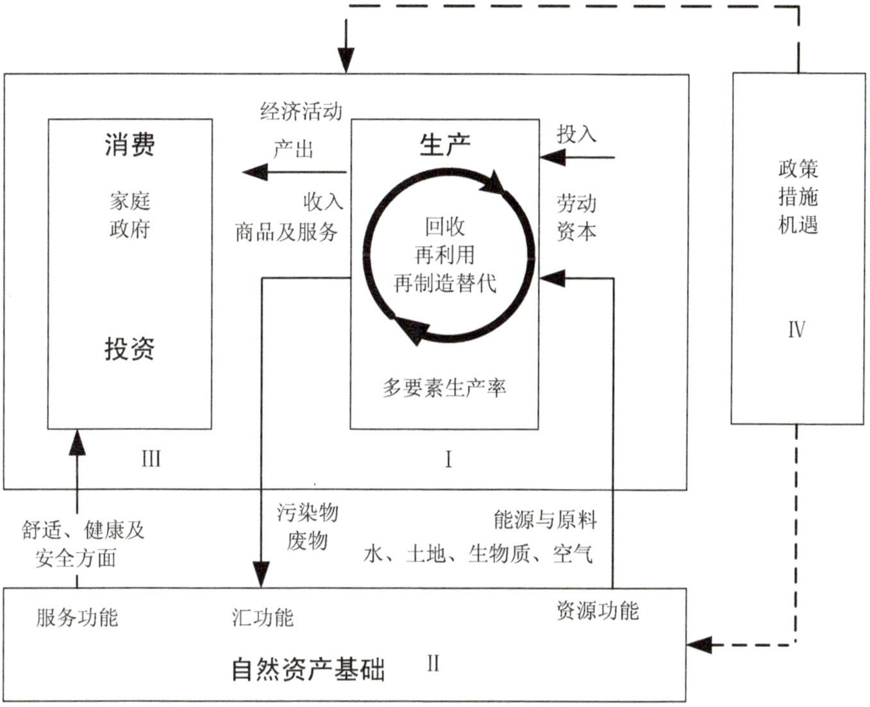

图 1-2 OECD 绿色增长战略框架

OECD 绿色增长衡量框架和指标体系涵盖了各成员国生态、经济、结构和体制特征等方面的大部分信息，指标设计相对比较灵活，广泛应用在荷兰、韩国、捷克、墨西哥等国。2011 年，墨西哥[28]基于 OECD 指标框架构建了符合其国情的指标体系，用 DPSR 模型来测量经济系统（包括生产过程、贸易流动和消费模式）对自然环境所造成的压力。荷兰[29]虽然沿用了 OECD 指标框架，但是为了保持统计口径的一致性和稳定性，其所选取的一系列具体指标大多来自荷兰环境与经济综合核算体系。捷克[30]在 OECD 指标框架的基础上，增加了可持续发展和公平这一主题，用以衡量除经济和环境之外的社会层面情况。

（2）联合国环境规划署（UNEP）绿色经济测度指标体系

自 1992 年联合国环境与发展大会达成可持续发展共识以来，国际社会在可持续发展指标构建领域已经取得了重大进展，但依然面临严峻的挑战。近年来，绿色经济已成为可持续发展领域新的趋势，因此，UNEP 开始探索绿色经济衡量框架，为各国政策制定者提供及时和实用的指导。UNEP 绿色经济衡量框架主要涵盖 3 个方面的内容，即经济转型、资源效率、社会进步和人类福祉（图 1-3）。这主要基于 3 个方面的考虑：①经济转型是迈向绿色经济的核心。当前投资大多集中于高污染、高排放、高消耗产业，而绿色经济的目标则是将这些投资转移至低碳、清洁、资源节约的产业；②经济转型成功的显著标志之一就是资源利用效率的提高；③社会进步和人类福祉是发展绿色经济的最主要目标。

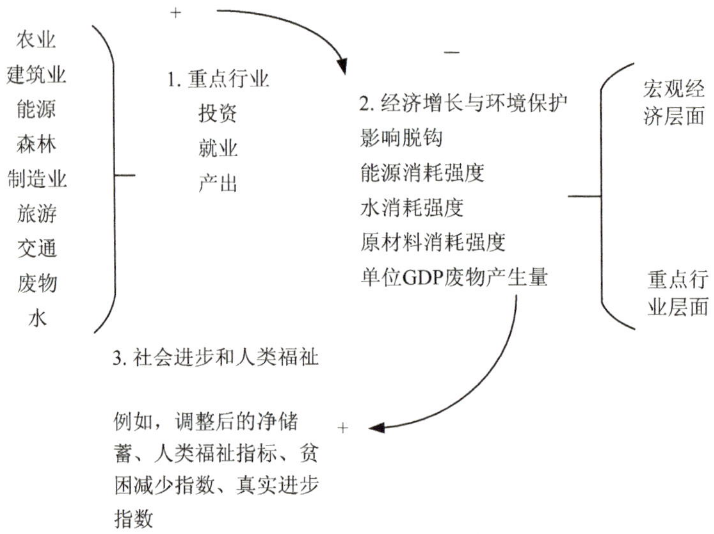

图 1-3 UNEP 绿色经济衡量框架

UNEP 绿色经济衡量框架的设计理念类似于 OECD 绿色增长战略框架，都涉及经济、社会和环境领域，目的都是降低环境压力。但这两者间同时也存在许多不同之处，首先，OECD 更加关注经济增长，强调从经济活动的过程中来实现资源环境保护，而 UNEP 则更加强调环境保护，将更多的资金投资于环境领域。其次，UNEP 在框架设计和指标构建中更多体现了社会进步和人类福祉，而 OECD 则较少关注这方面，更多关注了政策对于经济活动的影响。

1.2.2.3 绿色发展综合指数

这类指数通常是在选择核心指标的基础上，根据指标的重要性对不同指标赋予其相应权重，进而加权综合而成的。综合指数的目的主要是排名，通过排名来反映一个国家或地区某一时期内的绿色发展水平在全球或者全国所处的位置，同时通过纵向比较，也可以反映其历史总体水平的动态变化趋势。但是综合指数只能反映绿色发展的总体水平，难以探寻其深层次的促进和制约因素。

（1）耶鲁大学等提出的环境绩效指数（EPI）

2000 年 9 月在联合国千年首脑会议上，世界各国领导人就全球面临的主要问题，即贫穷、饥饿、疾病、文盲、环境恶化和对妇女的歧视等，共同商定了一套有时限的目标和指标，并同意将这些目标和指标置于全球议程的核心位置，统称为“千年发展目标”。

“千年发展目标”对环境问题的关注，迫切需要建立科学的环境质量衡量标准，准确测评各国自然资源保护和污染控制的状况。由美国耶鲁大学和哥伦比亚大学学者联合制定的 EPI，填补了这一理论空白。

1）EPI 的构建目标和特点。

EPI 是根据环境危机的产生原因及变化趋势设计的。EPI 产生的背景决定了其构建目标是让公众对环境污染状况有个清醒的认识，并通过有效的公共政策提升生态系统活力，推动各国对生态环境的有效管理。EPI 虽然通过排名的方式发布最终绩效评估结果，但其评估的真正价值并不在于排名先后，而在于对深层数据和指数的分解。根据环境绩效专题、环境保护政策范畴、相似群体环境状况和国家等的不同标准对环境绩效数据进行分析，可以更容易地显示不同经济发展水平的国家面对的不同环境困境，从而为未来改进环境保护政策提供有力支持。

EPI 环境政策目标的设定，主要依据国际协议、国际组织和各国政府制定的环境质量标准、环境统计报告、环境科研文献等。EPI 在政策目标设定过程中充分考虑到各国经济社会水平的差异性，因此设定的环境保护政策目标普遍适用于各个发展阶段的所有国家和地区。在实际评估过程中，虽然存在有些数据缺乏和对环境变化趋势预测不确定等问题，但该指数还是能够较好地从整体和各环境类别对区域环境质量进行准确评价。评估实践也充分证明，EPI 使用以环境保护成果为出发点，对环境保护绩效状况进行统一评估，可以较好地对环境政策效果进行追踪观察。

2）目标体系。

2006 年，EPI 提出六大政策类别，分别为环境健康、空气质量、水资源、生物多样性和栖息地、生产性自然资源与可持续能源。随着全球环境问题的凸显，尤其世界各国对大气问题的关注，在 2008 年 EPI 又对原有类别做了改进，将“可持续能源”一项换为“大气变化”。距今绩效评估已开展近 20 年，2018 年 EPI 指标、体系仍然以评价环境健康和生态系统的生命力为目标，权重分别为 40%和 60%，提出十大政策类别，分别为重金属、大气环境质量、水环境质量、空气污染、水污染、生物多样性和栖息地、林业、渔业、农业以及气候和能源（表 1-1）。与 2008 年 EPI 相比，指标指数由原来的 25 个调整为 24 个，指标内容也有所变化。在权重赋值上，EPI 主要是根据政策判断而不是科学依据。在具体指标的确定上，原则上采用等权重方法，再依据专家调查法对部分权重进行调整。

表 1-1 2018 年 EPI 指标和指数体系

指标	目标	政策分类	指数
环境绩效指标	环境健康（40%）	重金属（5%）	重金属铅暴露（100%）
		水环境质量（30%）	充足的公共卫生设施（50%）
			饮用水（50%）
		大气环境质量（65%）	$PM_{2.5}$ 超标（30%）
			$PM_{2.5}$ 暴露（30%）
			家用固体燃料（40%）
	生态系统的生命力（60%）	空气污染（10%）	NO_x 排放（50%）
			SO_2 排放（50%）
		水污染（10%）	污水处置（100%）
		生物多样性和栖息地（25%）	海洋保护区域（20%）
			全球生物群落保护（20%）
			国家生物群落保护（20%）
			物种保护指标（20%）
			典型物种指标（10%）
			物种栖息地指标（10%）
		林业（10%）	林木覆盖损失（100%）
		渔业（10%）	海洋养分指标（50%）
			拖网捕捞强度（50%）
		农业（5%）	氮可持续管理（100%）
		气候和能源（30%）	CO_2 总排放量（50%）
			能源 CO_2 排放量（20%）
			甲烷排放量（20%）
			N_2O 排放量（5%）
			黑炭排放量（5%）

EPI 采用了“逼近目标”的方法，通过评估一个国家的 24 个指数与理想的绩效目标之间的差距，进而给 24 个指数分别打分（范围是 0～100 分），0 表示距离政策目标最远，100 表示达到甚至超过政策目标，数字越大表明环境管理总体水平越高。采取目标渐进的方法，旨在帮助政策制定者发现环境问题；追踪观察污染控制和自然资源管理的趋势；识别最重要的环境问题；确定哪些政策能产生良好效果，哪些政策收效不好；提供用于跨国、跨部门绩效对比的基准；寻找“相似群体”，以专题的方式区别先进者和落后者；定位最佳行动榜样和成功决策模式；专题排名与综合排名相结合，促进在全球范围或相似群体之内进行对比分析。

（2）可持续发展指标体系

1995年4月，联合国可持续发展委员会（CSD）通过了可持续发展指标（ISD）项目工作计划，于1996年8月推出了可持续发展指标框架和方法。该体系以社会、经济、环境以及机构4个方面作为框架，共设计了134个指标，包含社会指标、经济指标、环境指标以及制度指标4类，每类指标都包含驱动指标、状态指标以及响应指标3种。随后，由于CSD指标集太大难以实施，所以修改后的指标集减少至58个。2007年，第三版CSD指标包含一组有14个主题、43个子主题、50个核心指标的集合（表1-2）。

表1-2 CSD可持续发展指标（第三版）

主题	子主题	核心指标	其他指标
贫困	收入贫困	生活在国家贫困线以下的人口比例	日收入低于1美元的人口比例
	收入不均	全国最高与最低收入相对比例	
	公共卫生	改良卫生设施覆盖的人口比例	
	饮用水	安全水源覆盖的人口比例	
	能源获取	电力或其他现代能源服务未供应家庭比例	使用固体燃料烹调的人口比例
	居住条件	居住在贫民区的城市人口比例	
治理	贪污腐败	行贿人口比例	
	犯罪	每10万人中国际杀人犯的数量	
健康	死亡率	5岁以下死亡率	出生时的健康预期寿命
		出生时预期寿命	
	医疗服务供给	可享受基层医疗设施的人口比例	
		儿童传染性疾病免疫接种率	
	营养状况	儿童的营养状况	
	健康状况与潜在风险	重大疾病如HIV/AIDs、疟疾、肺结核等的发病率	烟草消费普及情况
			自杀率
教育	教育水平	初等教育毕业生总人数	终身学习
		初等教育净升学率	
		成人中等（高等）教育学业水平	
	知识水平	成人识字率	
人口特征	人口	人口增长率	总生育率
		依赖比率	
	旅游业		当地居民数占主要旅游区和景点游客数的比例
自然灾害	易遭自然灾害	居住在灾害频发地区的人口比例	
	灾害防备及应对		自然灾害所致人员伤亡和经济损失

主题	子主题	核心指标	其他指标
大气	气候变化	二氧化碳排放量	温室气体排放量
	臭氧层损耗	臭氧层物质的消耗量	
	大气质量	城市大气环境污染物浓度	
陆地	土地使用情况		土地利用变化 土地退化
	荒漠化		受荒漠化影响的土地
	农业	耕地和永久性耕地面积	肥料利用效率 农药利用率 有机农业面积
	林业	森林覆盖的陆地面积比例	脱叶损毁的林木比例 可持续管理下的森林面积
海洋、海滨	沿海地区	沿海地区人口百分比	沐浴水质量
	渔业	在安全生物极限范围内的鱼类资源比例	
	海洋环境	受保护的海洋区域比例	海洋营养指数 珊瑚礁生态系统区域和生物覆盖率
淡水	水量	已用水资源总量的比例	
	水质	经济活动的用水强度 淡水中存在的粪大肠菌数	水体中的生化需氧量
生物多样性	生态系统	受保护陆地面积、总陆地面积、生态地区陆地面积各自所占百分比	废水处理率 保护区的管理效益 主要生态系统区域面积
	物种	濒危物种的变化	栖息地遭到的破坏程度 众多外来入侵物种数
经济发展	宏观经济效益	人均 GDP GDP 中的投资比重	总储蓄 调整后的净储蓄在国民总收入中的比重 通货膨胀率
	可持续公共财政	国民总收入（GNI）中的负债比率	
	就业	就业率 劳动生产率和单位劳工成本 在非农业部门就业的妇女的薪资	弱势群体就业率
	信息通信技术	每 100 人中的互联网用户数	每 100 人中安装的固定电话数 每 100 人中的移动手机用户数 国内研发支出总额占 GDP 的比例
	旅游业	旅游业对 GDP 的贡献	

主题	子主题	核心指标	其他指标
全球经济伙伴	贸易	经常往来账户赤字占 GDP 的比例	来自发展中国家和欠发达国家的进口份额
			发展中国家和欠发达国家征收的平均出口关税
	外部融资	发放或接收的净官方开发援助（ODA）占 GNI 的百分比	外商直接投资（FDI）的净流入和净流出占 GDP 的比重
			汇款占 GNI 的比重
消费方式与生产模式	物料消耗	经济材料强度	国内物质消耗
	能源消费	年能耗、总能耗和主要用户类别的能耗	可再生能源在能源总利用量中的份额
		能源利用强度、总能源强度和经济活动能源强度	
	废物产生与处理	有害废弃物产生总量	废物产生量
		废物处理量	放射性废物管理现状
	运输系统	客运交通方式	货运运输方式
			运输的能源强度

（3）我国《绿色发展指标体系》

2016 年 12 月，国家发展改革委、国家统计局、环境保护部、中央组织部制定了《绿色发展指标体系》和《生态文明建设考核目标体系》，作为生态文明建设评价考核的依据，标志着我国以生态文明为主要目标的考核体系正式确立，是原有以 GDP 为主要导向的考核体系的重大突破。该体系多采用水平指标的变化率来进行测度，侧重反映各地区实现绿色发展的努力程度。绿色发展指数的计算包括六大方面：资源利用、环境治理、环境质量、生态保护、增长质量、绿色生活，共计 55 项二级指标（图 1-4）。其中，生态保护相关指标权重较大，占整个指标体系的 52.3%；经济领域的相关指标比重相对较低，其中增长质量相关指标权重占 9.2%，资源利用相关指标权重占 29.3%。

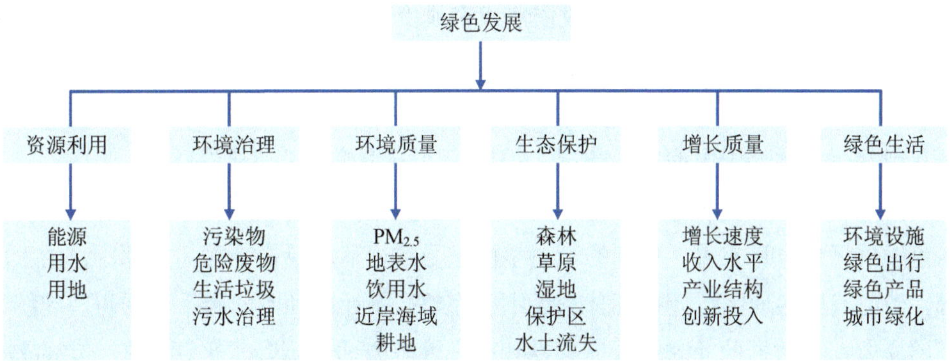

图 1-4　国家绿色发展指标体系框架

《绿色发展指标体系》在强调各地区落实中央生态文明建设总体要求的同时，也对差异化考核进行了考虑，主要体现在两个方面：一是在目标分解上，要求有关部门要结合各地区经济社会发展水平、资源环境禀赋等因素，将考核目标科学合理分解到各省（区、市）；二是在结果应用上，今后将考核结果纳入地方党政领导班子和领导干部综合考核评价时，会充分考虑各地区的区位特点和发展定位，予以差别对待。该指标体系尚存在一些不足：部分指标尚无分省份的可比统计数据；绿色生活相关的部分指标其公开性、可得性较弱，且所选指标不能很好地反映地区绿色生活的实现程度。

绿色发展评估结果被用于《生态文明建设目标评价考核办法》以考核工作成效，作为年度评价的依据，主要评估各地区生态文明建设进展的总体情况，引导各地区落实生态文明建设相关工作，每年开展一次。把资源利用、环境治理等指标的评价结果纳入生态文明建设目标评价考核中，采取评价与考核相结合的方式，考核重在约束、评价重在引导，引导地方各级党委和政府形成正确的政绩观。强化评价结果的应用，将考核结果作为省级党政领导班子和领导干部综合考核评价、干部奖惩任免的重要依据，体现“奖惩并举”。

1.2.3 对引领区绿色发展绩效评估的启示

近年来，国内外关于绿色发展评价指标体系的研究不断涌现新的成果，目前比较一致的结论有：①各指标体系均试图全面捕捉和反映绿色发展，但由于区域和发展进程的差异，国内外研究的重点存在明显差异，国外发达国家更多关注资源环境、社会包容和人类福祉，而国内还处于工业化进程中，更多关注经济发展，对于社会包容和人类福祉关注较少；②当前研究主要集中于国家、区域和城市层面，对于具体行业尤其是工业行业领域的研究相对较少。绿色发展评价指标体系在不断发展和完善过程中，逐渐形成了其理论框架和方法体系并日趋成熟，但仍然存在一些有待解决的问题。其中最棘手的问题就是受主观因素影响太大，这也是目前所有评估研究所面临的共同挑战。尽管专家学者们宣称指标框架建立、指标选取和赋权、综合指数合成的过程中会尽量避免主观价值判断和文化因素的影响，但综合指数依然或多或少渗入了人们固有的价值观念和主观情感。当前，我国正处于工业化和城市化快速发展阶段，面临着绿色转型的巨大挑战和压力，迫切需要绿色发展相关理论进行科学指导。本书针对国内外绿色发展评价指标体系的研究现状，并结合国内的实际情况，得到了以下几点启示和建议：

一是加强资源环境统计数据基础建设，进一步完善绿色发展评估指标体系。从国内外绿色发展评估过程来看，数据的不完整性是导致评估质量低下的主要原因。由于历史原因，当前我国各地区统计指标体系还不够完整，统计口径不一致，数据和基础统计资料不够完善，在数据的及时性、完整性和公开性等方面与国际水平还存在一定的差距。因此未来我国需要进一步加强统计基础工作建设，完善统计指标体系建设，为绿色发展评估提供数据支持。

二是进一步深入对具体行业、具体地区的研究。目前，国际上绿色发展相关研究主要集中于国家和区域层面，而国内研究学者对结合国内实际情况和针对具体行业的绿色发展评价指标体系研究也相对缺乏。当前我国正处于产业结构优化过程中，有效耦合产业结构转型和绿色经济转型至关重要。另外，我国地域广阔，各省（区、市）之间的资源环境和经济状况差异也较大，因此未来需要进一步加强针对具体行业和具体地区的研究，以有效推进各行业和各地区的绿色转型。

1.3 绿色发展制度研究综述

1.3.1 国内外绿色发展制度体系演进历程及启示

1.3.1.1 国外绿色发展制度体系演进历程

20 世纪 50 年代至今，发达国家先后提出了“可持续发展”和“绿色新政”两大革命性理念，推进了制度变迁的进程（图 1-5）。20 世纪 50 年代初期至 90 年代初期，绿色意识产生萌芽，绿色发展制度的雏形初现，以法律政策为主，目的是消除已出现的环境问题。在公众绿色意识的催动下，发达国家政府开始把环境议题纳入考虑范围，美国、德国等国先后组建专门的环保机构，并出台与环境相关的法律和政策，但较为碎片化。与此同时，非政府环保组织大量出现并提出了旗帜鲜明的环保主张，国际组织开始制订环境保护的共同行动计划，自此先行国家开始了绿色制度建设的初步尝试。本阶段绿色发展制度的工具以“零星”和“粗糙”的行政性绿色法律法规为主，而绿色发展的管理机构则不限于政府部门，管理机构的市场化程度大于行政工具。从治理阶段来看，以末端治理为主。

20 世纪 90 年代至 2008 年，绿色发展制度不断发展。由于环境问题逐渐演化为区域问题，1992 年联合国环境与发展大会提出“可持续发展理念”，以低碳技术为支撑，可持续发展理念为引领，西方各国开展了以低碳和循环经济制度建设为中心的探索，国际机构和各国政府相继推出了各种环境标准，使其成为绿色制度的主体。这一阶段，中观和微观层次的法律法规逐步丰满，各国原有基础法的粗线条产生的空缺得到填补，由碎片化走向系统化，市场型工具迅速成长，非政府组织力量得到加强。

总体来说，国外绿色发展制度已经初步形成了“一纵一横”的制度框架，“一纵”指形成了“总体框架—公众政策—微观政策”的国内绿色发展体系，“一横”指国际社会通过制定各种行动纲领、协定来加强合作、共同承担全球生态保护的责任和实现发展方式的转变。[31]

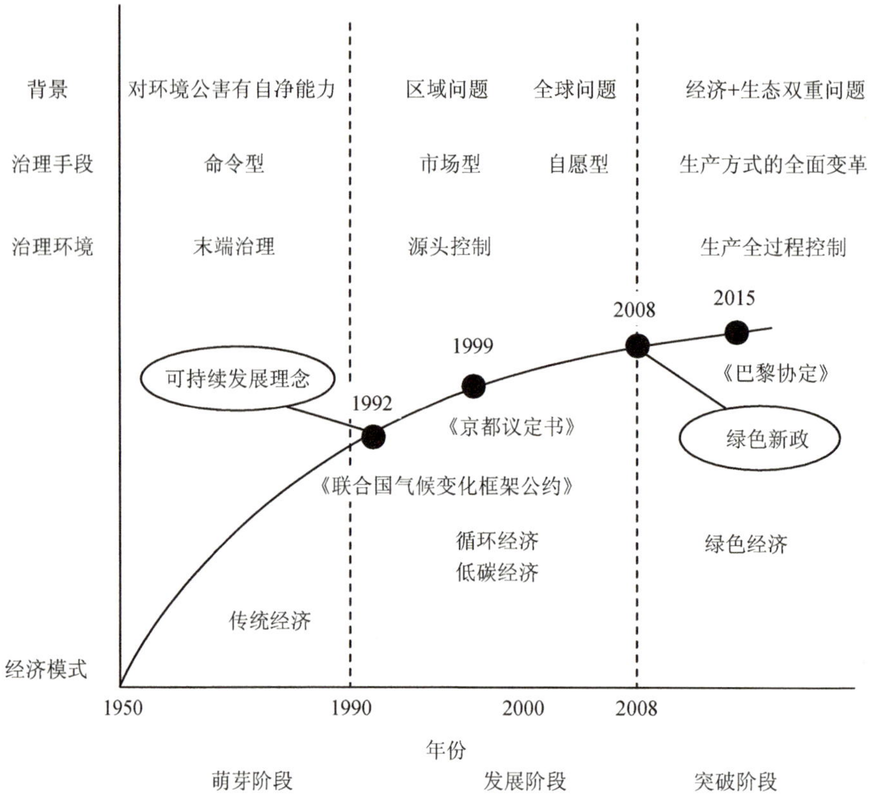

图 1-5　国外绿色发展制度体系演变历程

1.3.1.2　国内绿色发展制度体系演进历程

20 世纪 50 年代至 80 年代，在国内污染频发和国际污染严重后果的触动下，中国开始了绿色发展制度的建设。社会公众的绿色意识觉醒，由传统的“节俭”“卫生”观念转入更高层次的环境保护观念，民间萌发的环保关注推动了绿色发展制度建设。由此，环保治理制度开始出现，随后国内陆续出台了基本的环保法律和政策。但内容仍显单薄，缺乏具体的行为规范，且治理环节仅停留在环境防治的末端处理。

20 世纪 90 年代至 2000 年，国内绿色发展制度建设处于追赶阶段。受联合国提出的“可持续发展”理念的启发，中国结合国内区域非均衡发展的矛盾现状，创新性地提出了“区域可持续发展”战略，于 1994 年国务院通过《中国 21 世纪议程》，标志着绿色发展制度建设开始加速。[32]在这一阶段，受德国、日本、美国经济成功转型的影响，中国制定了较为全面的法律体系，大量体现可持续发展理念的环境防治法律法规涌现，同时注重环保教育等“软制度”的培育，开始引入税收、许可证等市场型制度。但与西方相比绿色发展制度建设仍以行政命令为主，效率较低。

21 世纪初至 2008 年，低碳、循环技术的迅速传播和利用加速了绿色发展制度的发展，使我国绿色发展制度与发达国家并跑。2004 年，我国大部分省（区、市）建立了循环经济管理机构和工作制度，绿色发展制度已进入生产管理中。2005 年和 2008 年分别通过《中华人民共和国可再生能源法》《中华人民共和国循环经济促进法》，将其作为循环经济基本法，同时也制定了其他循环经济相关法律法规、循环经济评价指标体系、企业生产标准等。这一阶段的制度建设着眼于生产的全过程，形成了法律法规、产业政策、行业标准、评价制度等既包含行政命令又包含市场机制的制度体系。

自 2008 年以来，面对经济下行和雾霾等环境问题频繁暴发的双重压力，中国加快了绿色发展制度建设的创新探索。2010 年的中央经济工作会议提出，要强化节能减排和应对气候变化，大力扶植绿色经济。2011 年中国在“十二五”规划中创新性地采用“绿色发展”一词。此后，通过战略规划文件和试点工作，中国进行了大量绿色发展制度的尝试。党的十八届三中全会创新性地提出“绿色发展”理念，通过文件和战略规划迅速地推动了绿色发展制度的探索和创新。党的十九大报告提出“要加快生态文明体制改革”以“更好满足人民日益增长的生态需要”，再次强调通过绿色发展制度建设实现优良生态环境的战略方向。主要通过政策形式完善已有法律体系，进一步改革和运用环保税等市场工具，突出命令型制度的导向作用，对产业、区域、企业能效、金融制度等做出规划和安排。围绕绿色发展理念，通过大量的试点工作，探寻创新性绿色发展制度。

国内绿色发展制度体系演变历程如图 1-6 所示。

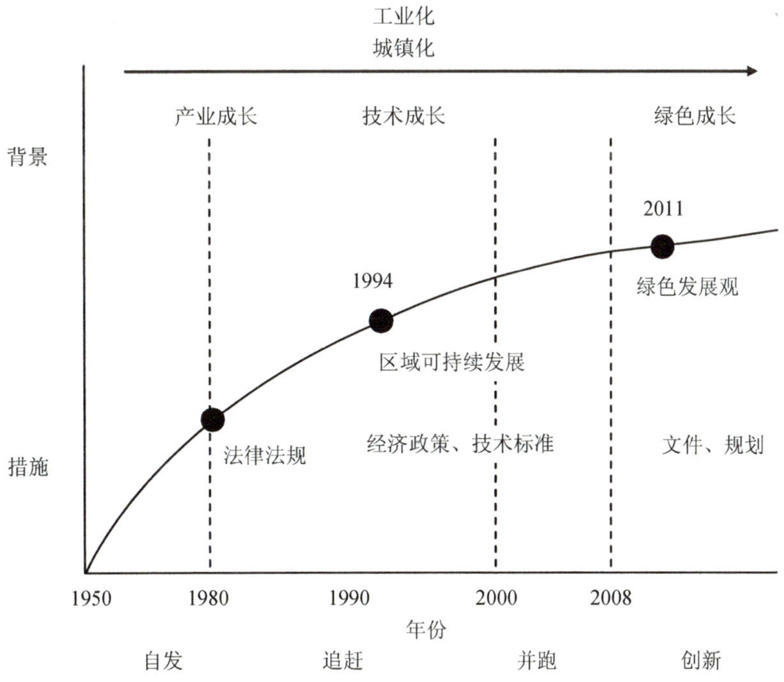

图 1-6 国内绿色发展制度体系演变历程

1.3.1.3 对引领区绿色发展制度体系的启示

一是把握绿色制度发展规律，构建战略规划引领、市场手段起基础调配作用的绿色制度发展模式。需要做到：

发挥政府战略规划的引领作用。战略规划首先从时间上明确短期、中期、长期的发展目标；其次，还要把促进绿色经济区域协调发展、推进三大产业的绿色转型作为两大发展任务；最后，在内容上要切实注意国土主体功能布局，完成生态保护红线、永久基本农田、城镇开发边界三条控制线划定工作，以及促进绿色产业发展、资源与生态保护、污染综合治理与补偿、绿色投融资平台建设等。

发挥市场工具的基础配置作用。首先要确立市场基础的资源权与环境产权，尤其明确地方政府对环境资源的所有权、使用权和收益权的归属和分配。其次，要建立能够在市场流动的资源与环境产权交易制度。通过遵循市场原则，建立多元化生态补偿和环境付费机制和碳排放权、排污权、碳税、绿色关税等制度，能源产品的定价要纳入环境价值。

打造以政府监管为主、民间环境自组织为辅的生态环境监管体制。首先，设立国有自然资源资产管理和自然生态监管机构以完善生态环境管理制度。其次，鼓励民间自发形成环保绿色组织，建立绿色产业行业协会，以推动行业绿色技术制度的制定和实施。

二是维护绿色发展制度建设的法制观，协调统一绿色法律制度，创设引领区特色标准体系。需要做到：

①建立横向协调机制，完善绿色法律法规与经济法等，形成协调的法律体系；②建立利益主体的治理机制；③构建有引领区地方特色的绿色发展评价标准，用标准来衡量和推动绿色发展；④制定高水平的技术标准，以紧跟国内、国际潮流，甚至引领国内绿色技术的发展；⑤制定绿色消费标准，倡导健康可持续的生活方式；⑥用政府绿色采购标准、绿色绩效考核标准等对政府的绿色行为进行引导。

三是巩固绿色发展制度建设的示范观，采用样板试点，推广创新性制度。需要做到：

①针对不同功能区（城市化区域、粮食安全区域、生态安全区域、文化和自然遗产区域）、不同行政级别区域（省、市、县城、农村）、不同政策目的（低碳试点、循环试点）进行差别化试点。②对示范区的选拔标准、制度安排加以规定。③对试验区进行评估和经验总结，以便于形成完善的示范推广路径。

1.3.2 绿色发展制度体系研究方向综述

1.3.2.1 对绿色发展制度的探索

（1）绿色 GDP 制度的探索

我国学者对地方政府实际以 GDP 增长为核心的政绩考核制度和评估体系进行了多

方面分析，对生态文明建设视角下的地方政府绩效考核制度的创新进行了深入探索。学者们认为我国存在政绩考评体系决定经济发展模式的问题。我国各级政府长期存在“唯GDP论”的政绩观，片面地以GDP为中心，追求牺牲长远利益的“快速增长”，追求牺牲生态环境和自然资源的“无效增长”，制造出大量低效的GDP，却付出了高昂的环境代价[33]。在众多相关研究文献中，学者们从绿色GDP的概念和内涵入手，回顾了绿色GDP提出的背景和理论基础，概述了绿色GDP的表现形式，探索了绿色GDP的指标体系。其中比较有影响的有北京师范大学科学发展观与经济可持续发展研究基地所设计的绿色GDP指数体系、中国林业科学研究院森林生态环境与保护研究所探讨的“生态GDP”生态文明评价制度，以及北京林业大学生态文明研究中心设计的中国生态文明建设评价指标体系（Eco-Civilization Construction Indices，EC-CI）等。这些指标体系非常有创新性，但是还未形成能被普遍接受的具有可操作性的绿色GDP考核制度体系。

（2）循环经济和低碳经济制度的理论探索

针对循环经济发展制度，学者们进行了诸多分析和探索，所涉及的内容包括：循环经济的指标体系，循环经济发展的制度障碍以及促进循环经济发展的税收与法律制度、财政制度、金融制度和产业制度创新等。有的学者还涉及了包括产权、矫正性税收和补贴、成本、资金、需求、信息及对政府激励的循环经济立法中的基本激励制度。[34]针对低碳经济发展制度，学者们也进行了诸多分析和探索，所涉及的内容包括低碳经济评价指标体系的构建、促进我国低碳经济发展的财税政策、跨区域低碳经济发展管理协同机制、我国低碳经济法律制度和碳汇交易制度等内容。

（3）“生态省”与“美丽中国”建设制度的探索

生态省创建是由原国家环境保护局在全国打造生态示范区的基础上拓展而来的，是以省（区、市）为单位开展生态环境保护的制度。我国许多省（区、市）结合地方实际，纷纷制定政策规划，推动了具有自身特色的“生态省” 制度建设。学者们对“生态省”相关的制度设计也进行了探索。党的十八大报告提出，要把生态文明建设放在突出地位，融入经济建设、政治建设、文化建设、社会建设各方面和全过程，努力建设美丽中国，实现中华民族永续发展。为了促进美丽中国的实现，学者们对美丽中国建设的法律制度和机制进行了有益探索。[35]

1.3.2.2 完善生态补偿机制的研究

生态补偿机制是生态文明建设的重要动力机制。完善的生态补偿机制是保护者自觉行为的动力机制，更是我国经济社会发展与生态文明建设实现共赢的重要前提。在诸多研究中，学者们对生态补偿机制的重要性、各主体功能区和具体区域的生态补偿机制构建、生态补偿机制中的政府财税政策完善、跨地区跨流域间的横向生态补偿机制构建、民族地区生态补偿机制的特殊性等进行了系统分析。学者们认为，我国生态补偿机制尚不够健全，不足以从根本上驱动生态环境保护者的自觉保护行为，应该从宏观层面出台“生态补偿条例”或相关制度，加快生态补偿立法进程，建立和完善生态补偿政策体系，开征生态税费，建立多元化融资渠道，进一步完善生态补偿管理体制以及全面强化多部门间的协调与配合。[36]

1.3.2.3 资源环境保护制度研究

针对资源环境存在的问题，学者们从多方面探索了国土空间开发保护制度、耕地保护制度、水资源管理制度、环境保护制度和资源有偿使用制度等制度建设问题。在探索中，学者们有两种思路，一是重视政府严格监管的制度建设思路，二是注重市场机制作用的制度建设思路。面对比较严峻的资源和环境问题，学者们认为应建立最严格的相关法律制度，并实行最严格的政府监管，如通过划定耕地红线和生态保护红线等实行最严格的国土空间开发保护制度、最严格的耕地保护制度、最严格的水资源管理制度和最严格的环境保护制度等；为了充分发挥市场在资源配置中的决定性作用，对某些会产生外部性影响且可以通过市场机制作用调节的领域，可通过排污权交易制度、集体林权制度、环境的产权制度和资源的产权制度等来完善和创新产权制度；但也必须充分认识到市场经济的局限性，更好地发挥政府的监管作用，控制“资本逻辑”的有效性范围。[37]

1.3.2.4 违法责任追究制度和监管制度研究

违法责任追究制度和监管制度是生态文明制度建设中十分重要的环节。生态环境属于公共产品，不具有排他性。环境保护好则能体现出其正外部性；反之，则带来负外部性。因此，必须由政府出面严格监管。学者们认为，我国现行法律、法规和政策在环境责任和环境损害赔偿等方面存在制度缺失，严重影响了环境责任的有效落实，造成大量环境被破坏的现象。因此，健全违法责任追究制度和监管制度，是维护环境公平正义和公众环境权益、强化企业社会责任的重要举措，也是维护社会和谐的重要保证。建立以环境损害赔偿为基础的环境违法责任追究制度和监管制度，依法追究环境损害责任者和监管不作为者的刑事、民事责任，可以使“污染者负担的原则”落到实处，从而有效地分解和传递环境责任。[38]

1.3.2.5 生态环保公众参与制度和生态文明教育制度研究

在我国，生态环保公众参与制度和生态文明教育制度尚未健全，非政府环保组织话语权缺失，不能有效发挥应有的作用。[33]学者们认为，要从维护公众环境权益出发，进一步完善政府信息公开制度，确保公众的知情权、表达权、参与权和监督权，充分发挥公众的监督力量，推动公众自觉参与生态文明建设。要建立完善的生态文明教育制度，把生态伦理道德教育贯穿于国民教育全过程，大力开展丰富多彩的生态文化教育宣传活动，树立起生态文明价值理念，提高公众自觉遵守生态道德准则和规范的能力，形成有益于人与自然和谐共处的生产方式和生活方式。

第 2 章

生态保护引领区的提出及制度创新需求

2.1 引领区建设背景

2.1.1 背景分析

生态文明建设是中国特色社会主义事业的重要内容，关系人民福祉，关乎民族未来，事关“两个一百年”奋斗目标和中华民族伟大复兴中国梦的实现。近年来，党中央、国务院大力推进生态文明建设，实施了一系列重大决策部署。党的十八大把生态文明建设确立为“五位一体”的总体布局之一，2015 年颁布了《关于加快推进生态文明建设的意见》和《生态文明体制改革总体方案》，党的十八届五中全会又把“加强生态文明建设”首次写入国家五年规划。党的十九大把生态文明建设提高到“中华民族永续发展的千年大计”的战略高度，指出必须树立和践行“绿水青山就是金山银山”的理念，坚持节约资源和保护环境的基本国策，像对待生命一样对待生态环境，统筹山水林田湖草系统治理，实行最严格的生态环境保护制度，形成绿色发展方式和生活方式，坚定走生产发展、生活富裕、生态良好的文明发展道路，建设美丽中国。

生态文明建设是全面建成小康社会的重要内容。习近平同志反复强调：小康全面不全面，生态环境质量是关键。良好生态环境是最公平的公共产品，是最普惠的民生福祉。环境就是民生，青山就是美丽，蓝天也是幸福。党的十九大报告提出，要永远把人民对美好生活的向往作为奋斗目标。当前，人民群众对干净的水、清新的空气、安全的食品、优美的环境的需求越来越强烈，生态环境在人民群众生活幸福指数中的地位不断凸显，老百姓过去“盼温饱”，现在“盼环保”，过去“求生存”，现在“求生态”。在人民群众热切期盼、反映强烈的重大现实关切问题上下大功夫，让天更蓝、水更清、空气更清新，高水平建成小康社会是当前全社会的共同期盼。

江苏省是全国经济高度发达的地区之一，尤其苏南地区自古就是鱼米之乡、富庶之地，区域内城乡交错、企业林立、河道纵横，高度发达的经济活动给太湖流域水环境带来了极大的压力。2007年太湖蓝藻危机暴发以来，江苏省全面贯彻实施《太湖流域水环境综合治理总体方案》和《太湖流域水环境综合治理总体方案》（2013年修编），坚持铁腕治污、科学治太，取得了一系列治理成果，流域水环境质量逐步改善，环保管理水平也明显提升。但是，太湖治理是一项长期、艰巨、复杂的任务，当前已进入爬坡过坎的攻坚阶段，近两年水质改善幅度放缓，距离水环境根本好转还有不小差距，以氮、磷为核心诱因的水体富营养化问题日益突出，2017年，太湖蓝藻又出现大面积暴发现象，污染防治任务依然艰巨。目前，流域产业结构仍然偏重，传统行业污染物排放量较大，流域内很多企业仍处于产业链中低端，虽然江苏省在转方式调结构上力度很大，但长期形成的“煤炭型”能源结构、“重化型”产业结构、“开发密集型”空间结构没有改变，部分地方“重建轻管”现象仍然突出。开展生态保护引领区建设，就是要立足于“补短板”，建立健全绿色低碳循环发展的经济体系，为面上破解结构性“顽疾”和民生环保“痛点”提供解决方案。

宜兴是太湖的西大门，人口密集，社会经济发达，2016年人均GDP达12.72万元，位于全国百强县最前列，自然资源禀赋优越，素有“三山两水五分田”之称，太湖15条主要入湖河流中9条位于宜兴。近10年来，宜兴大力推进生态文明建设，加大环境保护力度，区域水环境质量明显改善，入湖河道水质达标率明显提升，截至2017年年底，全市9条主要入湖河道全面消除劣Ⅴ类，19个国省考断面达到阶段性水质目标，$PM_{2.5}$浓度降幅居无锡首位，对太湖湖体水环境改善做出了突出贡献。但是区内资源环境承载压力仍然较大、结构性污染问题尚未彻底解决、生态空间有待进一步优化、生态环境监管和考核制度仍不健全，绿色发展的步伐和进程有待进一步加快。江苏省“263”专项行动计划确定把宜兴作为建设生态保护引领区的试点，赋予了宜兴全新的定位，对宜兴市生态文明建设提出了更高的要求。

2.1.2 引领区的提出与内涵

2.1.2.1 引领区的提出

“十三五”以来，为贯彻落实中央环保督察，推进“两聚一高”，建设“强富美高”的新江苏，改革创新补齐生态短板，江苏省委、省政府制定了《关于加快推进生态文明建设的实施意见》，提出率先建成全国生态文明建设示范省，努力建设“自然环境之美、景观特色之美、生态宜居之美、人文风尚之美、城乡协调之美”交相辉映的美丽江苏。2016年12月省委、省政府印发了《“两减六治三提升”专项行动方案》，集中力量解决突出环境问题，明确提出在宜兴市开展生态保护引领区建设，旨在通过进一步优化国土空间开发格局、转型升级产业结构、强化生态环境治理和保护、加强人居环境建设、创新生态文明体制机制，推动地区环境质量持续改善，实现环境保护和经济发展双引领，率先在局部地区建成高水平的生态文明建设示范区，形成一批可复制、可推广的生态文明创新成果，给太湖流域乃至全省生态文明建设提供样板和示范。

2.1.2.2 试点区域选择

根据省政府办公厅《关于推进生态保护引领区和生态保护特区建设的指导意见》，本着积极稳妥、分步实施的原则，省委、省政府综合考虑选择宜兴和武进两个地区作为生态保护引领区的试点。宜兴市具备建设生态保护引领区的良好禀赋和经济社会基础。一是经济基础。宜兴是经济比较发达、理念比较先进的地区，宜兴是全国百强县前十，推进引领区建设有坚实的物质基础。二是所处区位。宜兴属太湖上游生态敏感区，肩负着太湖源头治理、守住生态屏障的重任。三是自然禀赋。宜兴自然禀赋十分优越，有良好的自然基础。宜兴是太湖西线第一城，与“绿水青山就是金山银山”理念诞生地安吉一衣带水，三山两水五分田，拥有 48 km 的太湖岸线和 20 万亩①的生态竹海。四是工作基础。宜兴市的经济发展和生态保护融合度比较高，生态保护、绿色发展走在全省前列，有很强的代表性和示范性。宜兴市通过铁腕治污，发展新兴产业，近年来生态环境质量指数一直保持全省领先，节能环保产业位居全国前列。五是重视程度。宜兴市委、市政府高度重视生态文明建设，有建设引领区的积极性。

2.1.2.3 引领区的内涵

生态保护引领区，是经济发展和生态保护高度协同、能够发挥示范引领效应的典型区域，是全面提升生态文明建设水平的重要载体和创新实践。

（1）建设生态保护引领区，基础在生态、特色在生态、优势在生态

保留原始生态。保持好原始形态、原真品相、原汁原味，不搞大树进城、开山造地、填湖填塘，让城市回归自然；避免大拆大建、贪大求洋，让人们望得见山、看得见水、记得住乡愁。彰显特色生态。根据自然禀赋、资源条件、生态环境保护等的特点，实行“一区一策”，使水网地区凸显水乡韵味、平原地区展现田园风光、丘陵地区体现山村风貌。体现价值生态。坚持自然价值和自然资本的理念，着力把生态竞争力转化为发展竞争力，把生态资源转化为富民优势。追求文化生态。从历史、民俗文化中汲取生态智慧，挖掘生态元素，培育生态特质，倡导绿色、低碳、循环的生产生活方式，让生态文化蔚然成风。

（2）建设生态保护引领区，重在保护、难在保护、贵在保护

坚持保护优先。在保护中发展，在发展中保护，守住发展的生态底线。坚持科学保护。引领区建设追求发展和保护的共赢，遵循自然规律，把山水林田湖草作为一个生命共同体实施保护修复，不“头痛医头、脚痛医脚”。坚持长效保护。保护好当下环境，

---

① 1 亩=0.066 7 hm^2。

筑牢长远保护的机制。以对子孙后代高度负责的精神，增强保护定力，久久为功，常抓不懈，为永续发展做出当代人的努力。

（3）建设生态保护引领区，导向在引领、价值在引领、核心在引领

突出理念引领。理念上体现科学性、先进性和指导性，牢固树立“绿水青山就是金山银山”的理念，以生态保护引领区为绿色发展的新起点，把绿色发展的要求体现到引领区建设的各方面和全过程。突出目标引领。目标上体现率先、领先、争先，体现高标准、严要求，体现站得高、看得远，做生态文明建设的“领跑者”。突出技术引领。把创新作为引领发展的第一动力，实施创新驱动发展战略，紧紧抓住科技创新“牛鼻子”，加快从要素驱动发展为主向创新驱动发展转变，发挥科技创新的支撑引领作用，用技术创新引领行业发展。突出成效引领。通过扎实有效的工作，实现区域绿色发展水平显著提升，资源能源利用效率显著提高，主要污染物排放量显著下降，生态环境质量等指标在全省保持领先或改善幅度位居前列，以更多具有含金量和说服力，看得见、摸得着的成果，彰显引领区的示范效应和建设“成色”。突出机制引领。机制上要体现创新驱动、改革引路，着力形成一批长效管用的制度成果。发挥制度的导向作用，加大生态文明建设各方面人力、物力、财力的制度支撑，用制度供给加强引领绿色发展保障。

2.1.3 引领区试点建设的总体目标

通过开展生态保护引领区建设，培育一批生态保护特色典型，推动建设地区空间开发格局不断优化、经济结构绿色转型、环保基础设施完善、环境质量持续改善、城乡环境更加宜居、环保理念深入人心，探索生态禀赋优越地区生态文明建设新模式，引领更多地区走上经济发展和生态保护相辅相成、相得益彰的新路子。到 2020 年，生态保护引领区绿色发展水平显著提升，资源能源利用效率显著提高，主要污染物排放强度显著下降，$PM_{2.5}$ 年均质量浓度、空气质量优良天数比例、地表水省考以上断面优III类比例和重点水功能区达标率、土壤环境质量、生态环境状况指数（EI）、建设用地地均 GDP 产出、单位 GDP 污染物排放强度等指标在全省保持领先或改善幅度位居前列，率先形成一批可复制、可推广的生态文明改革成果。

2.1.4 引领区建设的重要意义

（1）战略推进生态文明建设的新举措

党的十八大以来，以习近平同志为核心的党中央高度重视生态文明建设，作出一系列顶层设计、制度安排和决策部署，为我们建设美丽中国提供了根本遵循。党的十九大把建设生态文明提高到“中华民族永续发展千年大计”的战略高度，提出要坚持人与自然和谐共生，加快生态文明体制改革，建设美丽中国。在深刻认识生态文明建设与治国

理政新理念新思想新战略之间的内在联系、全面把握生态文明建设丰富内涵的基础上，江苏省战略推进生态文明建设。在太湖上游区域率先推进生态保护引领区建设试点，是贯彻落实中央“四个全面”战略布局的具体实践，是贯彻创新发展、协调发展、绿色发展、开放发展、共享发展理念的先行示范，是适应经济发展新常态、打好转型升级“组合拳”、建设“经济强、百姓富、环境美、社会文明程度高”新江苏的现实举措，是践行“绿水青山就是金山银山”理念的新行动。

（2）贯彻落实全面深化改革的新行动

生态保护引领区建设是落实全面深化改革的一项举措，将通过在理念上、政策上、技术上不断探索创新，推动以绿色科技和绿色产业为核心的发展升级，推动以环境质量全面达标为目标的环境治理体系升级，推动以整体生态保护格局优化为导向的生态环境质量提升，推动以生态文明制度创新建设与完善为保障的激励和约束机制的构建，以恢复秀美山水环境、构筑生态文明高地，构建“环境换取增长—环境优化增长—发展提升环境”的战略转型模式。通过生态保护引领区建设，推动区域绿色发展、循环发展、低碳发展，实现环境保护和经济发展双赢。

（3）打造高水平生态文明建设样板的先行示范

生态保护引领区建设旨在加快推进重点地区绿色转型发展，更大力度保护优质自然资源。引领区建设坚持绿色发展，落实节约资源和保护环境的基本国策，加快改变经济发展过度依赖劳动力、土地和资源等物质生产要素投入的局面，把经济绿色化内化为生态文明建设的重要路径和抓手，大力发展生态农业、生态工业和生态服务业，全面构建绿色产业发展新体系，推动经济社会发展走向生产发展、生态良好、生活幸福、生命健康的新模式；坚持以环境质量改善为目标导向，从解决人民最关心、最直接、最现实的环境问题入手，回应人民对美好生活的期盼，不断提高优质生态产品供给能力和普惠民生的能力，让民生福祉不断得到改善；坚持以制度创新和完善为保障，深化生态文明体制改革，着力加强生态文明制度建设，为生态文明建设提供有效激励和约束，将生态文明建设的责任落实到社会各方面。通过更大力度的生态文明建设，满足人民日益增长的优美生态环境需要。通过生态保护引领区建设，在太湖上游经济发达地区探索形成高水平生态文明建设样板，率先探索美丽江苏的现实模样，形成可复制、可推广的经验，引领更多地区走上经济发展和生态保护相辅相成、相得益彰的新路子，引领全省的生态文明建设。

2.2 宜兴市生态保护引领区基本概况

2.2.1 引领区建设基础

2.2.1.1 基本概况

（1）地理位置

宜兴市位于北纬 31°07′～31°37′，东经 119°31′～120°03′。地处江苏省南端，苏、宁、杭三角中心。东濒太湖，东南邻浙江长兴，西南接安徽广德，西接溧阳，西北毗连金坛，北面与武进相傍，滆湖镶嵌其间。全市总面积 1 996.6 km^2。

（2）气候气象

宜兴市地属长江下游，属于亚热带北缘湿润季风区。春季天气多变，夏季湿润多雨、温度较高，秋季天高气爽，冬季寒冷、干燥。季节分配比较平均，并具有四季分明、日照充分和雨量充足的特色。年平均气温 15.6℃，极端最高气温 39.6℃（1959 年 8 月 22 日），极端最低气温−13.1℃（1977 年 11 月 30 日），多年平均气压 101 590 Pa，多年平均相对湿度为 81%，多年平均日照时数 1 937.8 h，多年平均蒸发量 1 254.8 mm，多年平均降水量 1 199.5 mm，最大年降水量 1 677 mm（1987 年），多年平均风速 3.1 m/s，瞬时最大风速 16 m/s（1974 年 6 月 17 日），主导风向全年 SE（16%），夏季 SE（22%），冬季 WNW（13%）。

（3）地形地貌

宜兴位于我国东南丘陵和长江中下游平原的过渡地带，属于由天目山的余脉组成的宜溧低山丘陵地区，地势南高北低。南部为丘陵山区，北部为平原区，东部为太湖渎区，西部为低洼圩区。境内地貌形态多样，其中丘陵山地、平原及水域（不含太湖、滆湖面积）分别占市域总面积的 22.4%、60.9%和 16.7%。地形总体呈南高、北平、中低分布。水系为南北部流向中部，经东西氿汇入太湖。

地面高程：中西部圩区一般为吴淞 3.0～4.5 m；北部平原区一般为 5.0～7.0 m；南部山丘区，岗地一般为 20～200 m，山丘为 200～400 m，茗岭境内的黄塔顶 611.5 m，为宜兴市最高峰，其次是太华山 538 m，铜官山 528 m；平原孤山最高为杨巷㘭山 158 m，屺山 152 m。

（4）河流水系

宜兴属典型江南水乡，河网纵横交错，星罗棋布。宜兴市东濒太湖，境内太湖水面面积 244.42 km^2，占宜兴市总面积的 12.24%。除太湖外，宜兴还拥有“一湖、三氿、十三荡”等多个湖荡，主要为滆湖、西氿、团氿、东氿、徐家荡、都山荡、淡墅荡、临津荡、马公荡、摆布潭、阳山荡、沉塘河、西村荡、下裴荡、鹁鸪荡、钱墅荡和莲花荡。全市共有河道 2 415 条，共计 3 065 km，其中主干河 14 条，包括 9 条太湖主要入湖河流：殷村港、社渎港、官渎港、洪巷港、陈东港、大浦港、乌溪港、大港河和漕桥河，5 km 以上的 68 条。宜兴南部丘陵山区多为溪流涧河，平原圩区为河网，河流密度约 2.27 km/km^2。此外宜兴有横山水库、油车水库、七里亭水库等 19 座水库，总库容 1.26 亿 m^3。宜兴市主要河湖水库名录见表 2-1。

表 2-1　宜兴市主要河湖水库名录

序号	名称	类型	面积/km^2	备注
1	太湖	湖泊	244.42	宜兴市域
2	滆湖	湖泊	33.5	宜兴市域
3	横山水库	水库	154.8	
4	油车水库	水库	37.4	
5	东岭水库	水库	6.9	
6	龙珠水库	水库	21.6	
7	陆平水库	水库	0.028	
8	大汉芥水库	水库	0.085	
9	黄墅水库	水库	7.3	
10	七里亭水库	水库	3.3	
11	东氿	湖泊	7.07	
12	西氿	湖泊	8.39	
13	团氿	湖泊	2.79	
14	马公荡	湖泊	3.2	
15	临津荡	湖泊	1.0	
16	徐家荡	湖泊	3.3	
17	钱墅荡	湖泊	0.6	
18	莲花荡	湖泊	2.0	
19	阳山荡	湖泊	0.4	
20	都山荡	湖泊	2.0	
21	下裴荡	湖泊	0.3	

宜兴市河流中属太湖流域的南溪水系，或称荆溪水系，承泄溧阳、金坛客水，常年向东流入滆湖、太湖。按照宜兴河流的所属和习惯，可分为南溪、洮滆太、蠡河、凰川 4 个水系。

（5）资源禀赋

1）自然资源。

宜兴市水资源丰富。区域降水丰沛，河流湖荡密布，水资源丰富，水域面积 532.6 km^2。多年平均降水量 1 199.5 mm，多年平均地表水资源量 7.16 亿 m^3，折合径流深为 429.97 mm，多年平均地表径流系数为 0.36。宜兴市地下水资源量（主要浅层地下水资源量）为 24 959.0 万 m^3。区域多年平均水资源总量 9.65 亿 m^3，多年平均产水系数 0.48，多年平均产水模数 57.7 万 m^3/km^2。2015 年，宜兴全市地表水资源量 15.97 亿 m^3，入境水量 63.73 亿 m^3，地下水开采量 0.002 4 亿 m^3，出境水量 77.99 亿 m^3，过境水量占宜兴市水资源总量的 78.5%。

宜兴市矿产资源特色明显，地处下扬子东南部成矿构造区，矿产资源较丰富，特色明显。已探明矿种有石灰岩、大理岩、石英砂岩、煤、泥炭等 27 种。蜀山独有的陶土是制作紫砂器具的上等原料。

宜兴市森林资源丰富。拥有以竹子、松树、杉树等品种为主的用材林，是江苏省竹林资源最丰富的地区。茶树种植面积 7.49 万亩，茶叶总产量 6 331 t，是江苏省的茶叶主要产区。

宜兴市动植物资源丰富。境内蕴藏着丰富的野生植被资源，拥有维管束植物 144 科 491 属 844 种。主要用材林种植有毛竹、松、杉，其中毛竹面积 18 万亩，是江苏省主要毛竹产区。优良用材树种有杉木、樟树、紫楠、红楠、榆树、榉树等。在龙池山自然保护区内，有珍贵保护树种金钱松、天目玉兰等。动物资源方面，有野鸭、黄雀、黄鹂等上百种野生鸟类，狼、野猪、刺猬、松鼠等多种野生哺乳动物，银鱼、鲫鱼、草鱼、蚌、蟹等几十种水产。

2）人文资源。

宜兴市名胜古迹众多，是中国优秀旅游城市、国家园林城市、国家历史文化名城，拥有全国闻名的太湖风景名胜区——阳羡景区。南部山区多溶洞，景奇形怪，发现 80 多个，开发开放 5 个，其中善卷洞、张公洞 1934 年就对外开放。有国家 AAAA 级风景区 8 个：善卷洞风景区、竹海风景区、龙背山森林公园、团氿风景区、陶祖圣境风景区、张公洞风景区、云湖风景区和中国宜兴陶瓷博物馆（中国紫砂博物馆）。有始建于晋朝的周王庙（纪念晋平西将军周处）、宋代苏东坡亲自创建的蜀山东坡书院和亲自手植的闸口天远堂西府海棠、始建于明朝的文昌阁、清乾隆时期建造的瀛园、太平天国时期改建的辅王府等人文景点。

宜兴历史悠久，文化底蕴深厚。拥有 7 000 余年的制陶史和 2 200 余年建县史。先民勤劳朴实，留下众多文化遗存。至 2015 年，全市有全国重点文物保护单位 6 处、11 个点，省文物保护单位 13 处、23 个点，市文物保护单位 88 处、94 个点，市文物控制单位 56 处，红色革命遗址 19 处，馆藏文物 1 万余件。全市有国家级非物质文化遗产项目 4 个、省级项目 13 个、无锡市级项目 21 个、宜兴市级项目 18 个；国家级非物质文化遗产项目代表性传承人 3 人、省级传承人 13 人（12 人健在）、无锡市级传承人 85 人（84 人健在）、宜兴市级传承人 56 人（55 人健在）。在宋、明、清期间，宜兴共出了 4 名状元、10 名宰相和 385 名进士。在现代，宜兴更是人杰地灵、人文荟萃，而成了名家辈出的一块风水宝地。据统计，宜兴籍中国科学院院士和中国工程院院士 27 名，大学校长 60 多名以及著名教授 8 000 多名，被誉为“教授之乡”。

宜兴市以构建现代宜兴文化建设新格局为总目标，以高度文化自觉和文化自信，实施“文化服务创建年、文化精品推进年、文化品牌提升年、文化人才培训年”计划，努力提升文化宜兴建设新实力，彰显中国陶都新魅力。文化事业加快推进。“紫砂陶制作技艺”申报“世遗”工作有序推进，“宜兴窑系”文化概念基本确立。周王庙、卢忠肃公祠等文物遗存整修完毕，顾景舟艺术馆、闵惠芬艺术馆建成开馆。

2.2.1.2　创建基础

（1）生态环境质量明显改善

区域水环境质量明显改善。“十二五”期间，全市水质明显改善。至 2016 年，宜兴已全面消除劣Ⅴ类水质断面，Ⅱ～Ⅲ类水质断面比例由“十二五”初期的 2.8%大幅提高到 61.0%。区域环境空气质量显著提升。“十二五”期间，宜兴城区污染物浓度整体呈下降趋势，二氧化硫、氮氧化物和可吸入颗粒物（PM_{10}）浓度显著下降。2016 年全市环境空气优良天数比例为 56.8%。区域生态环境状况全省领先。宜兴市生态环境状况指数（EI）为 70.4，位列全省第一。生物多样性指数保持全省领先水平。

（2）治污工程加快推进

污水集中处理率大幅提升。截至“十二五”末，建成投运污水处理厂 11 座，日处理规模达到 25.5 万 t，已建成、投运污水收集主、支管网 1 300 多 km，形成了横向到边、纵向到底、城乡覆盖的污水收集主管网体系，城市污水处理率达到 95.01%。集中供热覆盖主要用热区域。宜兴市目前有 6 家热电厂，1 家为燃气发电、其余 5 家为燃煤发电，总供热能力 2 316 t/h，覆盖宜兴经济技术开发区、宜兴环保科技工业园和官林工业园区等主要用热区域。生活垃圾有效处置。宜兴市生活垃圾主要通过垃圾焚烧发电方式处置。光大环保能源（宜兴）有限公司日处理垃圾能力 600 t。宜兴市配套建设了一座飞灰填埋场。目前生活垃圾无害化处理率达到 100%。

（3）转型升级成效显著

大力发展新兴产业。“十二五”末，宜兴市节能环保、新能源、光电子新型显示、绿色食品和高端线缆等战略性新兴产业完成规上工业产值 1 487 亿元，占全市规上工业产值的 52%。不遗余力淘汰落后产能。“十二五”期间，关停了除 5 家大型琉璃瓦生产企业外的所有琉璃瓦企业 300 多家；关停蓄电池企业 30 家，淘汰产能 290 万 kVA；累计关停 25 台 3 m 以下水泥磨机，淘汰落后产能 600 多万 t；关停小铸造企业 31 家，拆除冲天炉 31 台；淘汰燃煤窑炉 100 多座，石灰窑企业基本退出。关停 2 家造纸企业、1 家印染企业，共淘汰造纸生产能力 10.5 万 t/a，淘汰印染生产能力 1 500 万 m。2007—2016 年，累计关停了 620 家化工企业，有效控制了全市的结构性污染，化工产业经济比重由 2006 年的 20%已下降到了目前的 8%以下。“263”专项行动计划实施的第一年，宜兴市搬停化工企业 179 家，全年减煤 36.08 万 t。

（4）生态环境管理制度逐渐完善

宜兴市坚持把生态文明建设和环境保护工作的履职情况作为政绩考核的重要内容，实行“责任一步到位、结果一票否决”，真正做到“功则奖、过必究”。加重环境保护在年度综合考评中的份量，将其考核分值从原来的 4 分增加到 13 分并拟进一步提高，对资源禀赋不同的乡镇探索实施差别化考核政策。全面实行“河长制”，对 290 条河流实行了分工包干，确保实现一河一长，建立了全覆盖的“河长制”责任体系。制定《宜兴市生态红线区域保护监督管理考核暂行办法》，明确管控要求。全面落实 COD 年排放 1 t 以上的企业排污权有偿使用和持证排污，并对全市重点排污企业全面推开，氮、磷的排污权有偿使用工作也已逐步展开。积极推行绿色信贷和绿色保险，注重发挥金融机构在信贷等方面对污染企业环境行为的制约作用。

2.2.2 引领区建设形势分析

2.2.2.1 发展优势

（1）地处宁杭经济带中心位置，区位优势推动新一轮经济升级

宜兴处于苏浙皖三省的交界处，立体式交通区位优势日益明显。随着宁杭高铁开通、城际 Z3 锡宜线和宜苏高速的建设，宜兴将成为苏浙皖三省交界地区重要的经济中心城市，具有突出的地缘优势。全市已形成由铁路、公路、水运构成的综合交通体系，交通十分方便，是长三角地区重要的交通枢纽和物资集散地。

（2）山水林田湖草浑然一体，是宜兴市重要的生态宝库

宜兴自然条件优越，物产资源丰富，山水秀丽，兼具山、水、林、田、湖等资源，地貌类型多样，生态系统类型丰富，低山丘陵森林生态系统、长江中下游湿地生态系统等是江苏省重要的生物多样性优先保护区域。宜兴市湖泊、水库、湿地面积约占市域面积的 20%，宜南山区森林覆盖率达到 80%以上，物种资源丰富。宜兴是江苏省竹林资源最丰富的地区，是江苏省的茶叶主要产区。宜兴市陆栖濒危物种数占全省陆栖濒危物种总数的 36.1%，是江苏省的生物资源库。宜南山区典型的喀斯特地貌孕育了 80 多个石灰岩溶洞。

（3）文化遗产丰富多样、扬名中外，构成了宜兴深厚的人文底蕴

宜兴市文化底蕴深厚，山水和人文资源相得益彰。宜兴素以“陶的古都、洞的天地、竹的海洋、茶的绿洲”而享誉海内外。宜兴是长三角著名的旅游地，紫砂名扬海内外。近年来，在宜兴举办的“陶文化节”“竹文化节”“国际素博会”等一系列具有国际影响的文化宣传活动中，始终把“天人合一”的生态文明观作为文化传播的核心，作为宜兴对外宣传的名片。

（4）社会经济发展水平高，创新能力不断增强

2020 年，宜兴市社会经济发展水平位列全国百强县前列。全年实现地区生产总值 1 832.21 亿元、宜兴市人均地区生产总值达到 17.03 万元。“十二五”以来，宜兴市先后荣获“创新型国家百强市”“国家可持续发展实验区”“中国首届产学研促进奖”“国家科技进步示范市”“国家知识产权试点城市”“中国建设城市鲁班奖”等荣誉称号。宜兴市以改革创新持续推动旅游业发展，2020 年宜兴成功入选“2020 中国县城旅游综合竞争力百强县市”，获“全国粮食生产先进县”“全国休闲农业与乡村旅游示范县”“全国电商进农村示范县”称号。

2.2.2.2　主要挑战

（1）资源环境承载力接近上限

资源要素制约是宜兴市可持续发展的最大“瓶颈”。人口密度高、资源缺乏、环境脆弱、国土空间承载负荷大是区域的基本特征，“十三五”时期，宜兴市的经济仍保持在中高速增长水平，城市化进程仍进一步加速，环境容量、土地开发强度等接近上限，经济社会快速发展与资源环境承载力不足的矛盾仍然是社会—经济—环境协调可持续发展面临的主要挑战。

（2）产业转型升级进入攻坚阶段

近年来宜兴经济发展成效显著，但以高投入、高消耗的传统经济增长为主的模式仍然占据主导地位，新兴产业的壮大有待时日，生态文化旅游资源尚未得到深度挖掘和整合，没有充分转化为现实生产力和产业竞争力。化工、非金属矿物制品、纺织等高能耗、高排放行业在短期内仍占相当比重，传统产业的关、停、并、转、迁难度加大，需要坚定转型定力打一场持久战。

（3）环境质量提升由量变到质变任务艰巨

当前太湖治理已进入爬坡过坎的攻坚阶段，近两年水质改善幅度缩小，距离水环境根本好转还有不小差距，以氮、磷为核心诱因的水体富营养化问题日益突出，成为流域水环境治理的难点和焦点。宜兴市地处太湖流域下游，所承载的武进、金坛、溧阳等湖西地区过境客水占入湖总量的 78.5%左右，上游来水水质不稳定。市域部分地区河道淤积、水流不畅，水污染问题仍然突出。治源保太任务艰巨。全市一次能源消

耗仍以燃煤为主，各类废气排放总量高，多种大气污染问题集中出现，以臭氧、细颗粒物为主的复合型大气污染较为突出，大气污染防治任务较重。重金属、持久性有机物和土壤污染等环境问题逐步显现。随着工业化、城市化进程的不断推进，工业源和生活源污染物排放量短期内仍处在高位，农业面源污染尚未得到有效控制，污染负荷仍然较重。

2.2.3 引领区建设制度需求分析

转型发展需要与之相适应的制度保障，引领区的建设需要制度创新和保障。在国家《生态文明体制改革总体方案》的顶层设计下，江苏省制定了《江苏省生态环境保护制度综合改革方案》，目前各项制度创新稳步推进，对地方生态文明建设起到了积极的推动作用。引领区建设需要在此基础上进一步探索打通“绿水青山”转化为“金山银山”的制度通道，一方面探索创新宜兴市绿色发展制度，另一方面也有赖于更高层面的制度改革的推进。需要加强制度创新研究，如在特定区域探索试行“开化模式”为代表的突破性政策，并积极争取上级支持，用制度改革破解转型发展难题，为全面实现绿色发展保驾护航，为更多地区提供样板。

2.3 宜兴市生态保护引领区建设的目标及任务

2.3.1 指导思想

深入贯彻落实党的十八大、十九大精神，牢固树立和践行“绿水青山就是金山银山”的理念，统筹推进“五位一体”总体布局、协调推进“四个全面”战略布局，认真落实江苏省第十三次党代会确定的“两聚一高”新要求，积极探索中国特色生态保护引领区建设现实路径，把引领区建设放在转型发展新阶段中谋划，放在“两个率先”新进程中考量，放在“两个一百年”和“中国梦”目标中定位，坚持节约优先、保护优先、自然恢复为主的方针，以率先建成美丽江苏的现实模样为目标，以全面改善入湖河流水质为重点，以优美山水环境为特色，以转变经济发展方式为主线，以生态环境整治为抓手，更好满足人民在生态方面日益增长的需要，努力建成环境治理样板区、绿色发展示范区、生态宜居典范区、制度创新先行区，以最大决心、最强力度、最快速度把宜兴打造成生态优先、治理当先、成效领先、全省率先的生态保护引领区，成为引领全省乃至全国的美丽中国示范区，推动形成人与自然和谐发展现代化建设新格局。

2.3.2　建设目标

以县级行政区域为单元开展生态保护引领区建设，培育一批生态保护特色典型，推动建设地区空间开发格局不断优化、经济结构绿色转型、环保基础设施完善、环境质量持续改善、城乡环境更加宜居、环保理念深入人心，探索生态禀赋优越地区生态文明建设新模式，引领更多地区走上经济发展和生态保护相辅相成、相得益彰的新路子。到 2020 年，生态保护引领区建设全面融入经济建设、政治建设、文化建设、社会建设各方面和全过程，生态保护与经济发展协调推进。资源能源利用效率显著提高，绿色发展水平显著提升，污染物排放总量显著下降，生态环境质量显著改善，优质资源得到更大力度的保护，$PM_{2.5}$ 年均浓度、空气质量优良天数比例、地表水省考以上断面优Ⅲ类比例和重点水功能区达标率、土壤环境质量、生态环境状况指数（EI）、建设用地地均地区生产总值产出、单位地区生产总值污染物排放强度等指标在全省保持领先或改善幅度位居前列，率先形成一批可复制、可推广的生态文明改革成果，基本建成生态保护引领区。

2.3.3　主要任务

2.3.3.1　建成环境治理的样板区

切实推进环境质量改善。实施最严格的环境保护制度，坚定不移向污染宣战，扎实推进大气、水、土壤污染防治行动计划，有效解决 $PM_{2.5}$ 超标等复合型大气污染问题，率先全面消除劣Ⅴ类水体，率先启动土壤状况调查和污染修复，率先实现危险废物安全处置利用，确保区域生态环境质量或改善幅度明显高于其他地区。大力开展太湖、生活垃圾、黑臭水体、畜禽养殖、挥发性有机物、环境隐患等治理，确保高标准完成省下达的生态保护和环境治理任务。太湖流域生态保护引领区率先将一级保护区划为畜禽养殖禁养区，并完成关停搬迁任务。

以全面改善环境质量为目标，以保障太湖水环境安全为核心，深入实施水、大气、土壤污染防治，加强环境基础设施建设，全面提升治污效率，构建高效的风险防范体系，打造环境治理的样板区。

2.3.3.2　建成绿色发展的示范区

以绿色发展理念推动供给侧结构性改革，引领区产业绿色化水平要明显高于其他地区。积极发展“互联网+”“旅游+”，率先把生态资源转化为富民优势。严格能评环评，全面淘汰低端低效产能，坚决关停高耗能、高排放污染企业，辖区内化工、电镀、印染等高污染企业数量、排放总量大幅削减。实施严于国家和省的产业政策和环保标准，率先建立产业引进类别“白名单”制度。以转型升级为主线，积极推进工业绿色化、旅游文化业现代化、农业生态化，三产融合特色发展，实现生态、经济、社会发展的高度统一，打造绿色发展的示范区。合理布局生态友好的战略新兴产业，不断提升技术装备水平和污染治理水平。太湖一级保护区内引领区 2018 年年底前完成“无化区”建设，沿江重点规划区域、京杭大运河（南水北调东线）和通榆河清水通道沿岸两侧 1 km 范围内引领区 2020 年前所有化工企业已完成关停并转。实施最严格的能源资源节约集约利用制度。引领区建成节水型社会示范区，引领区内所有省级以上开发区建成生态工业园区。率先培育创建一批以绿色产业为主导的特色小镇。

积极培育绿色生活方式。加强生态文明宣传教育，率先实施生态文明行为规范，把生态文明知识纳入国民教育体系、党政领导干部培训内容，切实增强全民节约意识、环境意识、生态意识，牢固树立生态文明理念。推广绿色采购，完善激励购买绿色产品的政策措施和服务体系。深入贯彻《江苏省绿色建筑发展条例》，城镇新建民用建筑全面按照一星级以上绿色建筑标准设计建造。倡导绿色出行，推动新能源和清洁燃料车辆在公共领域的示范应用，优先考虑和加快发展绿色交通基础设施和慢行系统。大力开展生态示范创建，率先建成国家生态文明示范县（市、区），探索以社会共治促进环境良治的新模式。

2.3.3.3 建成生态宜居的典范区

注重统筹发展，同步推进城乡生态文明建设。把生态元素体现到城市规划建设中，保护修复城市周围自然山水格局及形态，不搞大树进城、开山造地、填湖填海，让城市回归自然。优化镇村布局规划，农村要避免大拆大建、千村一面，尽可能留下更多田园风光和乡韵。扎实推进新一轮城乡环境综合整治，加强环境基础设施建设，确保城镇及农村生活污水处理、垃圾等固体废物收运处置基础设施全面覆盖，在确保稳定运行的基础上，逐步提高排放标准。探索绿色低碳城镇发展模式，努力打造一批美丽乡村。

针对河湖湿地，强化周边地区污水处理设施建设运行，强化入湖河道整治，严控工业污染排放，减少污染物输入。

2.3.3.4 建成制度创新的先行区

制定本地区绿色发展指标体系，建立绿色评价制度。建立资源环境承载力监测预警机制，对不同功能定位的乡镇（街道）实行差别化考核政策。严格落实自然资源资产产权制度和用途管制制度。加快环境污染治理市场的全面开放，推行第三方治理。完善生态补偿机制，开展多种形式的生态补偿。完善政绩考核和责任追究制度，生态文明建设占党政实绩考核比例不低于 30%。实行自然资源离任审计制度。支持有条件的引领区建设国家和省级重点生态功能区。

第 3 章

生态引领区绿色发展创新制度体系构建

3.1 宜兴市绿色发展制度需求

3.1.1 习近平生态文明思想顶层设计

习近平总书记强调，要深化生态文明体制改革，尽快把生态文明制度的“四梁八柱”建立起来，把生态文明建设纳入制度化、法治化轨道。“只有实行最严格的制度、最严密的法治，才能为生态文明建设提供可靠保障。”从国家顶层设计来看，2015 年 5 月，中共中央、国务院发布《关于加快推进生态文明建设的意见》，对生态文明建设进行全面部署，强调加快建立系统完整的生态文明制度体系，用制度保护生态环境。同年 9 月，《生态文明体制改革总体方案》印发，明确提出到 2020 年构建起由资源有偿使用和生态补偿等八项制度构成的生态文明制度体系。

总体要求是加快构建和完善产权清晰、多元参与、激励约束并重、系统完整的生态文明制度体系，加强法治、完善制度、理顺机制，为绿色发展和生态文明建设提供可靠的制度保障，是当前的一项重要工作。

第一，加快建立和完善自然资源资产产权制度。我国自然资源所有权存在全民所有和集体所有两种形式，在此基础上构建和完善完整的自然资源资产产权制度，是保障山、水、林、田、湖、草、矿、滩涂、荒地等各类自然资源有效保护、有序开发和高效利用的基础。

第二，加快建立和实施国土空间开发保护制度、空间规划体系。以空间规划为基础、以用途管制为手段，对自然资源资产产权的行使加以限制，以解决无序开发、过度开发的问题，使人们在国土上生产和生活的空间布局科学合理，确保中华民族的永续繁衍和经济社会的持续发展。

第三，完善资源公平交易、有偿使用和全面节约的制度。建立和完善市场机制，使价格信号能够反映资源稀缺程度、供需格局和对生态环境的影响，引导资源高效配置、减少环境污染、保护生态环境、实现绿色发展。同时通过技术标准、总量控制等非价格手段，激励提高资源利用效率和保护生态环境。特别重要的是，政府有义务通过必要的创新政策、产业政策、竞争政策、贸易政策，促进绿色创新，实现产业绿色化和绿色产业化。

第四，加快建立和完善法治完备、组织优化、多方参与、程序规范的生态环境治理体系。特别是要加快建立生态环境监管体系，按照依法、透明、公正、专业、可问责的原则，采用命令与控制手段、激励措施、市场交易等多种政策工具，实施有效监管，护航绿色发展。

第五，加快建立和完善能充分反映资源消耗、环境损害和生态效益的生态文明绩效评价考核和责任追究制度。严格执法，依法严厉惩处破坏生态环境的行为，使破坏环境的直接责任人承担法律责任。完善生态文明建设目标评价考核办法，使之成为激励各级政府推进绿色发展和生态文明建设的重要约束和导向。要建立和完善政府内部自上而下的纵向问责制度，通过行政问责，落实绿色发展责任。同时要建立和完善群众、社会组织和媒体积极监督的横向问责制度，落实绿色发展和生态文明建设的责任。

在建立和完善生态文明制度体系的同时，必须完善促进绿色发展的制度落地的实施机制。第一，建立和完善严格执法的法治机制。不断完善相关法律法规，提高法律的可诉性，鼓励各类主体通过法律保护自己或大众环境权益不受侵犯，这是促进绿色发展最可靠、最持久的机制。第二，建立和完善有效的市场机制，通过价格信号以经济激励的方式促使各类主体自觉践行节约资源和保护环境。第三，改进完善行政干预机制，这类机制针对性强、短期内见效快，但需要不断完善和改进行政干预的方法和程序，在依法依规的前提下，不断提高行政干预机制的有效性和效率，并建立行政机构合法、合理、高效、专业的信誉。第四，建立和完善鼓励公众监督的社会机制。要及时准确地公布绿色发展与生态文明建设的各类信息，鼓励群众和社会组织参与对各种破坏生态环境的违法行为的监督、举报、诉讼。

3.1.2 生态引领区发展的制度需求

宜兴市生态引领区规划提出要打造环境治理样板区、绿色发展示范区、生态宜居典范区、制度创新先行区。绿色发展需要与之相适应的制度保障，引领区的建设需要制度创新和保障。在国家《生态文明体制改革总体方案》的顶层设计下，江苏省制定了《江苏省生态环境保护制度综合改革方案》，目前各项制度创新稳步推进，对地方生态文明建设起到了积极的推动作用。引领区建设需要在此基础上进一步探索打通“绿水青山”转化为“金山银山”的制度通道，一方面探索创新宜兴市绿色发展制度，另一方面也有赖于更高层面的制度改革的推进。

在制度创新方面，提出了具体目标，即“2020 年，不同定位乡镇（街道）生态文明差别化考核实施比例达 100%，全市生态文明建设工作占党政实绩考核比例不低于 30%，生态型乡镇生态文明建设占党政实绩考核比例不低于 40%，探索推进生态文明体制改革‘1+6’总体方案，2020 年，创成国家生态文明建设示范市”。在制度创新具体措施方面，提出率先开展绿色评估、完善考核评估体系、完善经济政策及市场机制、实施自然资源资产产权制度等若干举措。

3.2　宜兴市绿色发展现状问题

3.2.1　工业结构偏重、布局不合理、绿色化水平低

虽然宜兴市是制造业大市和经济大市，但总体上产业结构较重。“十三五”期间，相比于无锡市以及全省“三二一”的产业结构，宜兴市产业结构呈现“二三一”态势，2018 年宜兴市地区三次产业增加值比例为 3.0∶51.9∶45.1，总体以二产为主，且第二产业占 GDP 比重呈上升趋势，高于全省和无锡市平均水平。全市规模以上企业煤炭消费总量居无锡第二，2019 年，规模以上工业企业中水泥、建材等高耗能行业能耗占比达到 53.77%；资源能源消耗方面，2020 年，宜兴市单位 GDP 能耗为 0.37 t 标煤/万元，单位 GDP 用水量为 34.46 m^3/万元，资源利用效率在无锡市处于较低水平，仍然是宜兴市实现绿色发展的主要障碍。

从规模和布局来看，截至 2018 年年末，全市化工企业数量为 338 家，约占无锡市的 40%，化工企业数量相对较多，并且化工产品种类丰富，涵盖树脂、胶黏剂、涂料、化肥、农药等多个门类；规模以上化工企业数量仅占全市化工企业数量的 36.7%，企业规模相对较小；环科园、开发区、高塍等全市 18 个乡镇（街道）、园区均有化工企业分布，且主要分布在化工园区（集中区）外，甚至生态敏感区内仍然存在一定数量化工企业，太湖一级保护区化工企业关停、转迁入园任务尚未落实到位。总体来看，全市化工企业数量众多，规模较小，分布较分散，布局不尽合理，且存在较多环境风险，已成为治理和监管的难点。

从污染排放强度来看，“十三五”期间，全市污染物减排取得显著成效，但工业大气污染物排放强度仍较大，工业氮氧化物污染排放强度在无锡市最高，烟（粉）尘污染排放强度也处于无锡市前列，污染排放强度仍有待降低（图 3-1）。进一步分析宜兴市 2017 年主要污染物排放行业，高耗能行业污染物排放量也尤为突出，明显高于其他行业，大气污染物中氮氧化物和二氧化硫主要排放行业为电力、热力生产和供应业，排放占比

均高达45%以上，其规模以上工业产值占比仅为1.83%；其次为非金属矿物制品业，排放占比分别为41.66%、16.38%，其规模以上工业产值占比为4.53%。烟（粉）尘主要排放行业仍为非金属矿物制品业，排放占比高达56.12%；挥发性有机物主要排放行业为化学原料和化学制品制造业，排放占比为27.65%，其次为橡胶和塑料制品业及金属制品业，排放合计占比达36.34%，其规模以上工业产值占比为4.24%（图3-2）。虽然工业水污染物排放强度整体较低，但主要排放行业为纺织业，化学需氧量、氨氮、总氮、总磷等污染物排放量占比高达70%以上，其规模以上工业产值占比仅为2.24%（图3-3）。总体来看，宜兴市污染物排放行业较为集中，排放废气的主要为电力、热力生产和供应业，非金属矿物制品业，化学原料和化学制品制造业；排放废水的主要为纺织业，除化学原料和化学制品制造业外，其他行业对全市经济贡献均相对较低，能耗、污染与产值处于不协调状态，产业结构需进一步调优调绿。

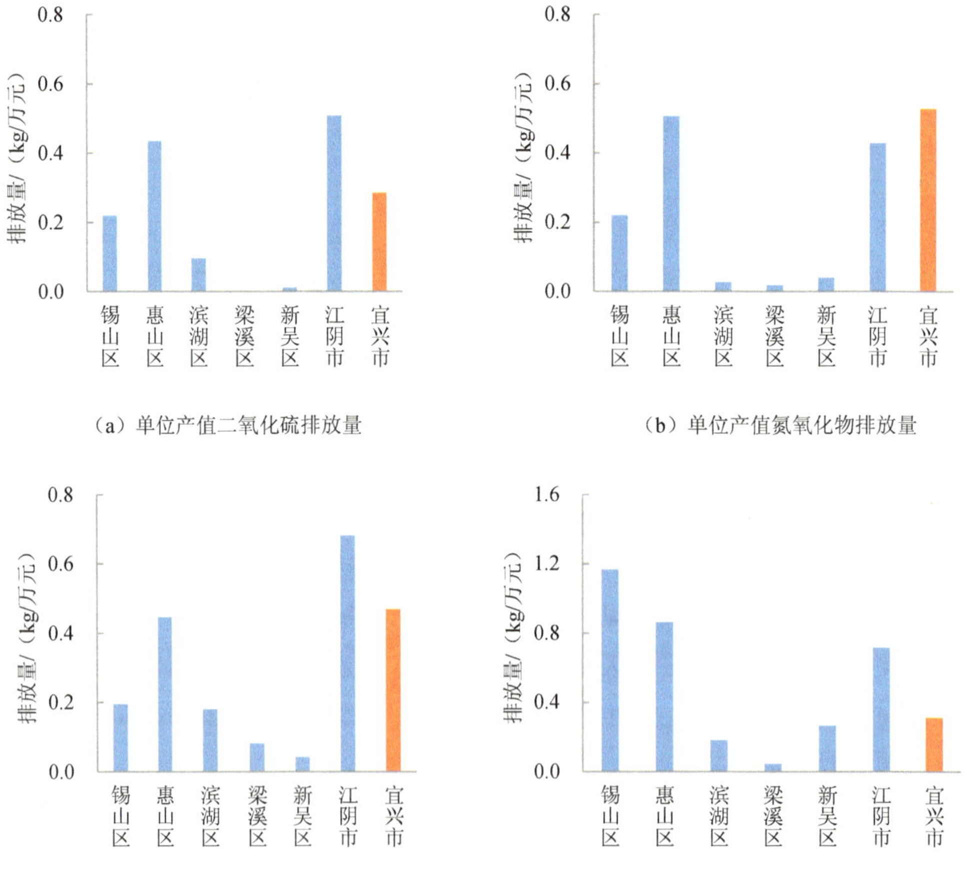

（a）单位产值二氧化硫排放量

（b）单位产值氮氧化物排放量

（c）单位产值颗粒物排放量

（d）单位产值挥发性有机物排放量

图3-1 2017年宜兴市及无锡市其他区县单位工业总产值工业大气污染物排放量

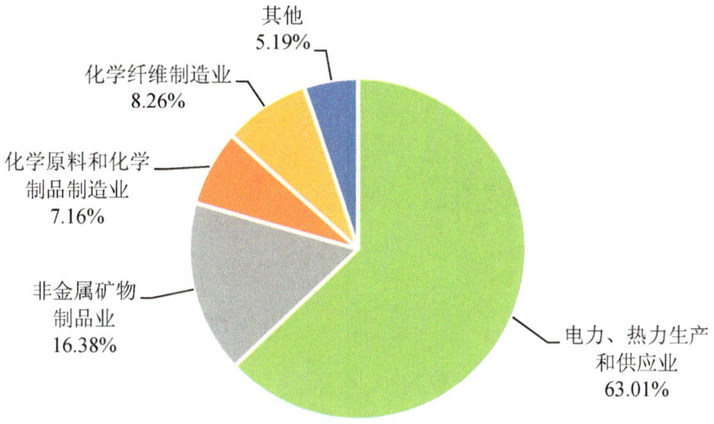

（a）二氧化硫

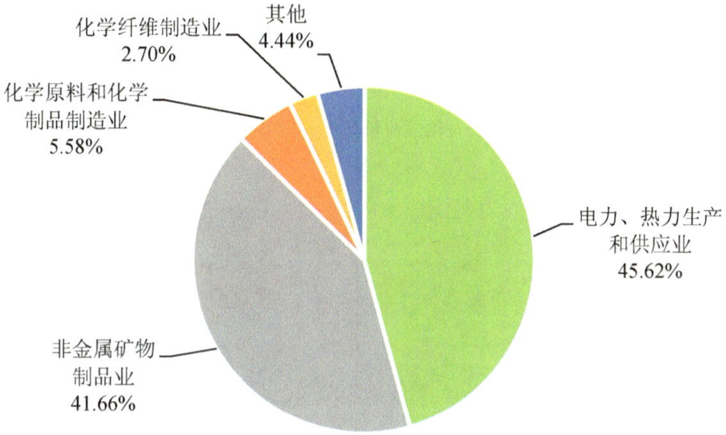

（b）氮氧化物

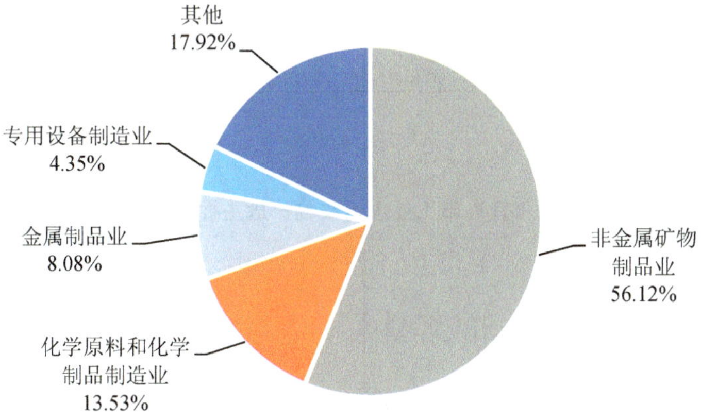

（c）烟（粉）尘

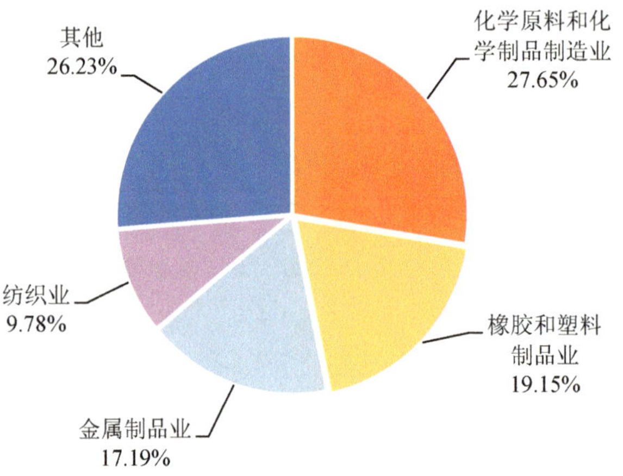

（d）挥发性有机物

图 3-2　2017 年宜兴市工业大气污染物排放主要行业占比情况

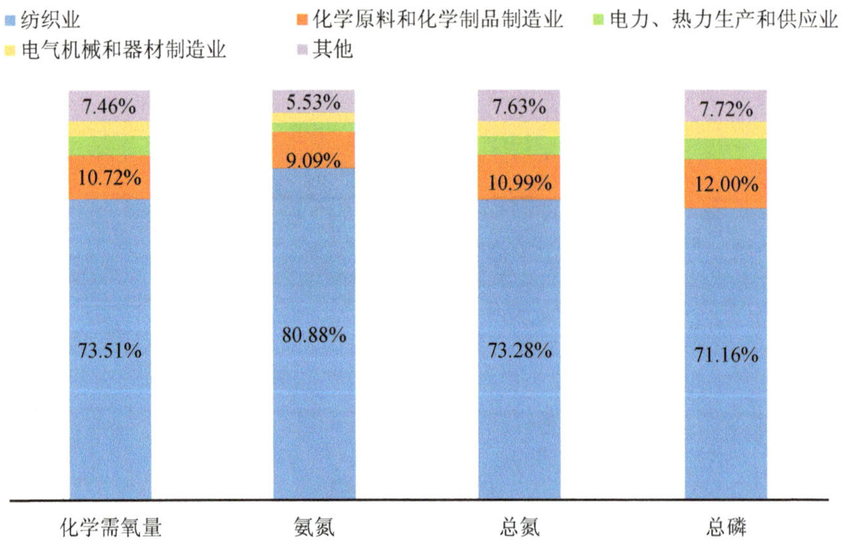

图 3-3　2017 年宜兴市工业水污染物排放主要行业占比情况

3.2.2　水环境质量不高，国省考断面不能稳定达标

2015 年以来 5 个国考断面优于III类比例一直保持在 60%，不达标断面为百渎港桥和殷村港桥（图 3-4）。

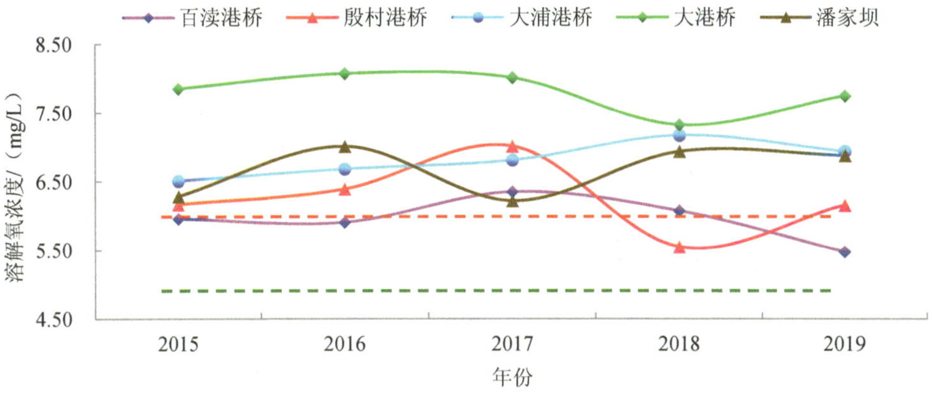

（a）溶解氧

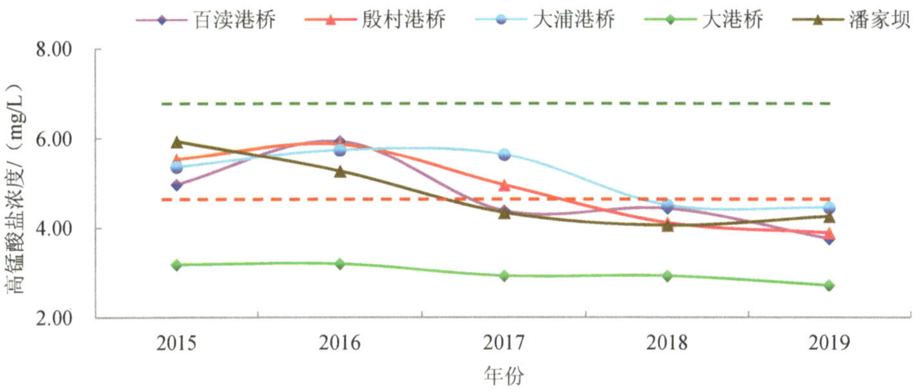

（b）高锰酸盐

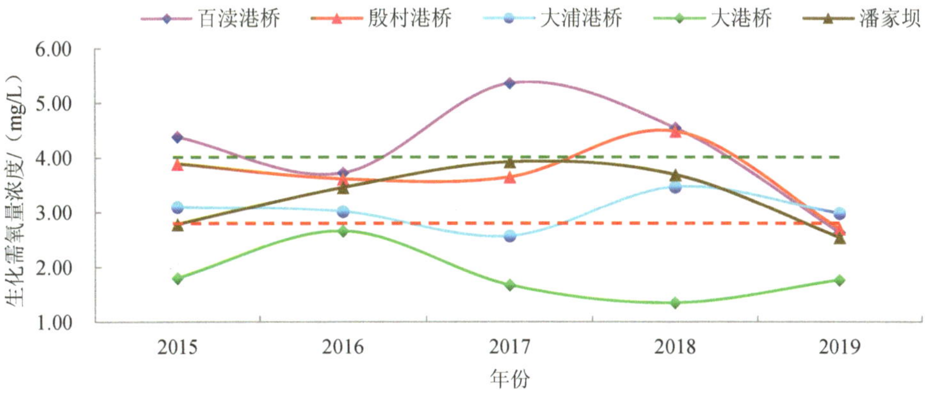

（c）生化需氧量

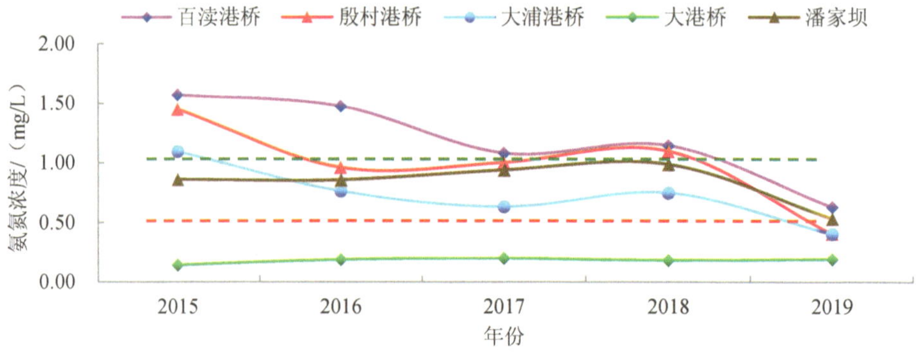

（d）氨氮

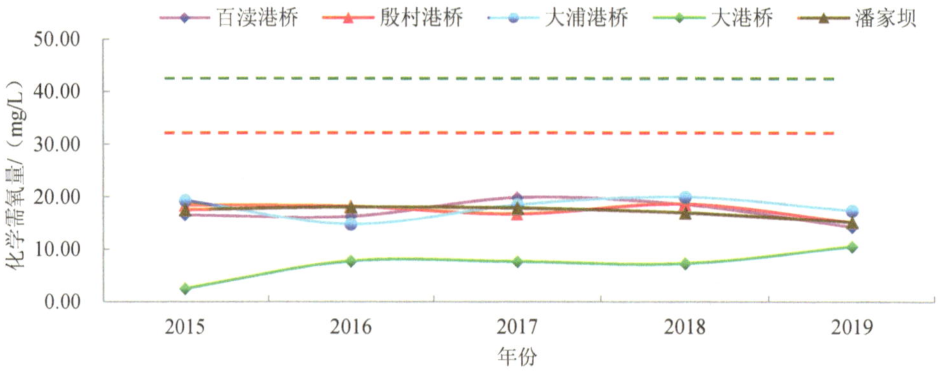

（e）化学需氧量

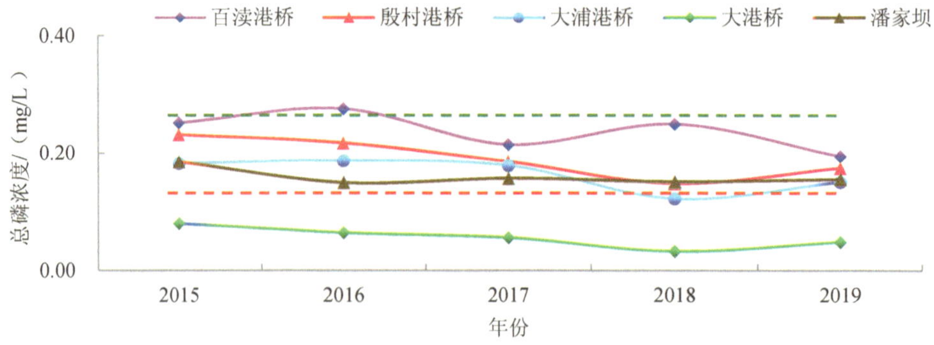

（f）总磷

注：红色虚线代表Ⅱ类标准，绿色虚线代表Ⅲ类标准。

图 3-4　宜兴市 2015—2019 年国考断面水质指标年均值变化情况

5 个国考断面的各项水质指标月度值波动较大，其中百渎港桥的溶解氧在 6—9 月持续较低，1 月、2 月氨氮超标，9—10 月总磷超标严重；殷村港桥的总磷 4 月、8 月、

11 月、12 月超标；潘家坝总磷在 10—11 月超标；大港桥和大浦港桥的水质指标都稳定在Ⅲ类标准限值内。

入湖河流水质波动较大。根据 2019 年主要入湖河流各项指标月度数据，洪巷桥、官渎港桥、殷村港桥、百渎港桥等入湖河流总磷月度波动较大，存在较多超标月份；大港桥、殷村港桥、乌溪桥的高锰酸盐指数变化幅度较大，变化幅度最大的为大港桥（1 月 1.4 mg/L，8 月 4.4 mg/L）；大港桥、大浦港桥、百渎港桥、社渎港桥、乌溪桥氨氮浓度变化幅度较大，变化幅度最大的为百渎港桥（1 月 1.94 mg/L，10 月 0.06 mg/L），入湖河流溶解氧浓度呈现先下降后上升趋势，官渎港桥、社渎港桥、殷村港桥 6—11 月溶解氧含量持续低于Ⅲ类标准。

3.2.3　水生态健康水平不高

水生态Ⅰ级区共有 13 个监测点位，除丰水期溶解氧浓度整体较低、平水期黄墅水库和桃溪河的总磷含量偏高以外，整体区域其余水质情况较好。水生态Ⅱ级区共有 14 个监测点位，需要重点关注漕桥河、殷村港和西湛渎港监测点，该区域丰水期溶解氧、高锰酸盐指数和总磷大部分时间不达标；莲花荡和滆湖两个湖库的总磷长期超标，主要受到上游客水、生活污水、畜禽养殖等的影响。

水生态Ⅲ级区共有 52 个监测点位，除溶解氧在丰水期易受气温影响外，少量点位总磷超标使得水质为Ⅳ类，经过合理管控可达到Ⅲ类。但百渎港桥和殷村港桥两个国考断面不能稳定达到Ⅲ类，除大港桥和大浦港桥的其余 7 条主要入湖河流未达到年度目标且水质波动较大。水质划分优于Ⅲ类占比与目标占比和相同水期不同分区水质类别占比分布见表 3-1 和图 3-5。

表 3-1　水质划分优于Ⅲ类占比与目标占比　　单位：%

水环境功能分区	枯水期	平水期	丰水期	目标
水生态Ⅰ级区	100.00	81.82	27.27	90.00
水生态Ⅱ级区	75.00	75.00	58.33	85.00
水生态Ⅲ级区	83.93	76.79	44.64	80.00

在实际开展监测的 79 个水生态监测点位中，水生态健康等级为中等及以下的占 83.55%，主要分布在宜兴市中部和东北部（图 3-6）。水生态Ⅰ级区由于有较高的森林覆盖率和绿化率，整体河流湖库的生态健康状态较好。水生态Ⅱ级区河流湖库整体水生态健康处于中等水平。其中Ⅱ-02 区的宝寿河水生态健康指数相对较低，周围分布有大量水产养殖用地；Ⅱ-03 区的蠡河水生态健康指数相对较低，周围分布有工业企业、农

业用地及水产养殖用地。水生态Ⅲ级区河流湖库整体水生态健康较差。Ⅲ-07 区的南溪河水生态健康指数相对较低，周围分布有大量水产养殖用地。Ⅲ-11 区中生态健康指数较低点集中在Ⅲ-11 区的西南部，分布在由团氿流至东氿的 6 条支流处，周围分布有大量居民生活区；漕桥河水生态健康指数相对较低，周围分布有大量农业用地；烧香港水生态健康指数相对较低，周围分布有大量工业企业用地。

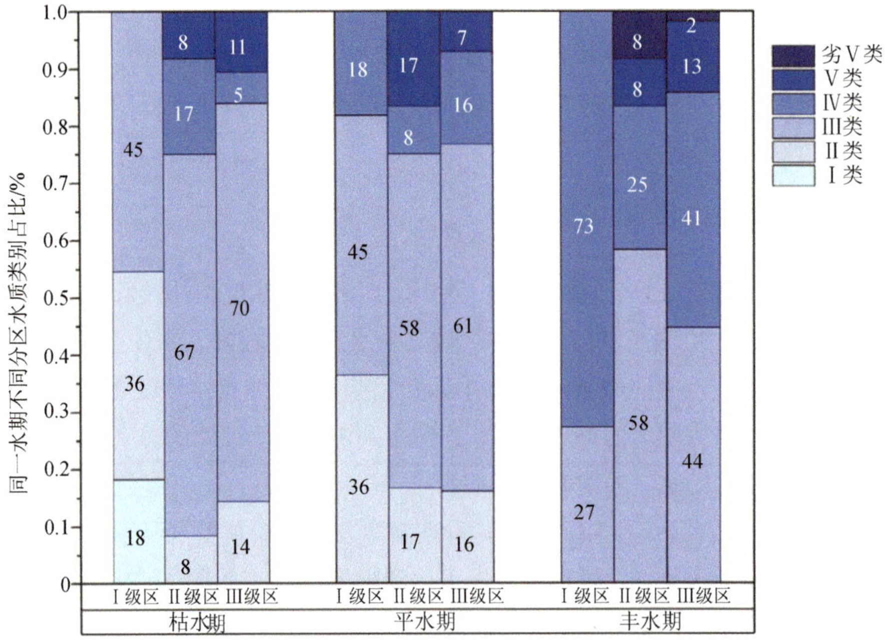

图 3-5 相同水期不同分区水质类别占比分布

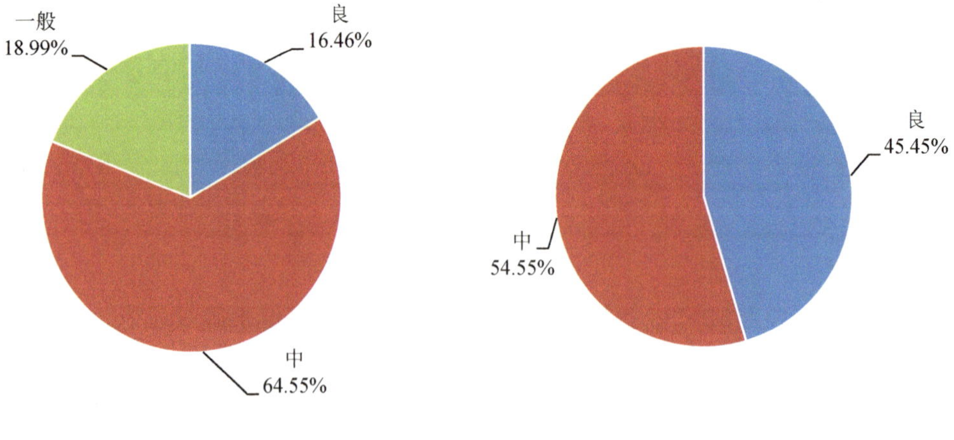

（a）水生态健康总体等级分布　　（b）生态Ⅰ级区

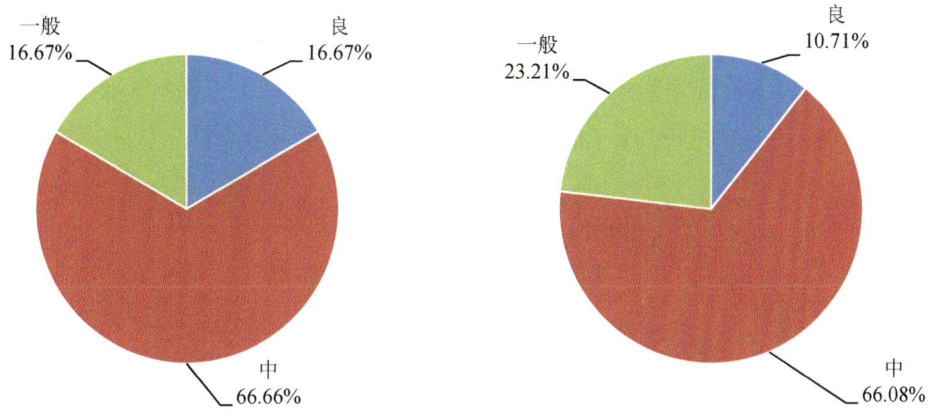

（c）生态Ⅱ级区　　　　（d）生态Ⅲ级区

图 3-6　河流水生态健康状况评估结果概况

3.2.4　城镇化规模扩张，生态空间被挤压

根据 2012—2019 年宜兴市建设用地变化情况，房屋建筑面积增加 2 029.57 hm^2（10.33%），草地、农田、林地以及水域面积总体下降。草地面积全市域呈片状减少，共减少 278.87 hm^2（2.58%）；宜南低山丘陵林地面积减少 1 014.53 hm^2（2.53%）；耕地面积减少 1 787.51 hm^2（3.84%），主要分布在北部平原区；北部水网密布区湿地面积减少 825.41 hm^2（1.54%），2015—2019 年全市域湿地面积增加 373.54 hm^2。

2012 年、2015 年和 2019 年宜兴市 GEP 总额不断递增，但调节服务价值有所降低。由于2012—2019年宜兴市旅游业的蓬勃发展和生态环境改善导致的周围房产溢价，2019 年文化服务价值（景观价值和休闲旅游价值）较 2012 年增加 107%，是 GEP 总额不断上涨的主要原因；2012—2015 年，由于城镇化规模扩张，挤压生态空间，宜兴市调节服务价值（气候调节、水源涵养、固碳释氧、土壤保持、空气净化、洪水调蓄、水质净化）降低 7.5%；2015—2019 年调节服务价值有所回升，增长 3.0%，但相比 2012 年仍减少 4.7%。

3.2.5　产业转型进入攻坚阶段，环境经济政策促进作用不强

“十三五”时期，国家高度重视环境经济政策的顶层设计，宜兴作为生态引领区，具有践行“绿水青山就是金山银山”理念的良好基础，深入推进政策改革与创新，政策体系不断完善。当前宜兴产业转型进入攻坚阶段，传统产业的“关、停、并、转、迁”难度大，需要政府和企业层面的共同努力。

宜兴在没有上级明确要求、没有现实经验可循、没有现成模板参照，只能边摸索、边创造、边实施、边总结的情况下，在理念上、政策上不断探索创新，目前仍存在如下问题：绿色金融体系有待完善，绿色金融工具对产业转型的助力不够；环境税体量偏小，难以“倒逼”企业的减排行为；损害赔偿的“紧箍咒”效应还未充分发挥。

3.3 宜兴市绿色发展制度障碍

3.3.1 环保优先的政策导向尚未形成

现阶段国家正在积极探索推进政府考核制度改革，如《中共中央关于全面深化改革若干重大问题的决定》明确提出，要完善发展成果考核评价体系，纠正单纯以经济增长速度评定政绩的偏向。江苏省高质量考核也愈加重视经济发展质量和生态环境效益。在此背景下，宜兴市也在积极探索绿色考核路径，但由于长期以来对传统发展路径的依赖，导致以 GDP 指标为主的考核方式仍根深蒂固，对地方政府的政绩考核虽然已经不再唯 GDP 论，但仍有以 GDP 为主的考核导向，使得政府职能中经济职能配置过强，资源生态环境职能配置弱，导致资源生态环境职能往往让位于经济建设职能，难以有效发挥经济政策与资源生态环境政策的综合协调。

对当前与宜兴市绿色发展考核相关的《江苏省绿色发展指标体系》《江苏省生态文明建设考核目标体系》《高质量发展监测评价指标体系与实施办法》等进行全面梳理与评价，当前针对生态引领区绿色发展考核体系存在如下问题：一是环境质量刚性约束、绿色发展导向性要进一步明确。环境质量权重占比不足 20%，与引领区规划中不低于30%比例有差距；反映绿色发展水平的资源能源利用指标缺失。二是考核结果未能体现“绿水青山就是金山银山”理念，以环境质量指标为主，未能充分体现生态产品经济价值。三是指标数量偏多，技术方法不完善，考核时未体现差异化、精细化导向。指标数量多，数据可得性、真实性差；未能体现不同乡镇主体功能区定位的差异化，难以形成激励机制。四是考核结果未能发挥效应，考核激励机制仍不完善。考核指挥棒作用未能有效发挥，多以问责为主，难以调动治理积极性；指标体系多为状态性指标，难以体现政府工作实际成效。

3.3.2 基于自然资源保护的约束机制尚未形成

自然资源资产负债表作为一项新事物，在缺乏实物和理论的背景下，虽然取得了积极进展，但也存在理论体系亟待构建、核算技术亟待规范、工作制度亟待建立健全等“瓶颈”。由于尚无统一的自然资源价值化理论和方法体系，现有自然资源价值核算往往是基于替代方法进行估算，如影子价格法、收益还原法、净价法和边际社会成本法等。然而，基于不同替代方法估算的自然资源价值量往往差异较大，不具可比性，制约了自然资源的价值认同及其纳入国民经济核算的准确性。此外，自然资源资产负债表编制研究与推行缺少配套政策的支撑，无法为领导干部自然资源资产离任审计提供有力的判据。为了提高自然资源的利用效率，缓解经济发展与资源环境之间的矛盾，需要加强自然资源核算和资产负债表编制研究。

在核算过程中，还存在以下问题：

（1）自然资源底数不清

不同类别自然资源的存量与生态服务价值不清，无法充分发挥生态效益。自然资源资产的价格体系不健全，难以全面核算自然资源价值。

（2）自然资源的动态变化情况不明

尚未掌握自然资源在不同时间和空间尺度上的动态变化。保护与开发活动对自然资源本底变化的影响尚不清晰。

（3）自然资源开发约束机制尚未形成

自然资源底数不清，难以因地制宜开展保护和利用。亟须构建自然资源对太湖上游地区产业发展的约束机制。

3.3.3 激励绿色产业发展的环境经济政策体系尚不完善

宜兴环境经济政策仍存在以下问题，需要建立一套更加公平、合理、有效的环境经济政策体系，形成协同支撑经济高质量发展和环境高水平保护的长效机制。政府管理部门的抓手不够有力：一是对转型企业和绿色项目的资金引导不足，如当前宜兴市的财政能力不能支持多元化的生态补偿领域；二是相关政策缺乏地方实施细则，宜兴市没有立法权，沿用上级政府的环境经济政策时，由于政策不够详细，导致地方政府在理解上可能存在偏差，致使政策的执行效率降低，如损害赔偿金额计算缺少说明；三是配套政策体系协调性有待加强，需要打通包括环境税费、生态补偿和绿色信贷等在内的面向企业的环境经济政策链条，形成政策合力，更大地发挥政策的作用。

企业的积极性难以被充分调动：一是转型发展需要大量资金投入，企业难以负担转型资金；二是绿色生产的经济价值没有得到充分体现，绿色金融尚在完善过程中，未以企业的绿色生产经济价值为唯一标准；三是惩罚性政策约束性较小，环境税税额仍较少，未达到倒逼企业转型升级的目的。

3.3.4 精细化的水生态环境管理体系尚未形成

当前治理模式仍较为粗放。一是建构主体单一。首先，责任主体单一。由于水生态环境公共产品的属性，实际治理模式中政府部门仍承担大部分的治理责任，无形中抑制了社会力量参与水生态环境治理的积极性，形成“政府为主、企业被动参与、老百姓冷眼旁观”的局面。其次，权力主体单一。相关的行政执法权、实际处理权等仍然束缚在宜兴市政府和职能部门，导致乡镇基层生态环境部门在日常监管活动中无法对违法破坏水生态环境行为进行第一时间执法处理，严重阻碍治水工作的有序推进。二是“生态”行动缺失。宜兴市通过淘汰落后产能、整治“散乱污”企业等一系列行动控制污染物排放，仅仅提升了短期内治理效果，并未切实体现“生态”理念，宜兴市治水模式尚未从单一的水质治理向整体水生态环境治理转变。三是问题意识不足。宜兴市治水工作仅对污染物在下游水域呈现的表象进行处理，对境内水生态环境污染的根源问题未准确把握和处理，不仅提高了局部地区的治水成本，而且容易陷入“上游污染，下游治理”的治理怪圈，导致各地区治水责任不平衡，影响治水人员工作积极性。

当前治理制度不够精细化。一是制度供给不足。宜兴市治水领域制度供给难以满足工作需求。例如，监察队伍培训制度的供给缺失，使得其专业素养难以满足工作要求；协调制度的供给缺失使得条块部门协同存在困难，容易引发治理主体的非理性行为和盲目举措，从而导致治理主体与利益相关方之间产生矛盾纠纷。二是制度同质化严重。宜兴市制度建设中由于同质化的原因导致河长体系、环境监管网格化体系在实施过程中并未解决职责分配、工作协调等方面问题，存在“重制度建设，轻制度落实”的现象，阻碍制度最大限度地发挥治理效益。

3.4 宜兴市绿色发展制度框架体系

根据中共中央、国务院《生态文明体制改革总体方案》，基于绿色发展理论框架体系，坚持源头严防、过程严管、后果严惩全过程管理思路，聚焦宜兴市绿色发展存在问题和引领区示范需求，构建宜兴市绿色发展制度框架体系。政策体系框架包括自然资源保护制度体系、环境经济政策体系、水生态环境管理体系、环境保护与责任追究制度体系四大领域。其中，自然资源保护制度体系主要从自然资源资产负债表、转移支付、生态保护补偿 3 个方面进行研究，环境经济政策体系主要通过对环境税、损害赔偿、绿色金融、产业准入负面清单等制度的研究与创新促进宜兴市绿色发展；水生态环境管理体系主要从水生态监测网络优化、河长制创新管理、环境保护督查等制度方面进行研究和细化，环境保护考核与责任追究制度体系主要研究绩效评价考核、损害责任追究和干部离任审计制度，通过构建差别化的考核实施方案促进宜兴市绿色发展。生态引领区绿色发展创新制度体系具体组成如图 3-7 所示。

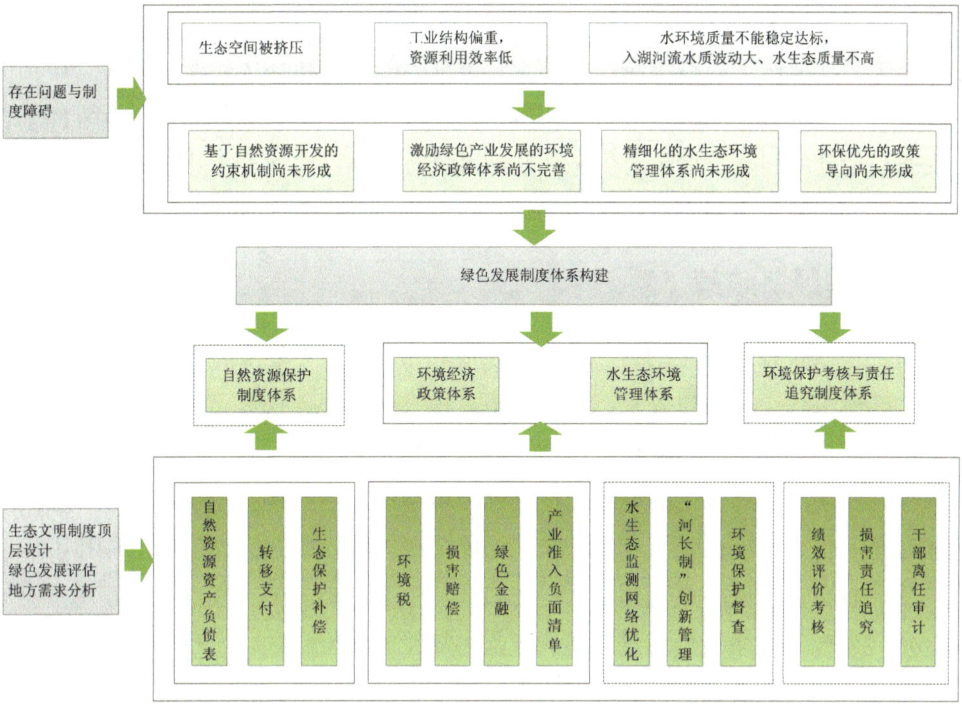

图 3-7　绿色发展创新制度体系

3.4.1　自然资源保护制度体系

自然资源保护制度体系设计的目的是摸清自然资源资产的家底及其变动情况，落实习近平总书记提出的“绿水青山就是金山银山”理念的指示精神，有效保护宜兴山水林田等资源，为推进生态文明建设、有效保护和永续利用自然资源提供信息基础、监测预警和决策支持。《生态文明体制改革总体方案》要求探索编制自然资源资产负债表，构建水资源、土地资源、森林资源等的资产和负债核算方法，建立实物量核算账户，明确分类标准和统计规范，定期评估自然资源资产变化状况。探索建立多元化补偿机制，逐步增加对重点生态功能区的转移支付，提升生态保护成效。

自然资源保护从生态资产核算（编制自然资源资产负债表）、转移支付、生态保护补偿 3 个方面构建制度体系，有效保护宜兴山水资源。其中，自然资源资产负债表编制结合《关于印发〈自然资源资产负债表编制制度（试行）〉的通知》（国统字〔2018〕220 号），核算土地、水、林木和矿产资源的实物量，并在此基础上进一步优化核算方法，分类核算了价值量和负债量，摸清自然资源的存量与生态服务价值及其在不同时间和空间尺度上的动态变化，科学反映宜兴市自然资源、生态环境的消耗成本及其经济损失，为区域自然资源管理提供科技支撑。转移支付制度设计方面根据国家转移支付政策制定适宜宜兴发展的转移支付方案，合理优化生态引领区水环境保护事权、财权划分机制，强化生态环境保护因素影响，形成一套可持续的财政转移优先支付方案，切实保障宜兴生态环保工程落地和生态保护环境效益提高。生态保护补偿制度方面结合生态价值、生态功能分区和财政情况对生态补偿标准进行调整，设计差异化的补偿系数，明确补偿标准，加大对重点生态功能区的补偿力度，确保补偿资金用于生态修复。

3.4.2 环境经济政策体系

环境经济政策体系设置的目的是依靠政府和市场，引导企业行为，充分调动企业的积极性。按照市场经济规律要求，运用价格、税收、信贷、收费、保险等经济手段，调节或影响市场主体的行为以实现经济建设与环境保护的协调发展。《生态文明体制改革总体方案》要求构建更多运用经济杠杆进行环境治理和生态保护的市场体系，加快资源环境税改革、推行排污权交易制度、建立绿色金融体系，着力解决市场主体和市场体系发育滞后、社会参与度不高等问题。

环境经济政策体系主要通过环境税、损害赔偿、绿色金融、产业准入负面清单等方面进行构建，形成激励绿色产业发展的市场型环境经济政策。其中环境税重点根据宜兴市水污染物排放特点，采用污染物治理成本法计算税率，设置时间、环境容量和环境经济效益三大调整系数，以更好地发挥保护环境的政策作用；损害赔偿重点制定措施加强对赔偿资金的管理，加快环保技术改造费用抵扣赔偿、替代性修复、异地补植等模式探索，推动设立宜兴市生态环境损害赔偿资金专用账户，“倒逼”过剩产能退出，激励绿色产业发展。绿色金融重点通过设置链长制，加强政府机构与金融机构产业链联合，实现银行与企业对接活动的信息化、高效化和常态化。完善绿色金融手段，建立长期低成本资金供给渠道，加强完善金融机构的激励机制，建立一触即达的融资服务网络平台。产业准入负面清单重点依据区域功能定位、资源承载力、生态容量、产业结构和空间格局的约束，制定宜兴禁止类产业和限制类产业目录，提出产业发展条件与底线约束，进而完善相关配套政策，强化生态环境监管，确保严格按照区域功能定位谋划发展，为区域环境准入及管理提供科技支撑。

3.4.3 水生态环境管理体系

水生态环境管理的目的是通过管理制度的优化有效促进水生态环境质量的改善。其中，环保督查制度和“河长制”创新管理制度通过考核追责手段、规范各级政府的环境保护主体行为，激发其责任担当，成为保持水生态环境治理成效的重要途径。根据国家“1+6”生态文明体制改革的总体要求，环境监管制度是国家推进生态文系明建设的重要抓手。《生态文明体制改革总体方案》要求构建以改善环境质量为导向，监管统一、执法严明、多方参与的环境治理体系，着力解决污染防治能力弱、监管职能交叉、权责不一致、违法成本过低等问题。

水生态环境管理体系分为水生态监测网络优化、“河长制”创新管理、环保督查三大领域。水生态监测网络优化政策主要在原有监测点位的基础上，增加交界断面点位数量和湖库点位，通过模型方法进行优化，实现监测点位更加精细化、覆盖率更高、代表性更强。“河长制”创新管理制度方面考虑到河长在治理河湖时仅考虑了水质改善，忽略了水生态修复的长效措施，且存在水环境治理激励制度缺失、环保人员工作积极性不足等问题，对“河长制”进行创新优化，在深化“河长制”的基础上，进一步落实“断面长”“排口长”的责任分配，在 7 个水生态功能分区的交界处，视情况增加“水功能区长”，强化非现场监管手段，推行断面“无过错举证”制度。环保督查制度是强化生态环保责任、解决突出环境问题的重要举措。重点结合宜兴治理模式的需求以及制度诊断结果，以权责设置、监察管理、考核评价为中心完善监察队伍协同与培训制度，支撑精细化水生态环境治理体系。

3.4.4 环境保护考核与责任追究制度体系

绿色发展考核的主要目的是影响政府的执政行为，必须要以组织行为理论为指导。在激励相容理论、公平理论、目标管理理论等的指导下，研究设计考核体系，通过考核体系的诸多元素，影响组织成员的行为特征和绩效水平。《生态文明体制改革总体方案》要求，“构建充分反映资源消耗、环境损害和生态效益的生态文明绩效评价考核和责任追究制度，着力解决发展绩效评价不全面、责任落实不到位、损害责任追究缺失等问题”。

考核体系分为绿色发展绩效评价考核、党政干部生态环境损害责任追究、领导干部自然资源资产离任审计三大领域，形成系统性、责任闭环的考核制度体系。其中，绩效评价考核主要是研究制定可操作、可视化的绿色发展指标体系，把资源消耗、环境损害、生态效益纳入经济社会发展评价体系，根据不同区域主体功能定位，实行差异化绩效评价考核。领导干部实行自然资源资产离任审计，主要是在编制自然资源资产负债表和合理考虑客观自然因素的基础上，积极探索领导干部自然资源资产离任审计的目标、内容、方法和评价指标体系，依法界定领导干部应当承担的责任，加强审计结果运用。生态环境损害责任终身追究制，重点为以自然资源资产离任审计结果和生态环境损害情况为依据，明确对地方党委和政府领导班子主要负责人、有关领导人员、部门负责人的追责情形和认定程序。

第 4 章

生态引领区绿色发展绩效评价

4.1 指标体系构建

4.1.1 评价指标库

通过广泛研究国内、江苏省内关于生态文明建设、可持续发展等方面的政府绿色发展绩效评估体系，构建了涵盖 15 个指标体系的指标库。近年来，国内外围绕绿色发展评价指标体系的研究不断涌现新的成果，主要围绕 3 条路径展开：绿色国民经济核算、绿色发展多指标测度体系和绿色发展综合指数。其中，绿色国民经济核算由于资源环境问题的复杂性，以及当前绿色国民经济核算相关理论方法的不成熟，许多国家都选择从某一领域出发进行局部核算，因此未能全面体现绿色发展内涵；绿色发展多指标测度体系是指通过一系列核心指标从各角度反映绿色发展进步情况，不需要进行指标加权。这类指标体系能够直观地显示绿色发展的促进和制约因素，但无法类似综合指数从总体上评估绿色发展；绿色发展综合指数法通常是在选择核心指标的基础上，根据指标的重要性对不同指标赋予其相应权重，进而加权综合而成的。综合指数的目的主要是排名，通过排名来反映一个国家或地区某一时期内的绿色发展水平在全球或者全国所处的位置，同时通过纵向比较，也可以反映其历史总体水平的动态变化趋势。综上所述，绿色发展综合指数目前在我国应用较为广泛，且数据可得性较强。国内外绿色发展绩效评估体系见表 4-1。

表 4-1　国内外绿色发展绩效评估体系

指标体系名称	指标个数	指标结构或框架	出处或作者
OECD 可持续发展指标体系	30	环境、社会经济类指标	欧盟
环境绩效指数（EPI）	24	环境健康、生态系统生命力	联合国千年首脑会议

指标体系名称	指标个数	指标结构或框架	出处或作者
可持续发展指标体系	50	社会指标、经济指标、环境指标以及制度指标	联合国可持续发展委员会
大湄公河次区域环境绩效	46	土地退化、生物多样性、森林资源、内陆水污染、废弃物管理	亚洲开发银行
美国可持续发展西雅图指标	40	环境、人口、资源、经济、健康	美国
21 世纪议程评价指标体系	76	社会、经济、环境、制度	国际会议
英国可持续发展评估体系框架	120	环境、经济、资源、生物多样性	英国
欧盟生态城市计划评价指标体系	25	城市结构、交通、能源与物质流、社会经济议题	欧盟
绿色发展指标体系	56	资源利用、环境治理、环境质量、生态保护、增长质量、绿色生活、公众满意度	发改环资〔2016〕2635 号
生态文明建设考核目标体系	23	资源利用、生态环境保护、年度评价结果、公众满意程度、生态环境事件	发改环资〔2016〕2635 号
江苏省生态文明建设示范市、县（市、区）指标（试行）	35	生态制度、生态环境、生态空间、生态经济、生态生活、生态文化	苏环办〔2017〕259 号
国家生态文明建设试点示范区指标（试行）	30	生态经济、生态环境、生态人居、生态制度、生态文化	环境保护部
美丽中国指标体系	22	空气清新、水体洁净、土壤安全、生态良好、人居整洁	发改环资〔2020〕296 号
江苏高质量发展监测评价指标体系与实施办法	22	经济发展、生态环境、改革开放、城乡建设、文化建设、人民生活	苏考发〔2018〕2 号
江苏省生态文明建设规划指标体系	46	生态空间、生态经济、生态环境、生态生活、生态文化、生态制度	苏政发〔2013〕86 号

4.1.2　指标的选取方法

绿色发展的特征主要表现为低消耗、低排放、低污染和高效率、高效益、高循环，研究依据绿色发展理论框架，运用聚类分析法，从国内外常用的可持续发展、环境绩效指数、美丽中国、高质量发展等评价指标库中筛选出最具代表性、使用频次高，又能够表征绿色发展绩效水平的评价指标。指标的具体筛选过程如下：

1）以聚类分析法，从经济发展、环境质量等大类指标中分别筛选出出现频次最高的 7 个指标作为初始指标，最终筛选结果如下：表征经济发展质量的 7 个指标为人均 GDP、GDP、居民人均可支配收入、工业总产值、工业利税总额、第三产业增加值占 GDP 比重、第二产业增加值占 GDP 比重；表征资源利用的 7 个指标为单位 GDP 污染物排放强度、单位 GDP 能源消耗、单位 GDP 用水量、能源消耗总量、用水总量、单位

GDP 建设用地面积、单位工业增加值用水量；表征生态环境的 7 个指标为地表水好于III类水体比例、地表水劣 V 类水体比例、重要江河湖泊水功能区水质达标率、环境空气质量优良天数比例、$PM_{2.5}$ 浓度、生态红线区管控水平、林木覆盖率；表征环境治理的 7 个指标为化学需氧量排放总量减少量、污水集中处理率、城镇污水处理率、农村生活污水处理率、生活垃圾无害化处理率、垃圾分类集中处理率、环境污染治理投资占 GDP 比重。

2）运用因子分析法，对筛选出的初始指标进行再次筛选，主要剔除部分信息重复的因子，降低指标集之间的信息重叠。主要剔除了经济发展质量大类中的工业总产值、GDP、第二产业增加值占 GDP 比重，资源利用大类中的用水总量，生态环境大类中的地表水劣V类水体比例、重要江河湖泊水功能区水质达标率等指标。

3）结合宜兴市特征，加入能够反映宜兴市绿色发展内涵的指标，主要在增长质量中加入高新技术产业产值占规模以上工业产值比例，在生态环境中加入水生态健康指数水平、生态系统服务价值，在资源利用中加入单位耕地面积农药化肥施用量，在环境治理中加入受污染耕地安全利用率。最终形成宜兴市绿色发展评价指标体系（表 4-2）。

4.1.3 指标体系构建

绿色发展是把环境保护作为实现可持续发展重要支柱的新型发展模式，研究紧扣绿色发展的内涵，结合宜兴市山水资源特色和经济发展水平及考核需求，借鉴国内外经验，通过聚类分析法和因子分析法，从增长质量、资源利用、生态环境、环境治理 4 个方面构建宜兴市绿色发展评价指标体系，评估宜兴全市及各乡镇绿色发展水平。最终确定了人均 GDP、居民人均可支配收入、第三产业增加值占 GDP 比重、高新技术产业产值占规模以上工业产值比例、工业利税总额、单位 GDP 能源消耗、单位 GDP 二氧化碳、单位 GDP 污染物排放强度、单位 GDP 建设用地面积、单位工业增加值用水量、单位耕地面积农药化肥施用量、市级考核断面地表水好于III类水质比例、水生态健康指数水平、生态系统服务价值、环境空气质量优良天数比例、公众对生态环境质量满意程度、受污染耕地安全利用率、城镇污水处理率、农村生活污水治理率、垃圾分类集中处理率、环境污染治理投资占 GDP 比重等 21 项评价指标（表 4-3），以上指标的选取重点考虑了代表性、相关数据的权威性和可获得性及宜兴特色。其中增长质量、生态环境、环境治理属于正向指标，值越大表明绿色发展水平越高；资源利用属于逆向指标，值越大表明绿色发展水平越低。

表4-2　绿色发展评价指标体系筛选

指标体系名称	人均GDP	GDP	居民人均可支配收入	工业总产值	工业利税总额	第三产业增加值占GDP比重	第二产业增加值占GDP比重	单位GDP污染物排放强度	单位GDP能源消耗	单位GDP用水量	单位GDP建设用地面积	单位耕地面积农药化肥施用量	能源消耗总量	用水总量	地表水好于III类水质比例	地表水劣V类水体比例	$PM_{2.5}$浓度	环境空气质量优良天数比例	林木覆盖率	城镇污水处理率	生活垃圾无害化处理率	环境污染投资占GDP比重	公众对生态环境质量满意程度
OECD可持续发展指标体系		√		√	√										√			√					
环境绩效指数（EPI）																			√	√			
可持续发展指标体系	√					√	√		√								√		√				
大湄公河次区域环境绩效																							
美国可持续发展西雅图指标																			√				
21世纪议程评价指标体系				√															√				
英国可持续发展评估体系框架													√										
欧盟生态城市计划评价指标体系																			√		√		

指标体系名称	人均GDP	GDP	居民人均可支配收入	工业总产值	工业利税总额	第三产业增加值占GDP比重	第二产业增加值占GDP比重	单位GDP污染物排放强度	单位GDP能源消耗	单位GDP用水量	单位GDP建设用地面积	单位耕地面积农药化肥施用量	能源消耗总量	用水总量	地表水好于III类水质比例	地表水劣V类水体比例	$PM_{2.5}$浓度	环境空气质量优良天数比例	林木覆盖率	城镇污水处理率	生活垃圾无害化处理率	环境污染投资占GDP比重	公众对生态环境质量满意程度
绿色发展指标体系			√			√			√		√	√	√	√	√	√		√	√	√	√	√	√
生态文明建设考核目标体系									√		√		√	√	√	√		√	√				√
江苏省生态文明建设示范市、县（市、区）指标（试行）									√	√	√				√			√	√	√	√		√
国家生态文明建设试点示范区指标（试行）									√										√				√
美丽中国指标体系															√	√	√	√	√		√		
江苏高质量发展监测评价指标体系与实施办法	√		√						√	√					√		√	√	√	√	√		
江苏省生态文明建设规划指标体系							√	√	√	√					√			√	√		√		√
合计	2	1	2	2	1	2	2	1	7	3	3	1	3	2	7	3	3	7	12	4	6	1	5

表 4-3 绿色发展评价指标的构建

一级指标	序号	二级指标	类型	计量单位
增长质量	1	人均 GDP	正向	元/人
	2	居民人均可支配收入	正向	元/人
	3	第三产业增加值占 GDP 比重	正向	%
	4	高新技术产业产值占规模以上工业产值比例	正向	%
	5	工业利税总额	正向	万元
资源利用	6	单位 GDP 能源消耗	逆向	t/万元
	7	单位 GDP 二氧化碳	逆向	t/万元
	8	单位 GDP 污染物排放强度	逆向	t/万元
	9	单位 GDP 建设用地面积	逆向	m^2/万元
	10	单位工业增加值用水量	逆向	m^3/万元
	11	单位耕地面积农药化肥施用量	逆向	kg/hm^2
生态环境	12	市级考核断面地表水好于III类水质比例	正向	%
	13	水生态健康指数水平	正向	—
	14	生态系统服务价值	正向	hm^2/人
	15	环境空气质量优良天数比例	正向	%
	16	公众对生态环境质量满意程度	正向	%
环境治理	17	受污染耕地安全利用率	正向	%
	18	城镇污水处理率	正向	%
	19	农村生活污水治理率	正向	%
	20	垃圾分类集中处理率	正向	%
	21	环境污染治理投资占 GDP 比重	正向	%

4.2 评价技术方法

4.2.1 GEP 核算技术方法

GEP 核算是对生态系统本身可被利用（或破坏）和其提供的能够被人类获取惠益的产品或服务的价值评估，即对生态系统提供的物质产品价值、调节服务价值和文化服务价值的评估。由于对自然生态系统的名称使用存在习惯差异，国际上生态价值核算也被称为自然资本核算，国际权威的生态系统价值核算为 2014 年联合国统计司（UNSD）发布的基于环境经济核算体系（SEEA）的《实验性生态系统核算》（EEA），首次将生态系统服务划分为产品供给、调节服务和文化服务 3 类进行价值核算，截至 2020 年 1

月全球共有 24 个国家建立了官方的生态系统核算账户。我国当前 GEP 核算分为服务价值核算法、当量因子法和基于能值的生态元法 3 种。服务价值核算法主要以王金南院士[39]为代表，在对湿地、草地、森林、荒漠、农田、城市等生态系统实物量进行调查的基础上，将实物量所产生的各类价值折算成货币得出生态产品价值。以中国科学院地理所谢高地研究员[40]提出的当量因子法，是在区分全国不同生态系统服务功能的基础上，基于可量化的标准构建不同类型生态系统各种服务功能的价值当量，再结合生态系统的面积进行评估，当量因子法方法统一、直观易用、数据需求少、结果便于比较，但其体现的是一个宏观平均化的量值，无法完全反映区域的具体生态系统特征。刘世锦等[41]提出了基于能值的生态元核算方法，以“生态元”为标准构建生态系统服务实物量度量单位，但核算过程利用的参数较多，核算结果的不确定性较高，尚需实践检验。

为评估宜兴市近 10 年来生态保护成效，本书根据生态环境部环境规划院和中国科学院生态环境研究中心 2020 年 9 月发布的《陆地生态系统生产总值（GEP）核算技术指南》（以下简称《指南》）的核算方法，对土地利用现状进行高精度遥感解译，充分调研宜兴市生态系统类型和经济社会发展现状等资料，明确生态系统服务清单，确定核算模型方法与适用技术参数，开展 2012 年、2015 年和 2019 年宜兴市生态系统服务（生态调节服务和生态文化服务）功能量与价值量核算。

宜兴市生态系统类型主要有农田生态系统、湿地生态系统、森林生态系统和草地生态系统四大类，生态系统服务包括调节服务和文化服务 2 个一级指标、11 个二级指标和 16 个功能量/价值量指标，这些指标共同构成了具有宜兴特色的生态系统服务核算指标体系（表 4-4～表 4-6）。

表 4-4　宜兴市生态系统服务价值核算指标体系

服务类别	核算科目	实物量指标	价值量指标
调节服务	水源涵养	水源涵养量	水源涵养价值
	土壤保持	土壤保持量	减少泥沙淤积价值
			减少面源污染价值
	防风固沙	固沙量	草地恢复成本
	洪水调蓄	洪水调蓄量	调蓄洪水价值
	空气净化	净化二氧化硫量	净化二氧化硫价值
		净化氮氧化物量	净化氮氧化物价值
		净化颗粒物量	净化颗粒物价值
	水质净化	净化 COD 量	净化 COD 价值
		净化总氮量	净化总氮价值
		净化总磷量	净化总磷价值

服务类别	核算科目	实物量指标	价值量指标
调节服务	碳固定	固定二氧化碳量	碳固定价值
	氧气提供	氧气提供量	氧气提供价值
	气候调节	植被蒸腾消耗能量	植被蒸腾调节温湿度价值
		水面蒸发消耗能量	水面蒸发调节温湿度价值
文化服务	休闲旅游	游客总人数	游憩康养价值
	景观价值	受益土地与房产面积	土地、房产升值

表 4-5　宜兴市生态系统服务功能量核算方法

服务类别	核算项目	指标	核算方法
调节服务	水源涵养	水源涵养量	$Q_{wr}=\sum_{i=1}^{n}A_i\times\left(P_i-R_i-ET_i\right)\times10^{-3}$ 式中，Q_{wr} 为水源涵养量，m^3/a；P_i 为产流降雨，mm/a；R_i 为地表径流量，mm/a；ET_i 为蒸散发量，mm/a；A_i 为 i 类生态系统的面积，m^2；i 为生态系统类型；n 为生态系统类型总数
	土壤保持	土壤保持量	$Q_{sr}=R\times K\times L\times S\times\left(1-C\times P\right)$ 式中，Q_{sr} 为土壤保持量，t/a；R 为降雨侵蚀力因子，用多年平均年降雨侵蚀力指数表示；K 为土壤可侵蚀性因子，通常用标准样方上单位降水侵蚀力所引起的土壤流失量来表示；L 为坡长因子，量纲一；S 为坡度因子，量纲一；C 为植被覆盖和管理因子，量纲一；P 为水土保持措施因子，量纲一
	洪水调蓄	湖泊：可调蓄水量 植被：滞水量	$C_{fm}=C_{vc}+C_{rc}+C_{lc}+C_{mc}$ 式中，C_{fm} 为洪水调蓄量，m^3/a；C_{vc} 为植被洪水调蓄量，m^3/a；C_{rc} 为库塘洪水调蓄量，m^3/a；C_{lc} 为湖区洪水调蓄量，m^3/a；C_{mc} 为沼泽洪水调蓄量，m^3/a
	空气净化	净化二氧化硫量 净化氮氧化物量 净化颗粒物量	若污染物浓度未超过环境空气功能区质量标准，则采用方法 1 核算污染物净化量；若污染物浓度超过环境空气功能区质量标准，则采用方法 2 核算污染物净化量。 方法 1：$Q_{ap}=\sum_{i=1}^{n}Q_i$ 式中，Q_{ap} 为大气污染物排放总量，kg/a；Q_i 为第 i 类大气污染物排放量，kg/a；i 为污染物类别，i=1，2，…，n，量纲一；n 为大气污染物类别的数量，量纲一。 方法 2：$Q_{ap}=\sum_{i=1}^{m}\sum_{j=1}^{n}Q_{ij}\times A_i$ 式中，Q_{ap} 为生态系统空气净化能力，kg/a；Q_{ij} 为第 i 类生态系统第 j 种大气污染物的单位面积净化量，kg/（$km^2\cdot a$）；i 为生态系统类型，i=1，2，…，m，量纲一；j 为大气污染物类别，j=1，2，…，n，量纲一；A_i 为第 i 类生态系统类型面积，km^2；m 为生态系统类型的数量，量纲一；n 为大气污染物类别的数量，量纲一

服务类别	核算项目	指标	核算方法
调节服务	水质净化	净化 COD 净化总氮量 净化总磷量	若污染物浓度未超过地表水水域环境功能标准限值，则采用方法 1 进行核算；若污染物排放浓度超过地表水水域环境功能标准限值，则采用方法 2 进行核算。 方法 1：$Q_{\mathrm{wp}}=\sum_{i=1}^{n}P_i$ 式中，Q_{wp}为水体污染物净化量，kg/a；P_i为第 i 类污染物排放量，kg/a，包括总氮，总磷，COD 等；i 为污染物类别，i=1，2，…，n，量纲一；n 为水体污染物类别的数量，量纲一。 方法 2：$Q_{\mathrm{wp}}=\sum_{i=1}^{m}\sum_{j=1}^{n}P_{ij}\times A_i$ 式中，Q_{wp}为污染物净化总量，kg；P_{ij}为某种生态系统单位面积污染物净化量，kg/km^2；A_i为生态系统面积，km^2；i=1，2，…，m，量纲一；m 为生态系统类型的数量，量纲一；j 为污染物类别，j=1，2，…，n，量纲一；n 为水体污染物类别的数量，量纲一
	碳固定	固定二氧化碳量	净生态系统生产力（NEP）是定量化分析生态系统碳源/汇的重要科学指标，生态系统固碳量可以用 NEP 衡量。NEP 广泛应用于碳循环研究中，NEP 可由净初级生产力（NPP）减去异氧呼吸消耗得到，或根据 NPP 与 NEP 的相关转换系数换算得到，然后测算出陆地生态系统固定二氧化碳的质量： $Q_{\mathrm{tCO_2}}=M_{\mathrm{CO_2}}/M_{\mathrm{c}}\times\mathrm{NEP}$ 式中，$Q_{\mathrm{tCO_2}}$为陆地生态系统固碳量，t·CO_2/a；$M_{\mathrm{CO_2}}/M_{\mathrm{c}}$同上；NEP 为净生态系统生产力，tC/a
	氧气提供	氧气提供量	$Q_{\mathrm{op}}=M_{\mathrm{O_2}}/M_{\mathrm{CO_2}}\times Q_{\mathrm{CO_2}}$ 式中，Q_{op}为生态系统释氧量，t 氧气/a；$M_{\mathrm{O_2}}/M_{\mathrm{CO_2}}=32/44$为 CO_2 转化为 O_2 的系数；$Q_{\mathrm{CO_2}}$ 为生态系统固碳量，tC/a
	气候调节	植被蒸腾消耗能量 水面蒸发消耗能量	$E_{\mathrm{tt}}=E_{\mathrm{pt}}+E_{\mathrm{we}}$ $E_{\mathrm{pt}}=\sum_{i}^{3}\mathrm{EPP}_i\times S_i\times D\times10^6/(3\,600\times r)$ $E_{\mathrm{we}}=E_{\mathrm{w}}\times q\times10^3/3\,600+E_{\mathrm{w}}\times y$ 式中，E_{tt}为生态系统蒸腾蒸发消耗的总能量，kW·h/a；E_{pt}为生态系统植被蒸腾消耗的能量，kW·h/a；E_{we}为湿地生态系统蒸发消耗的能量，kW·h/a；EPP_i为 i 类生态系统单位面积蒸腾消耗热量，kJ/（m^2·d）；S_i为 i 类生态系统面积，km^2；D 为日最高气温大于 26℃天数；r 为空调能效比：3.0，量纲一；i 为生态系统类型（森林、灌丛、草地；E_{w} 为蒸发量，m^3；q 为挥发潜热，即蒸发 1 g 水所需要的热量，J/g；y 为加湿器将 1 m^3 水转化为蒸汽的耗电量，kW·h，仅计算湿度小于 45%时的增湿功能

服务类别	核算项目	指标	核算方法
文化服务	休闲旅游	游客总人数	$$N_t=\sum_{i=1}^{n}N_{ti}$$ 式中，N_t 为游客总人数；N_{ti} 为第 i 个旅游区的人数；n 为旅游区个数，i=1，2，…，n。
	景观价值	受益土地面积	$$A_l=\sum_{i=1}^{n}A_{li}$$ 式中，A_l 为从自然生态系统景观获得升值的土地与居住小区房产总面积，km^2/a；A_{li} 为第 i 区的房产面积，km^2；i = 1，2，…，n

表 4-6　宜兴市生态系统服务价值量核算方法

服务类别	核算项目	价格指标	核算方法
调节服务	水源涵养	水源涵养价值	$$V_{wr}=Q_{wr}\times C_{we}$$ 式中，V_{wr} 为水源涵养价值，元/a；Q_{wr} 为核算区内总的水源涵养量，m^3/a；C_{we} 为水资源交易市场价格，元/m^3，当交易市场未建立时，以水库建设的工程及维护成本或水资源影子价格替代
	土壤保持	减少泥沙淤积价值	$$V_{sr}=V_{sd}+V_{dpd}$$ $$V_{sd}=\lambda\times\left(Q_{sr}/\rho\right)\times c$$ 式中，V_{sr} 为生态系统土壤保持价值，元/a；V_{sd} 为减少泥沙淤积价值，元/a；V_{dpd} 为减少面源污染价值，元/a；Q_{sr} 为土壤保持量，t/a；c 为单位水库清淤工程费用，元/m^3；ρ 为土壤容重，t/m^3；λ 为泥沙淤积系数；i 为土壤中氮、磷等营养物质数量，i = 1，2，…，n
		减少面源污染价值	$$V_{dpd}=\sum_{i=1}^{n}Q_{sr}\times C_i\times P_i$$ 式中，V_{dpd} 为减少面源污染价值，元/a；Q_{sr} 为土壤保持量，t/a；C_i 为土壤中氮、磷等营养物质的纯含量，%；P_i 为处理成本，元
	洪水调蓄	调蓄洪水价值	$$V_{fm}=C_{fm}\times C_{we}$$ 式中，V_{fm} 为生态系统洪水调蓄价值，元/a；C_{fm} 为生态系统洪水调蓄量，m^3/a；C_{we} 为水库单位库容的工程造价及维护成本，元/m^3
	空气净化	净化二氧化硫价值 净化氮氧化物价值 净化颗粒物价值	$$V_a=\sum_{i=1}^{n}Q_{api}\times C_i$$ 式中，V_a 为生态系统大气环境净化的价值，元/a；Q_{api} 为第 i 种大气污染物的净化量，t/a；i=1，2，…，n，量纲一；C_i 为第 i 类大气污染物的治理成本，元/t

服务类别	核算项目	价格指标	核算方法
调节服务	水质净化	净化总氮价值	$V_{w}=\sum_{i=1}^{n}Q_{wpi}\times C_{i}$ 式中，V_w为生态系统水质净化的价值，元/a；Q_{wpi}为第i类水污染物的净化量，t/a；C_i为第i类水污染物的单位治理成本，元/t；i为研究区第i类水体污染物类别，$i=1，2，…，n$，量纲一；n为研究区水体污染物类别的数量，量纲一
		净化总磷价值	
		净化 COD 价值	
	碳固定	固定二氧化碳价值	$V_{cf}=Q_{CO_2}\times C_{c}$ 式中，V_{cf}为生态系统固碳价值，元/a；Q_{CO_2}为生态系统固碳总量，tCO_2/a；C_c为碳价格，元/t
	氧气提供	氧气提供价值	$V_{op}=Q_{op}\times C_{O}$ 式中，V_{op}为生态系统释氧价值，元/a；Q_{op}为生态系统氧气释放量，t氧气/a；C_O为工业制氧价格，元/t
	气候调节	植被蒸腾调节温湿度价值	$V_{tt}=E_{tt}\times P_{e}$ 式中，V_{tt}为生态系统气候调节的价值，元/a；E_{tt}为生态系统调节温度或湿度消耗的总能量，kW·h/a；P_e为当地电价，元/（kW·h）
		水面蒸发调节温湿度价值	
文化服务	休闲旅游	休闲旅游价值	$V_{r}=\sum_{j=1}^{J}N_{j}\times \mathrm{TC}_{j}$ $\mathrm{TC}_{j}=T_{j}\times W_{j}+C_{j}$ $C_{j}=C_{tc,j}+C_{lf,j}+C_{ef,j}$ 式中，V_r表示被核算地点的休闲旅游价值，元/a；N_j表示j地到核算地区旅游的总人数，人/a；$j=1，2，…，n$，J表示来被核算地点旅游的游客所在区域，区域按距离核算地点的距离画同心圆，如省内、省外等）；TC_j表示来自j地的游客的平均旅行成本，元/人；T_j表示来自j地的游客用于旅途和核算旅游地点的平均时间，d/人；W_j表示来自j地的游客的当地平均工资，元/（人·d）；C_j表示来自j地的游客花费的平均直接旅行费用，元/人，其中包括游客从j地到核算区域的交通费用$C_{tc,j}$（元/人）、食宿花费$C_{lf,j}$（元/人）和门票费用$C_{ef,j}$（元/人）
	景观价值	景观价值	$V_{a}=A_{a}\times P_{a}$ 式中，V_a为景观价值，元/a；A_a为受益总面积，km^2；P_a为由生态系统带来的单位面积溢价，元/（km^2·a）

4.2.2 绿色发展绩效评价方法

（1）指标的无量纲化处理

因为各项指标在数据特征、数量级和量纲等方面存在差异，为了保证指标间具有可比性，并可以进行叠加分析，先对资源利用等逆向指标进行倒数处理，然后对各指标进行无量纲化处理，公式如下：

$$X_i = 1 / X_j \tag{4-1}$$

$$Y_i = \frac{X_{i\max} - X_i}{X_{i\max} - X_{i\min}} \tag{4-2}$$

式中：X_j —— 逆向指标值；

X_i —— 逆向指标处理过的数值；

Y_i —— 指标归一化值，其值在 0～1，数值越大，权重越大。

（2）指标权重的确定

在多指标综合评价中，权重计算的方法主要包括主观赋权法和客观赋权法两大类，主观赋权法依靠评价者或专家主观判断指标的重要性，客观赋权法依据原始数据所反映的信息量与指标之间的关系来分配指标的重要性比重，两种方法各有优劣，本研究权重的计算采用主客观结合的方法，通过层次分析法和德尔菲法计算权重，并对两种方法的计算结果取平均作为每个指标的最终权重，计算公式如下：

$$W_j = aW_m + (1-a)W_n \tag{4-3}$$

式中：W_j —— 组合权重；

W_m —— 层次分析法所赋权重；

W_n —— 德尔菲法所赋权重；

a —— 层次分析法权重占组合权重的比例，取值 0.5；

$1-a$ —— 德尔菲权重占组合权重的比例。

最终计算得到增长质量、资源利用、生态环境、环境治理指数的权重计算结果分别为 0.216 0、0.297 1、0.321 0、0.165 9，各二级指标分指标权重等分见表 4-7。

表 4-7 权重计算结果

一级指标	序号	二级指标	计量单位	权重/分
增长质量（0.216 0）	1	人均 GDP	元/人	4.79
	2	居民人均可支配收入	元/人	4.34
	3	第三产业增加值占 GDP 比重	%	3.88
	4	高新技术产业产值占规模以上工业产值比例	%	3.97
	5	工业利税总额	万元	4.64

一级指标	序号	二级指标	计量单位	权重/分
资源利用（0.297 1）	6	单位 GDP 能源消耗	t/万元	4.97
	7	单位 GDP 二氧化碳	t/万元	4.99
	8	单位 GDP 污染物排放强度	t/万元	5.08
	9	单位 GDP 建设用地面积	m^2/万元	4.86
	10	单位 GDP 用水量	m^3/万元	4.81
	11	单位耕地面积农药化肥施用量	kg/hm^2	5.01
生态环境（0.321 0）	12	市级考核断面地表水好于III类水体比例	%	7.19
	13	水生态健康指数水平	—	5.51
	14	生态系统服务价值（GEP）	hm^2/人	6.86
	15	环境空气质量优良天数比例	%	6.04
	16	公众对生态环境质量满意程度	%	6.49
环境治理（0.165 9）	17	受污染耕地安全利用率	%	3.33
	18	城镇污水处理率	%	3.35
	19	农村生活污水治理率	%	3.55
	20	垃圾分类集中处理率	%	3.05
	21	环境污染治理投资占 GDP 比重	%	3.32

（3）绿色发展水平的计算

绿色发展水平指数反映了地区绿色发展的程度和水平。绿色发展水平指数运用综合指数叠加法对 21 个评价指标进行加权叠加，每个指标均根据归一化处理后的结果运用自然断裂法进行评价分级，各设置 5 级评价分级。绿色发展水平指数则根据各指标的评价分级结果，结合权重进行计算，指标评价总分为 100 分，根据等级序列按高低顺序分别以 80～100 分、60～80 分、40～60 分、20～40 分、0～20 分进行表征，具体计算公式如下：

$$S_i = \sum_{k=1}^{4} 20 \cdot B_{ki} W_k \tag{4-4}$$

式中：i —— 空间评价单元编号；

k —— 评价因子；

B_{ki} —— 经济质量、环境质量、污染排放、生态效益、资源利用指数第 i 个单元的第 k 个评价因子得分；

W_k —— 5 个综合指数第 k 个评价因子的权重；

S_i —— 绿色发展水平指数综合评价得分。

4.3　绿色发展评价结果

4.3.1　GEP 核算结果

4.3.1.1　全市域核算结果

2012 年，宜兴市生态系统服务价值为 943.08 亿元，其中，生态系统调节服务价值最高，为 729.65 亿元，占宜兴市生态系统服务总值的 77.37%，按价值量从大到小依次为气候调节价值、水源涵养价值、土壤保持价值、洪水调蓄价值、氧气提供价值、水质净化价值、碳固定价值和空气净化价值；文化服务价值为 213.46 亿元，占宜兴市生态系统服务总值的 22.63%，其中生态旅游价值贡献值较大（表 4-8、图 4-1）。

表 4-8　宜兴市 2012 年、2015 年和 2019 年生态系统服务价值

服务类别	一级指标	2012 年	2015 年	2019 年	单位
调节服务	气候调节	571.48	532.56	539.36	亿元
	水源涵养	94.57	95.18	97.50	亿元
	洪水调蓄	18.28	15.77	19..42	亿元
	土壤保持	37.97	24.15	31.36	亿元
	水质净化	1.47	0.99	1.27	万元
	空气净化	0.51	0.43	0.56	亿元
	碳固定	0.57	0.57	0.53	万元
	氧气提供	4.79	4.82	5.33	亿元
	合计	571.48	532.56	695.12	亿元
		77.37%	69.86%	61.12%	—
文化服务	景观价值	21.28	26.71	36.27	亿元
	旅游价值	192.18	264.25	405.91	亿元
	合计	213.46	290.96	442.18	亿元
		22.63%	30.14%	38.88%	—
合计		943.08	965.50	1 137.30	亿元

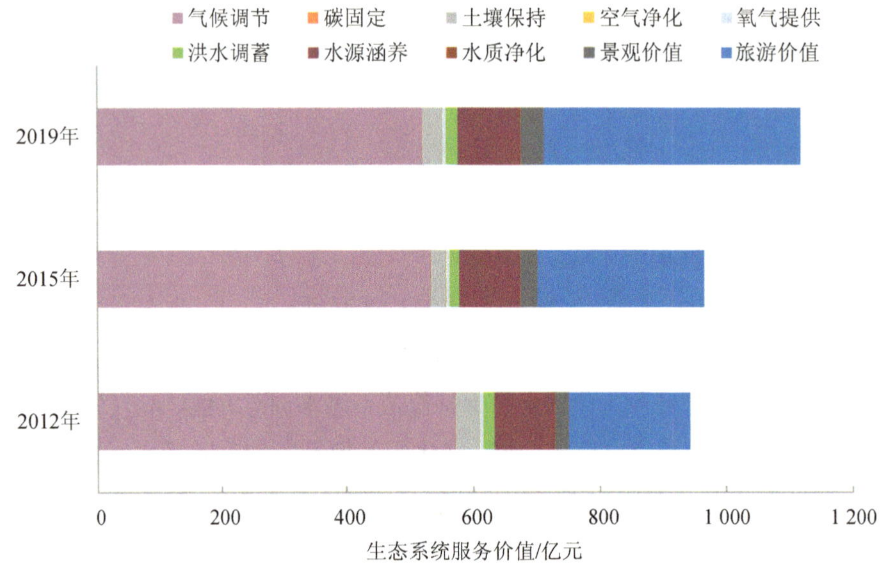

图 4-1　宜兴市 2012 年、2015 年和 2019 年生态系统服务价值结构对比

2015 年，宜兴市生态系统服务价值为 965.50 亿元，生态系统调节服务价值为 674.54 亿元，占宜兴市生态系统服务价值的 69.86%，较 2012 年降低 7.54%；文化服务为 290.96 亿元，占宜兴市生态系统服务价值的 30.14%，较 2012 年增长 36.3%。

2019 年，宜兴市生态系统服务价值为 1 137.30 亿元，其中，生态系统调节服务价值为 695.12 亿元，占比 61.12%；文化服务为 442.18 亿元，占比 38.88%。2019 年宜兴市生态系统服务价值分别较 2012 年、2015 年增长 20.59%和 17.79%，其中文化服务价值较 2012 年增加 107%，是宜兴市生态系统服务价值逐年上涨的主要原因。

4.3.1.2　分乡镇核算结果

如图 4-2 所示，从横向比较来看，由于自然资源禀赋的不同，宜兴市各乡镇（湖泊）生态系统服务功能价值具有显著差异，水域面积较大的太湖因具有较大的气候调节价值，生态系统服务功能价值最大，2019 年宜兴太湖生态系统服务价值为 338.42 亿元，贡献了全市域生态系统服务功能价值的 30%；其次是水网密布且耕地面积较大的徐舍镇和高塍镇，2019 年生态系统服务功能价值分别为 98.43 亿元和 70.91 亿元；作为陶文化发源地的丁蜀镇，紫砂旅游文化发达，且拥有宜兴市最大的林地面积，资源禀赋优越，2019 年生态系统调节服务价值为 69.99 亿元，占全市域生态系统服务功能价值的 6%。从纵向比较来看，2012—2019 年宜兴市生态系统服务价值总体呈现增长趋势，且“十三五”期间增长幅度较“十二五”大。

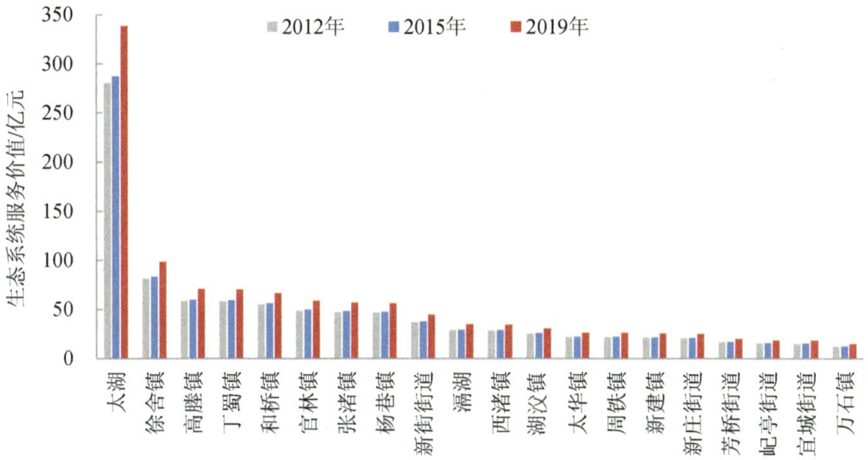

图 4-2 宜兴市 2012 年、2015 年、2019 年各乡镇（湖泊）生态系统服务价值

4.3.2 绿色发展绩效评价结果

4.3.2.1 宜兴市绿色发展总体绩效评价

根据绿色发展评价指标体系，分别对宜兴市 2017 年和 2019 年绿色发展水平进行评价，得到宜兴市 2017 年绿色发展水平综合指数为 76.8，在无锡市排名第三，绿色发展水平在无锡市整体处于较高水平，仅次于滨湖区和无锡新区，高于惠山区、江阴市、锡山区等地区，影响宜兴市绿色发展水平的主要限制因子为断面水质达标率低、水环境质量优 III 比例低，工业结构较重等；2019 年绿色发展水平综合指数为 85.1，在无锡市排名第二，仅次于滨湖区，远高于惠山区、锡山区等。

根据对宜兴市 2017 年和 2019 年绿色发展水平综合评价对比结果，2019 年宜兴市绿色发展水平明显有所提升，在无锡市整体处于较高水平，绿色发展水平指数由 2017 年的 76.8 分上升到 2019 年的 85.1 分，仅次于滨湖区，高于惠山区、江阴市、锡山区等地区。其中，水、气环境质量改善明显，优于Ⅲ类水体比例由 2017 年的 68.4%上升到 2019 年的 88.9%，是宜兴市绿色发展指数升高的主要影响因素。整体上，资源利用效率低、工业结构相对较重依然是影响宜兴市绿色发展水平的主要限制因子。

（1）2017 年各项指标绿色发展情况分析

绿色发展增长质量评价方面，2017 年整体评价得分为 76.8 分，评价等级为“较高”。宜兴市人均 GDP 为 13.65 万元，在无锡市处于中等水平，产业结构依然较重，全市规模以上企业煤炭消费总量居无锡第二，化工企业数量多（567 家），布局分散。宜兴市居民人均可支配收入为 37 748 元，其中城镇居民人均可支配收入 49 826 元，农村居民人均可支配收入 25 654 元，城镇居民人均可支配收入和农村居民人均可支配收入均低于无锡市平均水平（城镇：52 659 元、农村：28 358 元）。宜兴市第三产业增加值占 GDP 比重为 45.0%，低于无锡市平均水平（49.11%），高新技术产业产值占规模以上工业产值比例为 28.2%，低于无锡市平均水平，工业利税总额 186.04 亿元。

资源利用评价方面，2017 年整体评价得分为 73.6 分，评价等级为“较高”。宜兴市单位 GDP 能源消耗量为 0.46 t 标煤/万元，单位 GDP 建设用地使用面积 385.31 亩/亿元，分别在无锡市排名倒数第三、第一，单位 GDP 污染物排放强度低于全省平均水平，但万元 GDP 的 COD、氨氮、总氮、总磷排放强度分别为无锡市平均水平的 1.4 倍、1.8 倍、1.9 倍、2.0 倍，总氮、总磷污染排放强度相对较高。单位 GDP 用水量为 42.26 m^3/万元，单位耕地面积农药化肥施用量（折纯量）为 444.08 kg/hm^2，整体资源消耗效率较低，与宜兴市倡导的绿色发展差距较大。

生态环境评价方面，2017 年整体评价得分为 79.6 分，评价等级为“较高”。其中，宜兴市 20 个国省考断面中，水质达到或优于Ⅲ类断面个数为 14 个，比例为 70%，国考断面中达到或优于Ⅲ类水质比例为 60.0%，省考断面中达到或优于Ⅲ类水质比例为 78.6%，在无锡市水平最高，但国考断面仍有 2 个一直未达标；环境空气质量优良天数比例为 64.4%，在无锡市处于最低水平，大气环境质量距离绿色引领差距较大。水生态健康指数评价等级为中等，其中，枯水期和丰水期整体水生态健康指数评价等级略高于平水期。2017 年宜兴市生态系统服务价值为 1 010.3 亿元，其中，生态系统调节服务价值为 684.5 亿元，占比 67.8%；文化服务价值为 325.84 亿元，占比 32.3%。公众对生态环境质量满意度为 94.5%。

环境治理评价方面，评价得分为 76.9 分，评价等级为“较高”。其中，宜兴市受污染耕地安全利用率为 90.0%，在无锡市处于中等以上水平，城镇污水处理率为 95.0%，在无锡市处于较高水平，农村生活污水处理率为 50.2%，垃圾分类集中处理率为 52.4%，低于无锡市平均水平，环境污染治理投资占 GDP 比重为 8.1%。

2017 年宜兴市域绿色发展水平综合评价结果如图 4-3 所示。

（2）2019 年各项指标绿色发展情况分析

绿色发展增长质量评价方面，2019 年整体评价得分为 80.5 分，评价等级为“高”。宜兴市人均 GDP 为 40.74 万元，在无锡市处于高等水平，经过“263”、污染防治攻坚等专项整治，化工企业数量明显减少（150 家），产业结构有所改善，宜兴市居民人均可支配收入为 48 506 元，其中城镇居民人均可支配收入 58 515 元，农村居民人均可支配收入 30 434 元，整体居民人均可支配收入低于无锡市平均水平（54 847 元）。宜兴市第三产业增加值占 GDP 比重为 45.0%，与 2017 年持平，低于无锡市平均水平（51.5%），高新技术产业产值占规模以上工业产值比例为 30.0%，低于无锡市平均水平，工业利税总额 244.5 亿元。

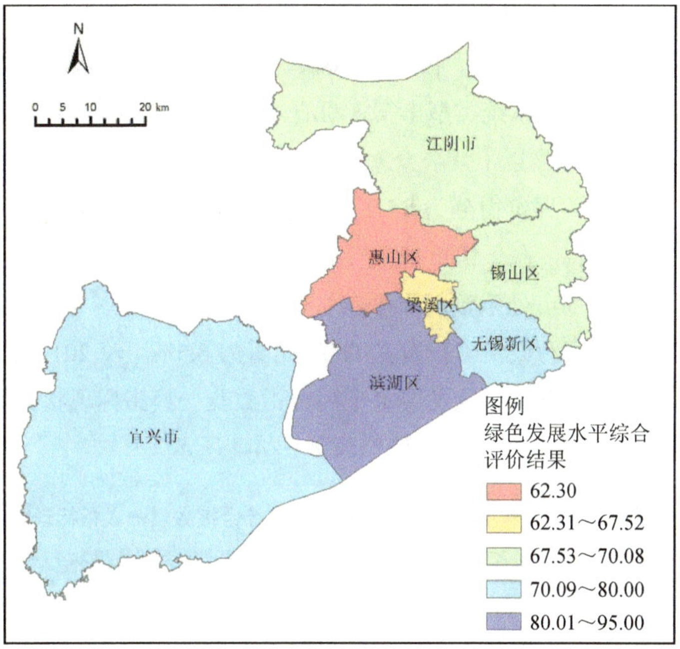

图 4-3　2017 年宜兴市域绿色发展水平综合评价结果

资源利用评价方面，2019 年整体评价得分为 82.5 分，评价等级为“高”。宜兴市 2019 年单位 GDP 能耗为 0.39 t 标准煤/万元，单位 GDP 能耗从 2017 年到 2019 年下降 0.067 t 标准煤/万元，能耗水平高于无锡市平均水平（0.33 t 标准煤/万元），单位 GDP 建设用地使用面积 340.38 亩/亿元，较 2017 年下降了 6.76%。2017—2019 年单位 GDP 建设用地使用面积下降率均大于 4.5%。单位 GDP 用水量为 39.16 m^3/万元，较 2017 年下降了 10%，但高于无锡市平均水平（31.40 m^3/万元），单位耕地面积农药化肥施用量（折纯量）为 425.51 kg/hm^2，低于无锡市单位耕地面积农药化肥施用量（437.14 kg/hm^2），资源利用效率有一定的提升。污染排放结果显示，单位 GDP 污染物排放强度低于全省平均水平，但万元 GDP 的 COD、氨氮、总氮、总磷排放强度仍高于无锡市平均水平。总体上，2019 年宜兴市资源利用效率在无锡市依然处于较低水平，仍然是宜兴市实现绿色发展的主要障碍。

生态环境评价方面，2019 年整体评价得分为 90.5 分，评价等级为“高”。宜兴市地表水水质达到或优于Ⅲ类水质比例达 88.9%，在无锡市水平最高，19 个国考、省考断面达标率为 80%，水环境质量较 2017 年有明显改善，水质总体呈现逐步改善的趋势。空气质量优良天数比例为 82.5%，空气质量明显有所提升，大气环境质量距离绿色引领仍有一定差距。水生态健康指数评价目标等级在中等及以上的占 81.8%，整体评价等级为中等，枯水期和丰水期整体水生态健康指数评价等级略高于平水期。2019 年宜兴市生态系统服务价值为 1 137.30 亿元，其中，生态系统调节服务价值为 695.12 亿元，占比 61.12%；文化服务为 442.18 亿元，占比 38.88%，在无锡市处于较高水平。主要原因是，宜兴市自然条件优越，生态系统类型丰富，湖泊、水库、湿地面积约占市域面积的 20%，宜南山区森林覆盖率达 80%以上。公众对生态环境质量满意度为 95.84%。

环境治理评价方面，评价得分为 85.0 分，评价等级为“高”。其中，宜兴市受污染耕地安全利用率为 94.0%，在无锡市处于较高水平，城镇污水处理率为 96.0%，较 2017 年提升了 0.97%，在无锡市处于较高水平，农村生活污水处理率为 80.0%，垃圾分类集中处理率为 75.2%，环境污染治理投资占 GDP 比重为 8.5%，较 2017 年提升了 0.4%。

宜兴市 2017 年和 2019 年绿色发展水平综合指数及一级指标现状评价结果见表 4-9。2019 年宜兴市域绿色发展水平综合评价结果如图 4-4 所示。

表 4-9 宜兴市 2017 年和 2019 年绿色发展水平综合指数及一级指标现状评价结果

指标	权重	2017 年得分/分	2019 年得分/分
增长质量	0.216 0	76.8	80.5
资源利用	0.297 1	73.6	82.5
生态环境	0.321 0	79.6	90.5
环境治理	0.165 9	76.9	85.0
绿色发展水平综合指数	1.0	76.8	85.1

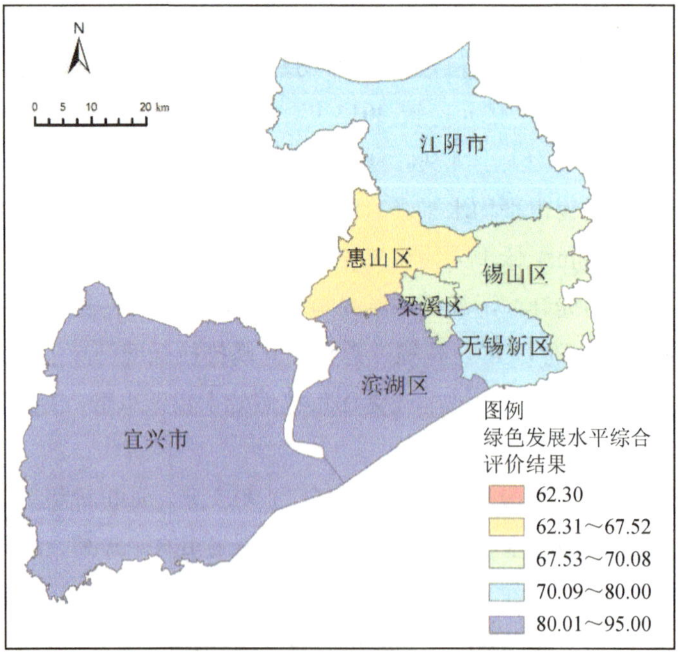

图 4-4 2019 年宜兴市域绿色发展水平综合评价结果

4.3.2.2　宜兴市分乡镇绿色发展水平综合评价结果

根据绿色发展水平评价指标体系与评价方法对宜兴市分乡镇绿色发展水平进行评价（表 4-10，图 4-5）。结果显示，官林镇、屺亭街道、高塍镇绿色发展水平最高，绿色发展水平综合得分分别为 96.0 分、94.0 分、93.0 分，3 个乡镇（街道）经济发展水平高、资源能源利用水平和生态环境质量均较好。增长质量方面，3 个乡镇（街道）人均 GDP、工业利税总额、居民人均可支配收入均在宜兴排名前列，从人均 GDP 方面来看，官林镇人均 GDP 180.8 万元，在宜兴排名第一，其次为屺亭街道（130.7 万元）、高塍镇（127.6 万元），从利税总额方面来看，屺亭街道在宜兴市排名第一，为 77.3 亿元，其次为官林镇（76.1 亿元）。资源利用方面，3 个乡镇（街道）污水处理率均在 90%以上，垃圾分类集中处理率在宜兴市排名靠前，环境污染治理投资占 GDP 比重均在宜兴市排名前五。生态环境方面，3 个乡镇（街道）优于Ⅲ类水体比例、水生态健康指数水平均在宜兴市位于中等以上水平，官林镇、高塍镇、屺亭街道优于Ⅲ类水体比例均为 88.9%，水生态健康指数为 0.71～0.84，评价等级为良。从生态系统服务价值（GEP）来看，高塍镇和官林镇生态系统服务价值分别为 142.5 万元和 118.0 万元，在宜兴市分别排名第二和第五。

表 4-10　宜兴市分乡镇（街道）绿色发展水平综合评价结果

乡镇	生态产品价值核算（归一化）	绿色发展水平	等级
丁蜀镇	0.16	87	高
芳桥街道	0.02	78	较高
高塍镇	0.16	93	高
官林镇	0.23	96	高
和桥镇	0.15	86	高
湖㳇镇	0.05	85	高
屺亭街道	0.01	94	高
太华镇	0.03	85	高
万石镇	0.00	75	较高
西渚镇	0.06	75	较高
新建镇	0.03	84	高
新街街道	0.09	82	高
新庄街道	0.03	80	较高
徐舍镇	0.24	84	高
杨巷镇	0.12	83	高
宜城街道	0.01	85	高
张渚镇	0.12	89	高
周铁镇	1.00	90	高

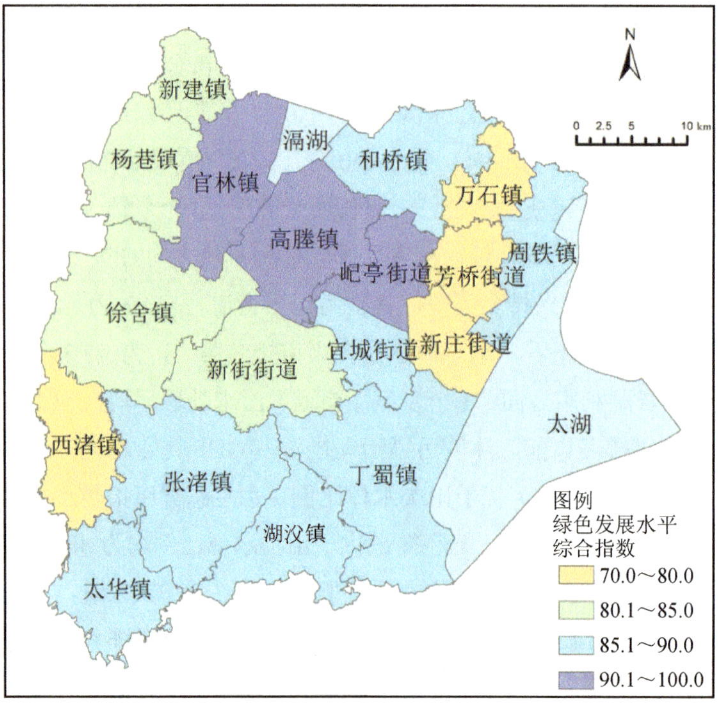

图 4-5 宜兴分乡镇（街道）绿色发展水平综合评价结果

周铁镇、张渚镇、丁蜀镇、和桥镇、湖㳇镇、太华镇、宜城街道等乡镇绿色发展水平在宜兴处于中等以上水平，等级为“高”，综合评价得分分别为 90 分、89 分、87 分、86 分、85 分、85 分、85 分。7 个乡镇（街道）资源禀赋较好，生态环境质量相对较好，经济发展水平处于中等水平。增长质量方面，和桥镇、周铁镇人均 GDP 相对较高，分别为 24.7 万元、22.3 万元，丁蜀镇、张渚镇、湖㳇镇、太华镇、宜城街道 5 个乡镇（街道）人均 GDP 分别为 13.9 万元、13.7 万元、16.0 万元、14.5 万元、8.0 万元；从工业利税总额来看，宜城街道、和桥镇、丁蜀镇、周铁镇工业利税分别为 28.0 亿元、20.2 亿元、18.0 亿元、10.8 亿元，分别在宜兴市排名第三、第四、第七、第九，张渚镇、太华镇、湖㳇镇 3 个乡镇利税总额较低，分别在宜兴市排名倒数第七、第三、第一。生态环境方面，从优于Ⅲ类水体比例来看，丁蜀镇、和桥镇、宜城街道优于Ⅲ类水体比例最高，为 100%，其他乡镇优于Ⅲ类水体比例均为 88.9%，从生态系统服务价值（GEP）来看，徐舍镇、丁蜀镇、和桥镇生态系统服务价值分别为 197.7 万元、140.6 万元、133.8 万元，分别在宜兴市排名第一、第三、第四。

新建镇、徐舍镇、杨巷镇、新街街道绿色发展水平在宜兴处于中等水平，等级为“高”，综合评价得分分别为 84 分、84 分、83 分、82 分。4 个乡镇（街道）自然资源禀赋中等，经济发展质量不高，农林用地面积较大，资源利用效率相对较低。增长质量方面，徐舍镇、杨巷镇人均 GDP 分别为 18.5 万元、15.3 万元，在宜兴市处于中等偏低水平，新建镇、新街街道人均 GDP 分别为 49.8 万元、48.5 万元，在宜兴市处于中等偏高水平，新街街道、徐舍镇、杨巷镇、新建镇工业利税总额分别为 18.5 亿元、9.0 亿元、7.4 亿元、6.4 亿元，分别在宜兴市排名第六、第十、第十一、第十三，处于中等水平。生态环境方面，从优于Ⅲ类水体比例来看，新建镇、徐舍镇、杨巷镇、新街街道优于Ⅲ类水体比例均在宜兴处于中等水平，从生态系统服务价值来看，新建镇、新街街道、杨巷镇、徐舍镇生态系统服务价值分别为 51.6 万元、90.14 万元、112.9 万元、197.7 万元，在宜兴市处于中等水平。资源利用方面，因为徐舍等镇以农业为主，农业总产值在宜兴排名第一，单位耕地面积农药化肥施用量相对高于其他乡镇（街道）。

新庄街道、芳桥街道、万石镇、西渚镇绿色发展水平在宜兴处于较低水平，等级为“较高”，综合评价得分分别为 80 分、78 分、75 分、75 分。4 个乡镇（街道）自然资源禀赋一般，资源利用水平相对较低，生态环境质量不高。生态环境方面，从优于Ⅲ类水体比例来看，万石镇和西渚镇优于Ⅲ类水体比例最低，两个乡镇内断面均未达到Ⅲ类，从生态系统服务价值（GEP）来看，万石镇、芳桥街道、新庄街道、西渚镇生态系统服务价值分别为 29.9 万元、40.6 万元、50.2 万元、69.3 万元，分别在宜兴市排名倒数第一、第三、第四、第七，主要林木、水域覆盖率均较低；环境治理方面，农村生活污水治理率相对较低，在宜兴市处于低水平（尚不到 70%），环境污染治理投资占 GDP 比重在宜兴市排名靠后。增长质量方面，西渚镇人均 GDP 为 10.5 万元，在宜兴市处于较低水平，西渚镇工业利税总额 2.4 亿元，在宜兴市排名倒数第二。

第 5 章

生态引领区绿色产业发展体系构建

5.1　绿色产业发展现状

5.1.1　绿色产业内涵

绿色产业体系是通过绿色发展构成了产业链而形成的产业体系，主要体现为 3 个层次。宏观层面主要指政府，政府是绿色产业发展的最初牵引力量和实施保障主体，对绿色产业进行宏观决策和指导，这里包含市场、投资、体制、文化等宏观问题；中观层面主要指绿色产业的信息服务和结构调整，这是绿色产业得以实施的保证，调整绿色产业的发展方向与国际接轨；微观层面主要指企业，企业是实施绿色产业发展的最终策动力和执行主体。

国际绿色产业联合会（International Green Industry Union）发表了如下声明："如果产业在生产过程中，基于环保考虑，借助科技，以绿色生产机制力求在资源使用上节约以及污染减少的产业，我们即可称其为绿色产业。"[42]

广义的绿色产业是指积极采用清洁生产技术，采用无害或低害的新工艺、新技术，大力降低原材料和能源消耗，实现少投入、高产出、低污染，尽可能把对环境污染物的排放消除在生产过程之中的产业。[43]

2019 年 3 月，国家发展改革委、工业和信息化部、自然资源部、生态环境部、住房和城乡建设部、中国人民银行、国家能源局联合印发了《绿色产业指导目录（2019 年版）》（以下简称《目录》），作为界定我国绿色产业范围的首个权威指导目录，首次权威界定了节能环保产业、清洁生产产业、清洁能源产业和生态环境产业这 4 个产业门类的具体内容。《目录》政策意图清晰，力求通过厘清产业边界，引导有限的政策和资金支持集中到对推动绿色发展最重要、最关键、最紧迫的产业上。据悉，《目录》将作为各地区、各部门明确绿色产业发展重点、制定绿色产业政策、引导社会资本投入的主要依据，统一各地方、各部门对“绿色产业”的认识，确保精准支持、聚焦重点。国家发展改革委将会同相关部门，依托社会力量，设立绿色产业专家委员会，逐步建立绿色产业认定机制。《目录》发布通知，要求各地各部门根据实际情况制定细分目录，这就为各地各部门留出了必要空间，为精准施策创造了必要的条件。

从环境保护的角度来定义绿色产业。刘小清等[44]曾提出绿色产业也称环保产业，是国民经济结构中以防治环境污染、改善生态环境、保护自然资源为目的所进行的技术开发、产品生产、商品流通、资源利用、信息服务、工程承包、自然生态保护等一系列活动的总称，绿色产业旨在防治环境污染，保护自然资源，改善生态环境，是一个非常有前途又有实用价值的新兴产业。

从产业生态和经济效益的角度定义绿色产业。曾建明等[45]指出，绿色产业是以绿色资源开发和生态环境保护为基础，以实现经济社会可持续发展，满足人们对绿色产品消费日益增长的需求为目标，从事绿色产品生产、经营及提供绿色服务活动并能获取较高经济效益与社会效益的综合性产业群体，包括环境保护产业、绿色食品产业、绿色技术产业、绿色旅游产业、绿色农业产业、绿色服务产业和绿色贸易产业等多个产业部门。

从环境资源的可持续利用的角度来定义绿色产业。何永进[46]指出，绿色经济或产业本质是可持续发展经济，是可持续发展经济的实现形态及形象概括。简单地讲，就是充分运用现代科学技术，以实施生物资源开发创新工程为重点，大力开发具有比较优势的绿色资源，巩固和发展有利于维护良好生态的少污染或无污染产业，在所有行业中加强环境保护，发展清洁生产，不断改善和优化生态环境，促使人与自然和谐发展，人口、资源和环境相互协调、相互促进，实现经济社会的可持续发展的经济模式。

从生产绿色产品和提供绿色服务的狭义的绿色产业角度定义绿色产业。何永进[46]指出，绿色产业粮食作物、畜牧、水产、果品、食品深加工、饮料、食品包装、无公害农业生产资料和人类其他生活用品等。联合国发展计划署将绿色产业定义：“防止和减少污染的产品、设备、服务和技术，如太阳能、地热能、风能，公共交通工具和其他可以节省能源以及减少资源投入，提高效率和产品性能的设备、产品、服务与技术。”该定义是在环境问题日益凸显、环保主义浪潮日益高涨的形势下从防止和减少污染的角度出发定义绿色产业的，其着眼点是产品和技术。

从绿色产业所包含的环境保护、生态和经济效益、资源可持续利用及绿色产品等各角度，孙文英等[47]在《促进绿色城镇化与绿色产业协同发展对策研究》一文中对绿色产业的定义是：绿色产业主要是指在生产过程中消除环境污染物的排放，以达到节约资源、降低能源消耗、保护生态环境的目的，在这个过程中更多地采用节能环保技术、清洁生产技术等高新技术。绿色产业以可持续发展和生态保护为理念，以绿色资源开发和环境保护为基础，能够促进经济效益与社会效益的协调发展。环保设备的生产以及垃圾的回收和处理等环保产业属于绿色产业。王傲雪[48]在《关于绿色产业概念与特征的界定研究》一文中对绿色产业进行了新的界定：所谓绿色产业，是指在满足社会有效需求的前提下以较少的资源（能源、土地、环境等）投入和较高的科技投入获得高产出并与环境形成良性循环的产业。绿色产业不能单纯地以能源消耗高低来评判。绿色产业的发展必须要满足社会有效需求。绿色产业的投入与产出和传统产业所理解的投入产出有所不同，重点在于科技投入的比重。

因此，本研究基于我国生态文明建设的总体目标，结合太湖流域生态保护引领区的产业特征，将绿色发展的定义简单地归纳为：绿色产业是指在生产过程中在充分尊重生态红线、环境质量底线、资源利用上线以及满足社会有效需求的基础上，投入节能环保技术、清洁生产技术，大力开发具有比较优势的绿色资源，巩固提升有利于维护良好生态的少污染或无污染、获得高产出并与环境形成良性循环的产业，能有效地促进生态文明的建设。

5.1.2 绿色产业发展现状评估

5.1.2.1 绿色产业评估指标体系

为实现宜兴市水污染控制精细化管理，构建以水污染指标为重点的绿色产业评估指标体系尤为关键。结合宜兴市 6 个水生态环境功能区特点，构建了由绿色生产、绿色环境、自然资源价值三大要素 15 项指标组成的绿色产业评估指标体系，并以相关规划值为标准，对宜兴市各水生态功能区的绿色产业发展进行评估。研究构建的绿色产业评估指标体系见表 5-1。

表 5-1 绿色产业评估指标体系及标准值

序号	要素层	指标名称	方向	标准值	单位	来源依据
1	绿色生产	第二产业增加值占 GDP 的比重	正向	45	%	《无锡市能源规划》
2		单位 GDP 能耗	负向	0.35	t 标煤/万元	《宜兴市城市总体规划（2017—2035）》
3		单位 GDP 用水量	负向	36.5	m^3/万元	《宜兴市水利发展“十三五”规划》
4		单位 GDP 化学需氧量	负向	—	kg/万元	《江苏省太湖流域水生态环境功能区划（试行）》
5		单位 GDP 氨氮排放量	负向	—	kg/万元	
6		单位 GDP 总氮排放量	负向	—	kg/万元	
7		单位 GDP 总磷排放量	负向	—	kg/万元	
8		单位农用地农药施用量	负向	0.17	kg/亩	《国家农业绿色发展先行区评估》

序号	要素层	指标名称	方向	标准值	单位	来源依据
9	绿色生产	单位农用地化肥施用量	负向	14.7	kg/亩	《国家农业绿色发展先行区评估》
10	绿色环境	河流水生态健康指数	正向	0.925	—	《太湖流域水生态健康评估技术方法》
11		湖库水生态健康指数	正向	0.925	—	
12		城镇生活污水处理率	正向	98	%	《宜兴市"十三五"规划纲要》
13	自然资源价值	人均水资源价值	正向	—	万元/人	"太湖流域生态引领区绿色发展综合示范"课题 水体污染控制与治理科技重大专项课题"太湖流域生态引领区绿色发展综合示范"
14		人均土地资源价值	正向	—	万元/人	"太湖流域生态引领区绿色发展综合示范"课题 水体污染控制与治理科技重大专项课题"太湖流域生态引领区绿色发展综合示范"
15		人均林木资源价值	正向	—	万元/人	"太湖流域生态引领区绿色发展综合示范"课题 水体污染控制与治理科技重大专项课题"太湖流域生态引领区绿色发展综合示范"

5.1.2.2　指标的无量纲化处理

指标数据无量纲化目的在于消除不同指标数据在单位和量纲上的差异性对指标遴选的影响。由于遴选的指标有正向指标和负向指标，正向指标指的是数值越大、绿色产业发展状况越好的指标；负向指标指的是数值越小、绿色产业发展情况越好的指标。

采用无量纲化的方法处理，具体做法是将指标的实际值与指标的标准值相比。为了保证正向指标和负向指标所得结果趋于一致，分别作如下处理：

$$C_i = \frac{I_i}{S_i} \text{或} C_i' = \frac{S_i}{I_i} \tag{5-1}$$

式中：C_i —— 正向指标无量纲化结果；

C_i' —— 负向指标无量纲化结果；

I_i —— 第 i 个指标的实际值；

S_i —— 第 i 个指标的标准值。

对于计算结果大于 1 的，表示该指标已达到目标值，否则未达到目标值；对于缺失数据的，取无量纲化结果最小值 0。

5.1.2.3 各评价指标权重确定

为了能够有效地发挥专家们的经验知识所起的作用，同时又避免人为倾向性，采用熵权法确定权重值。

（1）熵值法原理

熵的概念源于热力学，是对系统状态不确定性的一种度量。在信息论中，信息是系统有序程度的一种度量。而熵是系统无序程度的一种度量，两者绝对值相等，但符号相反。根据此性质，可以利用评价中各方案的固有信息，通过熵值法得到各个指标的信息熵，信息熵越小，信息的无序度越低，其信息的效用值越大，指标的权重越大。

（2）熵值法计算

熵是不确定性的度量，如果用 P_j 表示的 j 个信息不确定度（出现的概率），则整个信息（设有 n 个）的不确定性也可以用公式（5-2）表示：

$$S = -K\sum_{j=1}^{n} P_j \ln P_j \tag{5-2}$$

S 就是熵。其中 K 为正常数，当各个信息发生的概率相等时，即 $P_j=1/n$，S 取值最大，此时熵最大。

用信息熵的概念确定权重，假设多属性决策矩阵如下：

$$M = \begin{matrix} A_1 \\ A_2 \\ \vdots \\ A_m \end{matrix}\begin{bmatrix} x_{11} & x_{12} & \cdots & x_{1n} \\ x_{21} & x_{22} & \cdots & x_{2n} \\ \vdots & \vdots & \ddots & \vdots \\ x_{m1} & x_{m2} & \cdots & x_{mn} \end{bmatrix} \tag{5-3}$$

则用 $P_{ij} = \dfrac{X_{ij}}{\sum_{i=1}^{m} X_{ij}}$ 表示第 j 个属性下第 i 个方案 A_i 的贡献度。

用 E_i 来表示所有方案对属性 X_j 的贡献总量：

$$E_j = -K\sum_{j=1}^{n} P_{ij} \ln P_{ij} \tag{5-4}$$

式中，常数 $K=1/\ln m$，这样，就能保证 $0 \leqslant E_j \leqslant 1$，即 E_j 最大为 1。由式（5-4）中可以看出，当某个属性下各方案的贡献度趋于一致时，E 趋于 1；特别是当全相等时，也就可以不考虑该目标的属性在决策中的作用，即此时属性的权重为零。这样，可看出属性值由所有方案差异大小来决定权系数的大小，为此可定义 d_j 为第 j 个属性下各方案贡献度的一致性程度，$d_j=1-E_j$。

则各属性权重 W_j 如下：

$$W_j = \frac{d_j}{\sum_{j=1}^{n} d_j} \tag{5-5}$$

当 d_j=0 时，第 j 个属性可以剔除，其权重等于 0。如果考虑一些经验主观估计权重 λ_j，则可以借助上述 W_j 来对 λ_j 进行修正。

$$W_j^0 = \frac{\lambda_j W_j}{\sum_{j=1}^{n} \lambda_j W_j} \tag{5-6}$$

熵值法最大的特点是直接利用决策矩阵所给的信息计算权重，而没有引入人为的主观判断。

5.1.2.4　评价结果计算方法

（1）综合评估

计算各水生态功能区绿色产业评估结果采用式（5-7）。

$$\mathrm{AI} = \sum_{i=1}^{j} W_i \times C_i \tag{5-7}$$

式中：AI —— 引领区各水生态功能区绿色产业评估结果；

W_i —— 第 i 个评价指标的熵权值；

C_i —— 第 i 个评价指标的无量纲化值。

根据最终的评估结果将引领区各水生态功能区产业绿色程度进行排序。

（2）达标率指数

对于同一维度上的某一属性的评价状况，采用达标率指数进行衡量：

$$\mathrm{RS} = \sum_{i=1}^{n} C_i / n \tag{5-8}$$

式中：RS —— 达标率指数；

C_i —— 第 i 个评价指标的标准化值；

n —— 参与计算的指标个数。

达标率指数计算结果越大，说明指标越达标，多项指标达标的整体情况越良好，反映出在该属性层面上，引领区的绿色产业发展状况越好；反之，则说明在该属性层面上引领区的绿色产业发展状况不理想。

5.1.2.5　评价结果分析

根据基于生态保护引领区产业、自然资源资产、水生态环境承载力三者建立的相关指标体系计算得到的综合评估结果（表 5-2），水生态环境功能区 Ⅰ-03 的综合评估结果为 1.735，水生态环境功能区Ⅱ-02 的综合评估结果为 1.185，水生态环境功能区Ⅲ-07 的综合评估结果为 0.44，水生态环境功能区Ⅲ-10 的综合评估结果为 1.15，水生态环境功能区Ⅲ-11 和Ⅱ-03 的综合评估结果为 0.616，由此可见引领区各水生态环境功能区中产业绿色程度排序为Ⅰ-03＞Ⅱ-02＞Ⅲ-10＞Ⅲ-11 和Ⅱ-03＞Ⅲ-07。因此须重点关注水生态环境功能区Ⅲ-07 以及水生态环境功能区Ⅲ-11 和Ⅱ-03 的绿色产业结构。

表 5-2　各水生态环境功能区绿色产业综合评估结果

<table>
<tr><th rowspan="2">序号</th><th rowspan="2">要素层</th><th rowspan="2">指标名称</th><th rowspan="2">指标权重</th><th colspan="5">综合评估结果</th></tr>
<tr><th>Ⅰ-03</th><th>Ⅱ-02</th><th>Ⅲ-07</th><th>Ⅲ-10</th><th>Ⅲ-11 和Ⅱ-03</th></tr>
<tr><td>1</td><td rowspan="9">绿色生产</td><td>第二产业增加值占 GDP 的比重</td><td>0.000 8</td><td>0.001</td><td>0.001</td><td>0.001</td><td>0.001</td><td>0.001</td></tr>
<tr><td>2</td><td>单位 GDP 能耗</td><td>0.103 8</td><td rowspan="6">0.338</td><td rowspan="6">1.126</td><td rowspan="6">0.351</td><td rowspan="6">1.073</td><td rowspan="6">0.393</td></tr>
<tr><td>3</td><td>单位 GDP 用水量</td><td>0.007 3</td></tr>
<tr><td>4</td><td>单位 GDP 化学需氧量</td><td>0.102 0</td></tr>
<tr><td>5</td><td>单位 GDP 氨氮排放量</td><td>0.118 9</td></tr>
<tr><td>6</td><td>单位 GDP 总氮排放量</td><td>0.079 2</td></tr>
<tr><td>7</td><td>单位 GDP 总磷排放量</td><td>0.112 0</td></tr>
<tr><td>8</td><td>单位农用地农药施用量</td><td>0.095 4</td><td rowspan="2">0.155</td><td rowspan="2">0.024</td><td rowspan="2">0.018</td><td rowspan="2">0.027</td><td rowspan="2">0.063</td></tr>
<tr><td>9</td><td>单位农用地化肥施用量</td><td>0.047 6</td></tr>
<tr><td>10</td><td rowspan="3">绿色环境</td><td>河流水生态健康指数</td><td>0.001 2</td><td rowspan="3">0.037</td><td rowspan="3">0.001</td><td rowspan="3">0.036</td><td rowspan="3">0.033</td><td rowspan="3">0.036</td></tr>
<tr><td>11</td><td>湖库水生态健康指数</td><td>0.049 5</td></tr>
<tr><td>12</td><td>城镇生活污水处理率</td><td>0.000 1</td></tr>
<tr><td>13</td><td rowspan="3">自然资源价值</td><td>人均水资源价值</td><td>0.011 0</td><td rowspan="3">1.203</td><td rowspan="3">0.033</td><td rowspan="3">0.035</td><td rowspan="3">0.016</td><td rowspan="3">0.123</td></tr>
<tr><td>14</td><td>人均土地资源价值</td><td>0.006 1</td></tr>
<tr><td>15</td><td>人均林木资源价值</td><td>0.265 0</td></tr>
<tr><td colspan="3">合计</td><td>1.0</td><td>1.735</td><td>1.185</td><td>0.441</td><td>1.15</td><td>0.616</td></tr>
</table>

由上述分析结果可以推断，为最终实现河湖水质改善以及自然资源价值的提升，在宜兴市不同水生态环境功能区产业发展过程中，第一产业重点考虑化肥施用量；第二产业重点考虑水耗，氮、磷排放；第三产业重点考虑生活污水收集处理率；在 6 个不同的水生态环境功能区中重点关注水生态环境功能区Ⅲ-07 以及水生态环境功能区Ⅲ-11 和Ⅱ-03 的绿色产业结构调整。

5.2　绿色产业体系构建

5.2.1　国内外绿色产业体系研究进展

我国绿色产业始于 20 世纪 70 年代末，经过 40 多年发展，已经从单纯的低技术产品生产，逐步扩展到技术开发、流通、市场、工程设计、生态保护领域。我国的绿色产业起步较晚，但相对其他国家来说发展较快，中国的绿色产业在 20 世纪 90 年代后，进入了快速发展期。在农业领域，政府有关部门和地方政府积极支持，从 1996 年到 2002 年，联合国工业发展组织中国绿色产业投资与促进处在全国共建设了 19 个绿色产业示范区。这些示范区分布于全国各省（区、市），如吉林省前郭灌区绿色产业示范区、黑龙江省农垦总局建三江分局绿色产业示范区、云南省兰坪示范区等，为绿色产业的大发展提供了借鉴和参考。我国绿色产业的发展主要包括以下几个方面：

（1）国内各地培育绿色产业进展

查阅文献及新闻，了解天津市、承德市、南昌市大力发展新兴产业的过程及经验；借鉴安徽省、湖南省、云南省、山东省淄博市林业产业绿色转型增效的实例，总结出发展绿色林业的可行之路；了解宁夏回族自治区和江苏省高邮市农业与其他产业协调发展的经验，总结出第一、第二、第三产业互动的有效途径；了解四川、黑龙江生态旅游、生态文化发展经验。

总结出推进农村绿色产业化升级的途径：一是要积极引导绿色农业向集约化经营中水平高、效益好的大县（市）、农场、乡（镇）集中发展；二是要探索先进模式，提高经营水平，培育具有国际先进水平的骨干龙头企业；三是优化基地布局，推广标准化生产；四是明确市场定位，提高营销水平；五是强化认证体系，确保质量信誉；六是健全基本制度，严格市场准入。

（2）国内各地推进传统产业绿色化和循环化改造

查阅文献及新闻，了解中粮集团绿色化改造实例，南京市基础设施绿色化改造、内蒙古畜牧产业绿色化改造、黑龙江矿山保护等实例，梳理传统产业绿色化改造的有效途径，总结出可行的产业企业与支持性企业、高校、科研院所、政府协同创新的绿色发展模式。

（3）培育支撑绿色产业发展的服务体系

确定从加强产品技术研发、加强低碳技术、发展农业技术、研发新能源技术等方面，构建绿色技术创新体系。回顾我国绿色产业金融扶持政策，并总结加强区域品牌形象建设和搭建绿色产业信息平台、研究经济和环境核算体系、制定绿色产业体系配套的行政管理政策、建立适应绿色产业体系的法律制度、加强绿色产业人才队伍等方面已取得的经验。

（4）创建绿色食品标准体系

针对绿色农业食品标准体系建设，目前国外已经有许多有关有机和绿色农业及食品安全生产的标准和条例，例如，ISO 14000 系列国际环境标准，联合国食品法典委员会（CAC）标准，有机农业运动国际联盟（IFOAM）有机农业和食品加工基本标准，欧盟有机农业条例（EU2092/91）及其修改条款（2000 年），美国农业有机农产品试行标准（2000 年），英国有机农产品生产标准（2000 年），日本 JAS 有机认证：有机农产品生产过程管理者（农场）的认证技术标准（2000 年）。

（5）产品设计融入绿色理念

西方国家比较注重设计产品的绿色化。例如，西方国家汽车设计人员在对汽车进行设计时就开始融入绿色理念。把汽车的使用寿命以及达到使用年限后如何实现再利用都考虑到了设计的范畴，可以实现把废弃汽车对环境造成的影响降到最低。

（6）企业环境信息透明化

在企业环境信息披露方面。西方一些发达国家，已经逐渐从强制向自愿转变，美国、加拿大、德国、日本等国的企业环境信息披露有了较快的发展，越来越多的企业开始自觉地公布与环境相关的信息。政府有关部门十分重视企业环境信息披露法规与准则的制定工作，如丹麦 1995 年通过了《绿色账户法案》，并要求大约 1 000 家公司发布年度环境报告；美国证券交易委员会（SEC）的第 92 号专门会计公告对环境成本、环境负债的披露问题做了规定，提供了公司对低范围损失预计的确认等标准，对上市公司提出了强制性的环境信息披露要求；英国环境部在 1997 年 2 月颁布了《环境报告与财务部门：走向良好实务》的文件，推动企业环境报告制度的执行。

（7）绿色金融体系逐渐完善

在绿色金融方面。欧盟、日本和美国等发达国家和地区开创了绿色经济的先河，韩国、新加坡等新兴经济体紧跟其后，已形成了世界范围内的绿色发展热潮，同时也形成了一套相对成熟的环境税政策体系。美国每年投入几百亿美元发展绿色产业，是当今世界上最大的绿色产业国和设备出口国。他们的战略目标是：在 2020 年前每单位国内生产总值少生产 40%～50%的废物，少使用 20%～25%的原料，有毒废气的排放量低于 1995 年的水平；德国在 20 世纪 80 年代后期，成立了世界上第一家“绿色银行”，命名为“生态银行”，专门拨款给绿色工程；日本政府从 1993 年起，推行综合能源环境对策，投资 5 800 亿日元，之后逐年增加，扶植绿色产业，促使产业结构和能源结构向环境协调方向转变；据联合国有关组织对世界 177 家投资和商业银行中的 90 家银行的调查，2000—2015 年全世界对“绿色工程”投资和贷款的银行数量将增加 2 倍，投资和贷款金额将增加 6 倍，绿色产业必将成为 21 世纪世界经济的支柱产业。[49]

在绿色金融法律体系制定方面。20 世纪 70 年代以来，美国多部与环境保护和绿色信贷相关的法律文件界定了政府、企业和银行在绿色金融活动中的责任和义务。例如，1980 年颁布的《超级基金法案》，明确了商业银行在环境保护中应承担的事前事后责任。承担事前责任是指企业只有在保证项目不对环境产生有害威胁的前提下，才可能通过商业银行的信贷审批。承担事后责任是指如果项目取得信贷资金后，对环境造成了污染，那么商业银行要承担连带责任。这些严格的规定使美国企业环境的违法成本大大提高，为环保计划和环境保护提供了制度保障。

5.2.2　影响绿色发展的主要因素

我国绿色产业处于初级阶段的较为明显的特征有以下几点：

（1）影响绿色发展的经济因素

1）绿色产业滞后于绿色城镇化。主要表现在：绿色产业研发的艰难和传统产业向绿色产业转型缓慢。绿色产业的诞生有两种方式，一是通过创新研发而产生的新兴绿色产业，二是在原有产业的基础上转变发展方式、调整产业结构而来的。我国的绿色产业不但研发受阻，转型方面也是困难重重。我国绿色产业产值仅占国内生产总值的 0.7%左右。绿色产业产值占比低的原因之一为当下人们绿色产业发展观念滞后，在发展过程中长期应用大量的消耗资源和粗放经营，从而导致过分注重发展的数量和速度，从而轻视发展质量，重开发轻保护现状也非常严重，使我国的水环境、城市噪声、自然生态和大气环境等各方面生态指标出现严重的恶化。生态环境遭到破坏的原因之二为发展滞后，我国绿色产业中环境保护产业的产值不足 2000 年国民经济总产值的 1%水平，仅占工业固定资产的 0.9%，因此可以看出绿色产业发展与当下经济发展差异较大。

2）三次产业结构不合理、产业内部结构失衡。主要表现在二产占比大，一产、三产占比小。各产业未形成产业链。产业存在内生动力机制转换问题。例如，江苏省扬州市虽然集聚区内节能环保企业数量较多，但产品同质化现象非常严重，企业缺乏专业化分工协作，同类企业拼市场、打价格战，对外竞争力受到影响，尚未在全国同类行业中形成主导性的市场同盟。

3）缺少打造绿色品牌的意识。以江苏省扬州市江都区为例，目前节能环保企业多数为中小型企业，资本金过亿元的不到 10 家，缺少打造绿色品牌的意识。大多只能提供单一技术的环保改造服务，与国际大公司所提供的总体解决方案服务模式相比，还处于低端层次。总体来说，缺少集研发、设计、工程总承包、设备制造、运营服务于一体的大型企业集团。关键技术与装备也存在缺乏自主知识产权的情况。大兴安岭有丰富的生态资源，2014 年被誉为“马铃薯之都”，但仍存在产业链条短、关联度低，企业规模小、布局散，缺少知名品牌，运输成本高等不足，严重影响了当地经济的发展。再如，内蒙古河套地区向日葵绿色产业发展取得了一定的成绩，但是也存在农业产业化意识薄弱、向日葵产业品牌文化程度低等问题，不但制约了河套地区向日葵绿色产业的发展，还影响着农民增收。江西省一直以“农业大省”“欠发展地区”的形象被消费者所熟知，在市场化经济发展的今天，没有树立起自己的品牌形象。主要原因为：一是产业品牌关系不清，各产业没有在国内形成自己的领导品牌，没有形成良好的品牌联动效应；二是绿色服务意识不强，没有制定出相应的绿色服务标准，服务从业人员绿色服务意识不强；三是政府绿色品牌理念建设不足，对具有破坏性举措的行为执行力度不够。然而，重拿牌轻利用的现象也普遍存在。例如，竹溪县有些品牌企业，重申报轻创建、重拿牌轻利用、重眼前轻保护、重开发认证轻证后监管，品牌虽有名，但没有形成大效益，政府每年重奖的“三品一标”品牌没有形成绿色产业发展“红利”。

4）工业、农业、畜牧业之间的矛盾突出。随着工业的发展，过度地开采能源和资源，造成地质结构的变化，造成地质灾害，不利于农业和畜牧业的发展。在工业的发展过程中，过量地开采树木，水土流失现象严重，还会排放大量的污水和废气，污染支撑农业和畜牧业发展的水源，还会造成大气的污染，严重时会产生酸雨，伤害牲畜，使农作物的产量降低。农业在发展的过程中，由于农业生产的技术过低，也会破坏生态环境，农业耕地的扩展需要开垦大量的荒地草地，减少了畜牧业发展的根据地，畜牧业发展过程中，会产生大量的牲畜粪便，污染大气和水资源，工业、农业和畜牧业三者之间的矛盾越来越突出。

（2）影响绿色产业发展的环境因素

1）企业环境信息披露不足。目前国内企业披露环境信息存在较大的问题，主要表现在企业披露环境信息的自觉性不高、披露环境信息的比例较低、披露的环境信息多是零散和不系统的、披露的信息的时效性较差、披露的环境信息的可比性较差、披露的形式不统一等。2017 年 7 月，“2017 中国绿色发展论坛”在北京召开，提出了中国企业存在“一不足三失衡”的问题：企业环境数据披露不足、数据严重损失，不同区域企业绿色发展不平衡，不同行业企业绿色发展不平衡，不同企业绿色发展不平衡。例如，在信息不对称的情况下发展绿色金融，银行将面临较大风险，如政策风险、市场风险、信用风险等。这些风险将影响金融资产的安全性和营利性，使部分地方金融市场存在“不环保，不绿色”的现象。由于地方政府存在出于短期政绩考虑的地方保护思维，目前我国地方生态环境部门执法不严，很多企业环境违法没有查处。商业银行也没有国家统一的标准来披露污染行业的贷款数据，因此商业银行往往可能趋利避害地披露。也许是环保评估的专业技术能力不够，或者是银行自身对企业环境信息的收集、处理能力不足，没有建立切实有效的环境评估标准。不少企业存在隐瞒或虚报环境信息的情况以逃避责任。依靠银行征信系统提供的环保信息是远远不够的，不仅仅是范围上，在深度上也是不够的。

2）生态旅游业发展中存在认识不足、缺乏统一规划、基础设施落后等问题。一是对开发生态旅游所需的条件缺乏充分的分析与认识，对生态旅游资源分析不够、评价过高，导致对生态旅游开发过于乐观、期望过高；二是在发展生态旅游时，没有将生态旅游资源的开发纳入区域旅游开发的大系统中进行统筹安排、全面规划，导致资源开发的形式单一、水平不高、档次低下、特色不强，缺乏对客源市场的吸引力；三是基础设施落后，许多基础设施仍然满足不了游客的需要，道路、停车场、卫生间、电话亭等公共设施简陋、设备不足。

（3）影响绿色产业发展的技术因素

1）技术研发动力有待加强。目前，国内一些新能源的开发利用缺乏国产技术支撑。一些核心和关键技术，目前还需要从国外引进。这些技术空白，严重制约了我国新能源建设工作的跨越式发展。目前我国的研发力量未得到有效整合，投入不足，缺少攻克核心关键技术的动力。

2）成本核算不全面。目前国内还没有把各种能源的经济成本和环境成本进行综合核算的机制。例如，一些地方只看到电的经济成本和污染物减排优势，没有计算移民和生态成本，就认为风电和核电成本太高；只看到光伏发电不排放污染物，没有计算其投入成本及材料生产过程中的污染风险，就认为光伏发电是最环保和最合算的。

（4）影响绿色产业发展的政策因素

1）绿色产业投资不平衡。一是绿色投资的方式不平衡。目前，绿色产业的投资主要依靠国家财政拨款，企业投入很少。这种机制既不能满足绿色产业发展的资金要求，也不能给企业以激励和约束，必须建立新型的投融资机制。二是行业投资不平衡。国家对环境污染治理、基础设施建设方面的投资相对较大，但对绿色产业的投资量较少。例如，近年来，江苏对绿色产业中 10 多个行业进行了绿色技术投资，但仅新能源开发和污水处理工程建设这两个行业的投资就占到了投资总额的 70%，其他行业得到的投资明显太少。三是绿色产业的地区分布不平衡。例如，江苏对于重要绿色技术项目进行的投资，大部分分布在苏南 5 市，苏中和苏北地区得到的投资很少。

2）绿色产业政策体系的建立相对滞后。目前推进绿色产业发展的市场机制还不完善，现有的法律法规与政策体系不能完全满足区域实施绿色产业发展的战略要求。例如，新能源产业发展过程中存在政策配套和落实不力的现象。一是由于《中华人民共和国可再生能源法》缺乏实施细则，缺乏对电网公司的合理持续性激励，风电和光伏发电因为输出不稳定而难为区域电网企业接受，挫伤了新能源发展和消费的积极性。二是国家既应补贴新能源用户和消费者，也应对装备研发和生产的企业予以政策倾斜。三是一些国产的新能源生产装备无招标特许权；从国外引进国内已有的设备和技术，还享受关税补贴，不利于国产设备和技术的市场竞争。此外，对于领导干部，缺乏绿色发展和节能减排指标的硬性考核；对于政策执行过程，程序繁杂，如补贴政策实施不到位，影响了企业进入绿色产业的积极性，政策实施较滞后；在宏观管理上缺乏统一布局规划，或是缺乏科学、超前的详细规划，导致在支柱产业和优势产业的选择上出现贪多求全现象，某些领域的产业结构趋同态势也比较明显。长期以来，我国需求侧产品使用消费环节的多种税收政策建设比较滞后。在资源税、能源税、排污税和碳排放税 4 种主要税收中，我国现行相近的税费包括资源税、燃油税、排污费等，税费水平相对较低，不足以体现资源能源稀缺性和补偿环境污染处理的实际成本，同时环境保护税立法工作还在进行中，碳交易市场尚在试点。绿色产业主体税收体系建设的滞后使得市场完善政策的作用被大大削弱，难以发挥其战略性、全局性的产业发展资源配置功能。

3）绿色产业知识的相关专业人才支撑体系尚未建立。绿色产业是以高技术为支撑的新兴产业，培育绿色产业需要资金、技术、人才等相关要素强有力的支撑。全国各地区符合绿色产业发展特点的中高层专业技术人才十分匮乏，科研技术带头人欠缺，导致核心技术研发和先进技术推广进展缓慢，绿色高新技术创新和新兴产业培育受到限制，这些成为制约绿色产业快速发展的“瓶颈”。

4）地方性法规有待进一步完善。现阶段，有利于推动绿色产业发展的比较完整的地方性制度体系尚未形成，主要表现在：一是在科学合理的政绩考核体系缺位的情况下，一些地方政府只注重投资于提升产值的高耗能、高排放、高污染的重工业，而缺乏发展低耗能、低排放、不污染的绿色产业的驱动力；二是绿色驱动机制、绿色投入机制及资源向绿色产业配置的市场调节机制亟待建立完善，有关绿色产业发展的激励制度及评价制度建设比较滞后，对微观主体缺乏强有力的机制引导；三是在推进绿色产业发展的过程中，比较规范的有针对性、可操作性强的整套法律法规制度不健全，需要进一步与国际和先进地区接轨，以期进一步改善绿色发展的法治环境。

5.2.3 绿色产业发展面临的主要问题

（1）绿色工业体系难以构建

绿色工业是将工业生产系统安排成自然界生态过程物质循环的一种工业模式。这种工业模式下，所有的生产过程都是相互联系的，物料能源可以重复利用，上一个生产过程中的废物可以成为另一过程的原料。这种模式追求的是工业生产过程中从原料、中间产物、废物到产品的物质循环，达到资源、能源、投资的最优利用。绿色工业可以充分利用不同项目或工艺流程之间的资源、主副产品或废弃物的横向耦合、纵向闭合、上下衔接、协同共生的相互关系，使工业系统内各企业的投入产出达到自然系统中的有机衔接，物质和能量在循环转化中得到充分利用，并且无污染、无废物排出。

党的十九大报告指出，我们要建设的现代化，不仅需要创造更多物质财富和精神财富以满足人民日益增长的美好生活需要，也要提供更多优质生态产品以满足人民日益增长的优美生态环境需要。虽然近年来我国一直倡导实施环境友好型的绿色工业，在重点生态环境问题治理方面也取得了显著成绩，但总体来说，我国工业产业造成的环境污染问题依旧严重，尚未从根本上扭转生态持续恶化的局面。从环境现状来看，2017 年我国 338 个地级以上城市中，环境空气质量达标率仅为 29%，部分区域水污染问题仍然严重，固体废物处理依然落后，污染物处理设施供给严重不足。

同时从产业结构来看，我国产业结构偏重，能源结构中煤炭消费仍占 60%，污染物排放总量仍居世界前列，持续挤压生态环境承载容量。远远达不到绿色工业的标准，绿色工业体系难以构建。

（2）环保监管体系松散

地方政府部门对绿色发展重视不够，只注重地方经济发展，忽略环境保护，唯 GDP 现象依然存在，对地方环境监管不严，执法不严，保护地方经济；许多企业的环保守法意识不强，环境违法行为时有发生，企业的环境信息披露不够及时透明，导致企业在进行生产的时候不重视绿色生产，也对污染排放、废弃资源再利用不重视；公众对于绿色产业的了解不够，难以成为有效的社会绿色治理主体，发挥绿色倡导和监督作用。

（3）绿色创新能力不足

随着科学技术的发展，我国的创新能力不断提高，但绿色产业技术的原创性不足，自主创新能力不高，导致生产技术水平落后，技术储备不足，产业链不完整，规模效益差，产业发展总体水平不高。据统计，我国科技进步对经济增长的贡献率为 55%左右，而发达国家已超过 80%。对企业创新投入的调研结果也显示，大多数企业研发投入占生产总值的比重很低。在这种情况下，绿色产业的投入不足、自主创新能力很难达到国际先进水平。加之在科技成果转化为生产力的过程中，存在一些体制机制障碍，好的科研成果不能有效地转化为实际生产。

5.2.4　绿色产业体系的构建

构建由绿色制造产业链、“绿色循环”生态农业、“五色”生态旅游组成的绿色产业体系，不断提升宜兴绿色发展水平，以智能化、绿色化、服务化、高端化为战略取向，以转型升级为主线，积极推进工业绿色化、旅游文化业现代化、农业生态化，三产融合特色发展，实现生态、经济、社会发展的高度统一，打造绿色发展的示范区，体现示范引领作用。

5.2.4.1 推动绿色制造产业链

（1）优化提升传统产业

继续改造升级陶瓷耐材、化纤纺织、通用机械、铜材加工、精细化工等传统产业。提升陶瓷耐材产业：积极拓展校企合作，大力引进陶瓷科技高端人才，从事对功能陶瓷、结构陶瓷、特种陶瓷等一批具有带动作用的共性、关键性、前瞻性技术的研发；利用国家非金属材料产业基地的集聚效应，迅速建造研发中心，引进陶瓷新材料、新装备、新工艺，提振陶瓷产业园区的发展空间和投入产出能力。帮助企业加快实施“走出去”战略，确立以技术、品牌、质量、服务为核心竞争力的新优势，培育一批高质量的规模型骨干企业，增强规模效应和品牌影响力。提升化纤纺织产业：借力“中国制造 2025”和“互联网+”，加快新一代信息技术与纺织业融合的创新发展，结合持续的科技创新，推动宜兴市纺织企业向智能制造升级转型。重点开发环保型纤维产品，大力发展功能型、复合型、差别化、高仿真的化学纤维，大力发展产业用纺织品。鼓励企业走差异化路线，探索大规模个性化定制。根据《江苏省太湖水污染防治条例》（2021 年修订）要求，进一步提升产业及工艺技术水平。提升通用机械产业：全力推动制造向“智造”转变，坚持自主创新，引进先进制造技术和先进设备，推动机械制造向高效率、高精度、环境友好型和能源节约型转变，提升产品附加值，走高端化之路。重点发展精密仪器，核心零部件，数字化、智能化测量与自动控制设备，汽车关键零部件等。通过扶持行业内龙头企业，带动中小企业升级转型，形成一个机械装备产业集群力量。提升铜材加工产业：发挥产业基础优势，加快对传统工艺、生产设备进行技术改造，促使产品高精尖化、生产工艺流程缩短、生产装备国产化。通过技术创新，发展短流程、节能、减排、自动化、连续化生产工艺，重点发展铜合金、铜箔等深加工、精加工铜材产品。积极推进铜材加工产业的兼并重组，努力提高铜材加工产业的竞争力。提升精细化工产业：引导有规模、有潜力的化工企业转变发展模式，走清洁化、可持续的发展道路。重点依托三木化工、灵谷化工、雅克科技、丹森科技等企业，发展与纳米技术、环保技术等前沿技术深度融合的生物高分子材料、车用尿素等环保新材料、环境友好资源节约型涂料、高性能染料和颜料、高效环保催化剂和助剂、安全型食品或饲料添加剂等市场前景好、环境污染小、产品附加值高的产品。

（2）培育绿色发展增长点

着力发展先进制造业。全面对接“中国制造 2025”和“中国制造 2025 江苏行动纲要”，坚持规模扩张、质量提升并举，重点构筑以智能电网、节能环保、新能源、智能装备、光电子投影显示、新材料、通用航空为特色的产业新体系，积极打造智能电网、节能环保、新能源新材料 3 个千亿级产业，不断提升重点产业市场竞争力。通过技术投入与技术创新，加快陶瓷耐材、化纤纺织、铜材加工等传统产业的升级改造，推动优势传统产业向价值链、产业链的高端攀升，实现由产品升级向功能升级的过渡。建立信息化与工业化深度融合机制，深化信息技术在企业生产经营各环节的应用，加快推进两化融合发展。

以环境医院为技术支撑，面向新时期国内外环境区域综合治理需求，打造新时期宜兴环保产业拓展大市场的“巨型航母”。探索建设好环境医院总部，加快中冶、瑞林等“中字头”特色专科的实体化建设，联合对外输出综合环境服务模式。加快环保产业集团化改造，加快宜兴节能环保产业兼并重组步伐，优化整合资源，提升产业集中度和市场竞争力。在“环境区域中心”主导下，以环保产业集团为平台，以南宜公司、长天公司为核心，构筑远程监测、总量控制等环保“互联网+”大数据云中心。

引导江南等大型骨干企业集团兼并上下游中小型企业、与产业内相关联企业战略合作，实现产能整合、产品拓展、产业延伸；紧抓“一带一路”倡议为电力电缆传统市场与海底电缆新兴市场崛起带来的新机遇，积极推动企业开展产学研合作，抓好新产品开发和技术创新项目实施。加大核心技术的研发，如高压的绝缘料、直流电缆技术等，谋划智能电网战略布局，引导企业加快转型步伐，不断推动智能电网产业向技术创新驱动、质量品牌服务竞争、价值链高端化转型。

依托格兰特、锐成机械、西门子电气等重点企业，突破关键技术，紧紧抓住国家大力发展高端装备制造产业的契机，加快打造数字化、智能化与以自动控制设备为代表的智能装备制造产业发展新高地，打造一批智能制造龙头骨干企业，培育发展一批智能制造系统解决方案提供商。促使本地企业与国内外知名企业进行对接、战略合作，携手推进通用航空产业园的项目建设，努力打造国内通用航空产业园的标杆之作，大力培育航空产业零部件及飞机组装等战略产业。积极依托宜兴市良好的承载条件和环境优势，加大开放合作力度，引进更多优质项目，形成产业园的集聚示范效用，加快确立在国内通航产业的地位和影响。着力突破一批制约产业发展的共性、关键技术，培育和发展具有完全自主知识产权、自主品牌和市场竞争力强的智能装备和通用航空产业领军性企业和产业集群。

（3）推进绿色低碳循环发展

对开发园区进行循环化改造，构筑循环链接的产业体系，促进产业间耦合、上下游配套，促进产业废弃物综合利用和再制造产业化。建立园区物资和废物交换中心，负责收集整理产业信息和废物信息，同时提供有关提高能源效率、节约资源、废物最小化、清洁生产技术和应急反应等的指南和建议。清理整顿各类镇村工业园区，引导企业向依法批准设立、符合产业功能定位、环境基础设施较为完善的园区集中。提高各类工业园区环境基础设施建设水平，推进集中供热，强化污染集中控制，设置合理的安全防护距离。鼓励各类园区根据各自的条件和优势，按照循环化改造的目标和方向进行先行先试。

推进能源梯级利用、水资源循环利用、废物交换利用、土地节约集约利用，促进企业循环式生产、园区循环式发展、产业循环式组合，构建循环型工业体系。

以“中国污水处理概念厂”建设为契机，将全世界的先进技术引入、落地、示范，联合宜兴环保企业建成生产研发基地，抢位中国环保污水处理领域制高点。围绕“中新水生态科技城”建设，加快推动水科技大学和环保研究院、省环保装备产业技术创新中心、环保标准化工场建设。

5.2.4.2 打造“绿色循环”生态农业

（1）推进农业现代化（提升农业绿色发展水平、提升乡村产业发展水平）

稳步发展现代农业。在藏粮于地、藏粮于技、保障主要农产品有效供给的基础上，加强区划管理，坚持市场导向，调整产业结构，推进农业结构向中高端方向发展，提升农业的整体竞争力。依托宜南山区、平原圩区、湖荡地区等资源优势，因地制宜发展集生产、观光、体验、休闲等功能于一体的休闲观光农业，推动农业与旅游业融合发展。大力推进“三品一标”建设，着力加强质量安全监控，不断提高农产品质量安全水平。

做精做强优质粮油、绿色蔬菜、特种水产、休闲观光、竹制品加工 5 个超 10 亿级区域特色主导产业集群。加大品牌培育力度，打造农业区域公用品牌、特色农产品品牌和农业企业品牌，着力提升“宜”字号农产品竞争力和影响力。推动宜兴阳羡茶与茶文化系统申报中国重要农业文化遗产，“宜兴大闸蟹”申报农业农村部农产品地理标志，“宜兴大米”“万石水芹”申报地理标志证明商标。促进农村一二三产业融合发展，打造农业全产业链，争创国家农村产业融合发展示范园。大力发展乡村文化旅游、休闲观光农业、健康养老、电子商务、手工文创、农业生产性服务业等新产业新业态，持续拓展乡村产业发展空间，完成上级休闲农业特色品牌创建任务，全市休闲农业综合收入增长 10%。

（2）建设绿色有机食品示范区

大力发展“三品”（无公害农产品、绿色食品、有机农产品）种植。打造有机食品特色基地、构建有机食品产业链、形成质优价高有机食品品牌，引领无公害、绿色、有机食品发展。推进“米袋子”粮食主产区和“菜篮子”蔬菜基地无公害认证，以龙头企业为主认证绿色食品，保持现有有机食品数量及产量的动态平衡，争取稳步提升。至 2021 年，种植业“三品”农产品产量占种植业总产量比例达 55%。积极打造绿色有机食品品牌。大力推进农产品“三品一标”（无公害农产品、绿色食品、有机农产品和农产品地理标志）的打造，创建品牌创立激励机制，整合现有品牌资源，积极树立农产品区域性公共品牌，加强品牌形象维护。对产地环境、投入品使用、标准化生产、包装标识、产品质量等进行现场督查。强化宣传，提升品牌形象。利用各种媒体，宣传“三品”知识、激发“三品”潜在需求。以宣传树品牌，以品牌促市场，以市场促认证。

（3）积极构建生态循环农业

以“种养结合、循环利用、生态保育”为主题，以“生态、循环、优质、高效、安全”为主线，构建“三大”体系与“九大”循环模式，实施生态循环农业工程，建立完善“产业布局合理、资源循环利用、生产清洁可控、产品优质安全、环境持续改善”的现代生态循环农业发展体系和农业可持续发展长效机制。重点围绕种植、畜禽养殖与水产养殖三大产业，重点实施畜禽粪污资源化、秸秆综合利用、水产生态循环养殖、化肥农药减量、动物死尸资源化、蔬菜残体和园艺垃圾资源化、塑料农膜垃圾处理等工程，建立完善秸秆收储、分散型畜禽养殖废弃物（粪污和动物死尸）集中收集和农膜地膜垃圾回收 3 个服务体系。

大力推进生态循环农业试点建设。以“一控两减三基本”为目标，“绿色、生态、循环”为核心，打造现代生态循环农业。坚持政策引导、技术示范与执法监管同步，督促主体责任落实，对畜禽养殖场（户）逐一制定排泄物和污水以及病死畜禽无害化处理方案；农作物秸秆按照“能源化利用为主，其他利用为辅”的原则，加快建设村级秸秆收贮站，普及秸秆科学还田的技术和方法，对农业规模园区和基地，试点开展肥料化、能源化利用，提高资源的利用率；积极构筑内循环体系和生产尾水净化工程。推广大棚、喷滴灌、水肥一体化等节水节肥技术，推广粮经（水旱）轮作、间作套种、稻鱼共生、林下经济等环境友好型农作模式，试点开展合理休耕模式。加快开展农药废弃物包装回收处置工作，建立完善废弃农膜等回收处理机制。

积极构建生态循环农业九大模式。构建农作物秸秆“能源化+肥料化利用”模式、畜禽粪污“种养一体+片区化处理利用”模式、废弃农膜与农药包装物“销售+收回一体化”模式、水产养殖尾水“自净化+循环再利用”模式、农田化肥减量“改制、替代、机械+专业化”模式、农田农药减量“绿色防控、机械+专业化”模式、病死畜禽“分散处理+资源化利用”模式、蔬菜残体“收集+无害化处理”模式、园艺修剪物“就地堆肥+燃料化利用”模式等生态循环农业九大模式。开展“美丽+”系列创建活动，重点打造“美丽庭院”“美丽河湖”等系列品牌。突出农民主体作用，实施美丽庭院“百千万”工程。

5.2.4.3　做好“五色”生态旅游

（1）整合山、水、茶、禅，打造深氧生态“绿色”旅游产品

首先，融合“云”“微”与旅游，打造“云生活 微度假”的旅游平台。顺应云计算、云服务、云应用、微博、微信等对人们生活的渗透，在智慧旅游规划的指导下，努力倡导“云生活 微度假”的休闲理念，完善为游客提供“食、住、行、游、购、娱、赛、养、闲”等服务的度假设施、项目和服务平台，让游客充分感受到自在、丰富、便捷的“云生活”。其次是结合现有资源，进一步开发康体生态绿色旅游产品。树立“大

体育、大旅游、大产业”的发展理念，以龙池山自行车公园为核心，搭建融合发展的平台，做大宜兴的体育旅游产业。发展养老旅游产业。将传统观光、休闲产品与高端老年养生健康度假产品相结合，针对老年市场需求，制定老年旅行服务规范，完善旅游景区老年服务设施规范，借鉴引入酒店分时度假体系，可以开发老年分时度假产品，满足“候鸟式”养老需求。以深氧健身、亲近自然和净化心灵为核心功能，以资源整合为手法，打造康体生态绿色旅游产品，形成以“原生、本色、舒适、健康、生态、时尚”等元素为支撑的绿色特征，营造一种追求回归自然和生态休闲的生活方式。并逐步形成一条绿色、生态、可持续的产业链条，不断提高经济效益和社会效益。最后是利用自然环境，开发分权度假众筹小镇旅游产品。凭借生态环境的优势，通过度假地产的开发，吸引周边长三角地区的度假客源，开发分权度假众筹小镇旅游产品。重点完善度假生活配套设施，将旅游业、房地产业、金融业以及互联网进行跨界整合，建设集旅游观光、休闲度假、商业设施于一体的旅游地产综合体。

（2）融合陶文化、梁祝文化，打造浪漫阳羡“紫色”旅游产品

首先，进一步挖掘陶文化，开发陶文化体验与创意旅游产品。引入“陶修”理念，进一步挖掘陶文化，丰富旅游产品系列，开发陶瓷艺术欣赏游、陶瓷古迹寻踪游，同时注重开发制陶体验项目，开发陶文化体验游、传统制陶游、陶艺研修体验游、陶瓷文化交流游等系列旅游产品。其次是进一步提高梁祝文化知名度，开发文旅互动旅游产品。着力以梁祝文化提升旅游宣传，以旅游促进梁祝文化交流与合作，将梁祝文化落地打造成旅游产品。重点推出“五个一”工程，即打造一个节庆品牌、喊响一句形象口号、出版一本宣传画册、创作一首旅游歌曲、拍摄一部形象专题片。最后是试点推出文化众筹+创筹小镇旅游产品。注重利用宜兴的紫砂文化、梁祝文化，形成世界紫砂文化聚集地和品牌标志地、梁祝文化的旅游与研究基地，打造集文化、商贸交易、休闲商业、主题酒店等于一体的产城一体化开发结构，形成投资型产权众筹、运营商众筹、消费者众筹的旅游小镇三层众筹模式。同时针对创客，通过创筹人+资本众筹+众筹项目，实现创业与融资的结合。

（3）挖掘民风、民情、民俗，打造淳朴乡土“米色”旅游产品

按照集群化、规模化、品牌化、差异化的要求，建设集观光度假、休闲旅游、文化体验于一体的特色农家乐或休闲山庄，将宜兴独特的民俗文化融入农家乐或休闲山庄的建设和服务中，发展以农业生态观赏、农业耕作体验、农民生活体验为主题的乡村旅游，打造跨界融合性的米色旅游产品。

（4）利用湖、氿、荡，打造灵动江南“蓝色”旅游产品

以东氿、西氿、团氿和阳山荡、都山荡、马公荡等水资源为载体，以沿途优美的自然风景为依托，以江南特色水乡文化为核心，努力打造灵动江南蓝色旅游产品。充分利

用团氿、东氿及城区的河道现状，结合滨水地形，利用水对城市地形的有机划分，打造滨水城市，形成形态鲜明、充满新鲜活力的水城特色。加强景城联动，打造集休闲度假、运动体验和生态居住为一体的综合型滨水休闲旅游区。进一步丰富运动体验旅游产品。在东氿成立一个水上运动中心作为宜兴水上运动体验旅游的支撑点。

（5）依托革命遗址，打造追忆传统“红色”旅游产品

整合新四军纪念馆、红色文化展示馆等革命遗址，不断丰富红色旅游的内涵，打造追忆传统的跨区域主题式红色旅游产品，并提高宜兴红色旅游景点的现代化管理和市场运作水平，形成新的旅游热点。随着宜兴旅游全域化开发的推进，未来可进一步开发以宜兴滨水区域为主要特色的太湖水上观光带和以吴冠中故里、周培源故里、徐悲鸿故里等名人文化区为区域的特色人文旅游区。

5.3　绿色产业发展建议

宜兴市作为太湖流域上游重要生态保护引领区，担负着为全省绿色发展探路的重要使命，因此，要积极探索引领区绿色产业发展现实路径，全面推动宜兴生态环境高质量发展，坚持节约优先、保护优先、自然恢复为主的方针，成为引领全省乃至全国的美丽中国绿色产业示范，推动形成人与自然和谐发展现代化建设新格局。

（1）强化产业准入政策引领，推动产业结构优化调整

一是发展绿色科技，促进传统产业绿色化转型发展。加快对产业结构的调整和技术改造，努力将现代科学技术渗透到资源的开发与利用中，用消耗少、效益高的绿色产业代替和改造传统的产业，实现产业结构优化，促进整个产业布局向资源节约型和质量效益型转移。

二是推动引领区构建低碳产业能源新格局。重点引进和发展低碳、低污染、高附加值、与主导产业契合度高的先进制造业和新能源产业，引导区域形成低碳循环且具有竞争优势的产业集群。一方面坚定治污减排给环境做减法，另一方面要力推转型升级为产业做加法。

三是严格环境准入门槛，承接经济环境双优项目。研究制定严格的产业准入标准，不仅要加强对投资强度、产出强度、税收强度、容积率等经济效益指标的量化，还要强化对资源环境的指标要求。工业项目应采用国际国内行业先进的生产工艺与装备，能耗、水耗指标要达到行业国际国内领先水平等，污染物排放应执行已发布的最严格的环保排放标准，单位产品（产值）污染物排放绩效水平达到清洁生产先进水平，积极引进清洁能源和低碳排放项目，建立近零碳排放示范工程试点。

四是加快企业技术创新，提高技术创新能力，企业的技术创新能力是企业竞争力的

核心，打造领军企业，不仅要达到国家、行业或国际标准，更要超越标准，不断提升技术水平，打破绿色贸易壁垒。

（2）构建绿色产业链，提升产业绿色发展动力

建立和完善绿色产业发展的资金支持系统。金融市场在引导资金流向、优化资金配置、促进产业发展中起着越来越重要的作用，政府加大对绿色产业的补助资金，以“环保贷”“信用贷”等多种方式加大资金支持力度，运用金融市场筹集资金，带动绿色产业发展，提升绿色产业的发展动力。

在现有产业链的基础上，实施“补链”策略，拓展宜兴绿色产业链。通过发展补链项目丰富产业系统的多样性，增强产业生态系统的稳定性，提高区域产业整体竞争力与实力。加强产业链上下游之间的联系，一般产业链上游主要为绿色产品生产企业，要增强产业特色与竞争力，产业链下游主要为绿色产品的消费者，其对绿色产品的喜好影响着绿色企业的生存发展，因此，要加大绿色产品的创新性、实用性，提高性价比，扩大市场需求，激发发展动力。

（3）完善环境激励机制政策，强化区域环境治理和管控

一是强化环境正向激励和约束机制。制定单位能耗污染物排放产出效益综合评价实施细则。综合考量能源消费量、单位能耗污染物产值税收、重点产品或工序能耗污染物等指标，对区域、主要行业和企业 3 个层面开展单位能耗污染物产出效益综合评价，采用双效率矩阵，评价指标将各行业企业分成不同等级，对应不同的优惠政策和限制措施。持续推进企业“环保脸谱”、丰富“脸谱”内涵，增加资源环境碳排放等绩效水平等方面的指标，通过实施不同水平的差别化管控，加大税收、电价、信贷、环保应急管控停限产豁免政策的优惠力度，扩大覆盖面，实现企业的优胜劣汰。开展绿色发展领军企业创建。重点支持钢铁、化工、纺织、机械装备等传统产业开展转型升级试点，发挥“金环”平台作用，支持和服务企业实施传统产业产品升级、技术改造、设备更新和制造模式转变，突出精细化和智能化管理，全面提高生产效率和资源环境效率，逐步引领行业整体水平提升，实现经济环境双赢。

二是持续提升区域环境治理与管理的能力与水平，为产业发展提供良好生态环境基础。环境治理能力建设方面，要强化城乡污水收集处理提质增效、深入农业面源污染管控，减少生活源、农业源水污染物排放。加大企业环保共治设施投入，扩大“绿岛”覆盖面。

三是通过开展成效评估和经验总结，将“百日攻坚”中效果突出做法转化为可持续的常态监管手段，推动定向挖潜 1.0 向 2.0 晋升，建立长期高效的生态环境精细化管控体系。充分运用生态环境系统平台优势，因地制宜开发、运用并推广各类信息化、智慧化监管手段，完善生态环境监测监控预警体系。沿海地区生态环境共保联治，共建区域

联防联控和应急协调机制。补充生态产品价值实现相关机制。

（4）大力发展绿色第三产业

结合宜兴生态优势，培育新型文化旅游业态，打响“陶式生活”“云游宜兴”“茶禅四月”等特色品牌。大力发展深氧生态“绿色”旅游产品，引导产业向更高端化转型。

做强陶瓷文化产业，做实做精做强“中国陶都”名片。形成以紫砂为代表、以工艺美术陶瓷、高端建筑园林陶瓷、先进同业陶瓷和陶瓷文化为核心的产业结构。坚持高端艺术品和大众生活品双轮驱动战略，创新紫砂产业生产方式，积极引入经纪人制度、签约制度和 PPP 制度。推动陶瓷工作室转型升级，鼓励探索体验式、情境式的公司化运作模式。以“宜兴紫砂陶制作技艺”为抓手，加强文化与紫砂的联结，把紫砂文化培育成为体现中国软实力的重要载体。

第 6 章

山水林田湖草系统保护与修复制度研究

6.1 山水林田湖草系统保护与修复需求分析

6.1.1 山水林田湖草系统保护与修复顶层设计

6.1.1.1 完善山水林田湖草生态保护修复体制机制的必要性

党的十九届四中全会提出“健全生态保护和修复制度、统筹山水林田湖草一体化保护修复”的要求，为生态文明建设指引了前进的方向。在习近平生态文明思想指引下，生态环境部、自然资源部等部门积极探索统筹山水林田湖草沙一体化保护和修复，持续推进各项重点生态工程建设。目前，我国生态环境质量呈现稳中向好的趋势，重点工程实施区域生态质量持续改善，国家重点生态功能区生态服务功能稳步提升，国家生态安全屏障骨架基本形成。但是，生态保护修复体制机制尚不完善，生态修复项目的系统性、整体性不强，生态修复工程的科学性不足，生态修复市场化机制、全过程监管体系有待加强等问题仍然存在，进一步完善山水林田湖草生态保护修复体制机制十分必要。

6.1.1.2 基本内涵与顶层设计

山水林田湖草各要素之间不是相互隔离独立的，而是各个要素通过有机融合后形成的有机整体。山水林田湖草一体化保护与修复制度的核心思想是通过对自然价值理念的高度把握，要求在坚持自然价值理念和持续发展观的前提下，将过去分类保护、单项治理的修复模式改变，也就是将以往的单一要素保护修复模式转变为由多要素构成的以生态系统保护提升为向导的山水林田湖草一体化保护修复模式。

党的十八大以来，习近平总书记从生态文明建设的整体视野提出“山水林田湖草是生命共同体”的理念，在《关于〈中共中央关于全面深化改革若干重大问题的决定〉的说明》中强调“人的命脉在田，田的命脉在水，水的命脉在山，山的命脉在土，土的命脉在树。用途管制和生态修复必须遵循自然规律”“对山水林田湖草沙进行统一保护、统一修复是十分必要的”。强调要“统筹山水林田湖草系统治理”“全方位、全地域、全过程开展生态文明建设”。

2016 年 10 月，财政部、国土资源部、环境保护部联合印发《关于推进山水林田湖生态保护修复工作的通知》，对各地开展山水林田湖生态保护修复提出了明确要求。2017 年 8 月，中央全面深化改革领导小组第三十七次会议又将“草”纳入山水林田湖同一个生命共同体，使得生态治理与生态系统的实际需要更加相符。党的十九大报告提出必须“树立和践行‘绿水青山就是金山银山’的理念，统筹山水林田湖草系统治理，建设美丽中国”。同时强调“实施重要生态系统保护和修复重大工程，优化生态安全屏障体系”。

6.1.2　引领区存在问题分析

6.1.2.1　太湖污染问题未根本解决，治太保源任务依然十分严峻

（1）太湖“藻型生境”尚未根本改变

太湖是浅水湖泊，适宜的气象条件直接诱发蓝藻大面积聚集（图 6-1 和图 6-2）。国际上一般认为氮、磷是引起湖泊富营养化和蓝藻、水华暴发的根本原因，总磷超过 0.02 mg/L、总氮超过 0.2 mg/L（相当于地表水 I 类标准），就能满足蓝藻生长需求。目前，太湖总磷和总氮浓度分别是此限值的 3 倍和 10 倍，远未达到限制藻类生长的要求。

1992—2016 年，太湖湖泊物理环境的变化和区域人类生产生活，导致太湖湿地不断萎缩（从 1960 年到 2008 年，太湖湿地面积缩小了近 90%），自然生态功能退化，湖泊生境逐步由草型生境向藻型生境转化，驱动湖泊生态系统从“清水草型”向“浊水藻型”生态系统演替，太湖生态系统服务功能出现退化。经过多年治理，太湖 COD、总磷的污染指标有所下降，但湖体藻型生境还未根本改变，只要外部水文、气象等条件具备，不断积累的氮、磷等营养盐就有可能引起太湖蓝藻大规模暴发，亟须加强湖体湿地保护修复，推进太湖由藻型生境向草型生境转化。

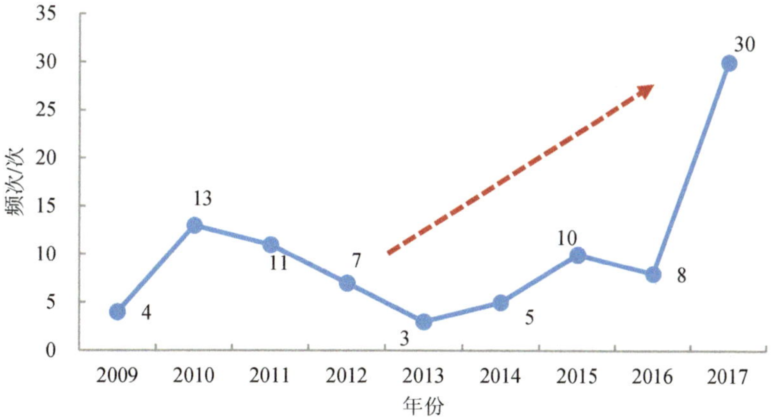

图 6-1　近年来太湖蓝藻暴发频次

图 6-2 太湖蓝藻

（2）制约太湖西部湖区水质改善因素复杂，水质持续改善压力较大

宜兴市地处太湖西部，其辖区范围内的太湖西部湖区总磷、总氮浓度居高不下。2018年，西部湖区总磷质量浓度为 0.159 mg/L，为Ⅴ类水质，总氮质量浓度为 2.56 mg/L，为劣Ⅴ类水质，均不达标，总磷、总氮达标情势严峻。一方面，宜兴市入湖河流水质对湖体水质影响较大。宜兴 9 条主要入湖河流中，在不考虑总氮的前提下，III类及以上断面 6 个，Ⅳ类断面 3 个，考虑到氮、磷为影响太湖水质的主要因素，各入湖河流水体流入太湖后对太湖水质影响较大，如以湖库标准来评价，则 9 条入湖河流各断面水质均为劣Ⅴ类，总磷和总氮超标严重。另一方面，入湖口水域淤泥堆积较多，内源污染严重，湖泛时对太湖局部水域水质影响较大。此外，由于流域风向原因，在湖体环流的顶托下，蓝藻向西部湖区聚集，致使太湖西部水域夏秋两季蓝藻含量较高，同时，这些蓝藻腐烂后，会进一步释放氮、磷、有机物，对区域水环境质量影响较大。

6.1.2.2 水环境治理距离生态环境改善目标仍有较大差距

（1）水质污染问题突出，区域环境风险隐患较大

2018 年宜兴市地表水主要监测断面达标率达到 83%，未全面达标，达到或优于III类水质断面占比为 58.5%（图 6-3）。考虑到宜兴市地表水流入太湖后对太湖水质影响较大，如果依据湖库标准，则宜兴市地表水总氮含量高于湖库Ⅴ类标准限值，总磷仍高于Ⅳ类标准限值，水环境质量仍需进一步改善。

从 2011—2018 年监测数据来看，宜兴市地表水主要监测断面污染物平均浓度呈下降趋势（图 6-4），这主要得益于宜兴市产业结构调整、污染处置设施建设、重点污染源污染防治等减排措施的实施，2016—2018 年，宜兴市主要污染物浓度无明显变化，可以看出结构性和工程性减排措施对水质的改善效益逐渐减小，污染物排放量仍存在超出水环境容量的风险，亟须提高水体自净能力，增大区域水环境容量，进一步改善水环境质量。

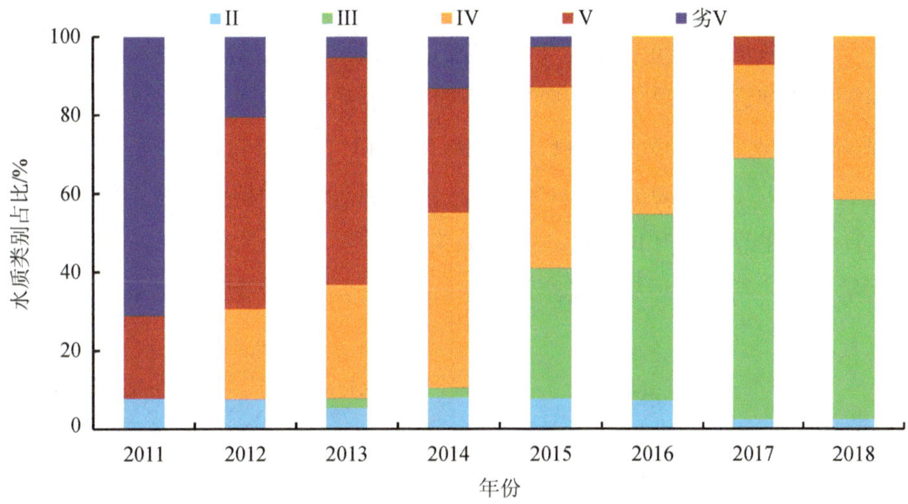

图 6-3 宜兴市地表水环境质量情况

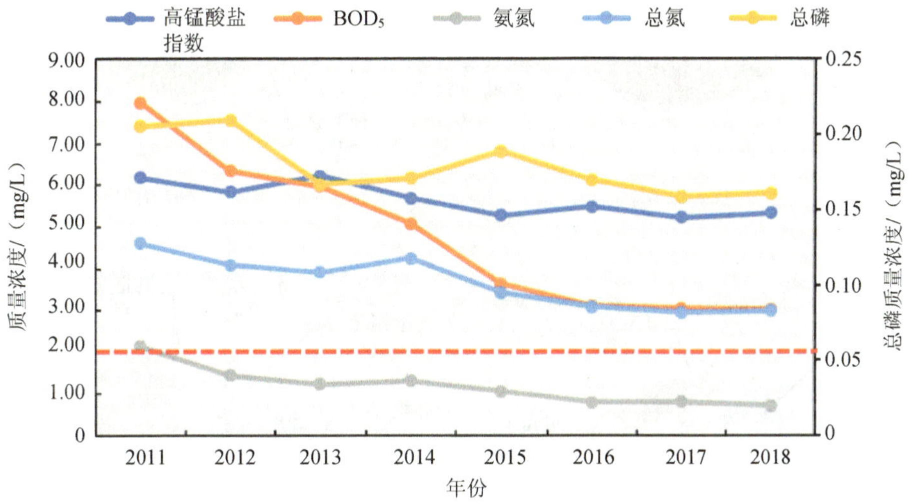

图 6-4 宜兴市地表水水质指标变化情况

注：虚线部分为《地表水环境质量标准》（GB 3838—2002）V 类水总氮限值。

（2）河网湖荡湿地净化功能受损

区域内有上千河流，河网密布，部分河道淤塞，致使水流不畅，生态防洪功能受影响，水体自净能力下降，出现多条黑臭河流。同时，围网水产养殖、城镇建设用地侵占水面等造成部分湿地停水植物、沉水植物减少，湿地植被覆盖率降低、日益斑块化，湿地生态系统退化，湿地的净污功能受损明显。

（3）区域污染负荷高，结构性污染减排空间逐渐减小

区域污染负荷仍然较重。宜兴人口密度大，工业、农业活动集中，随着工业化、城市化进程的不断推进，区域污染排放量大，2017 年宜兴 COD、氨氮、总氮和总磷排放总量分别为 32 855.96 t、5 054.48 t、13 406.54 t 和 1 052.36 t。入河（湖）量分别为 18 399.53 t、2 979.71 t、7 475.25 t、523.65 t，主要污染源为种植业和生活污染（图 6-5）。近年来，宜兴市在改造提升传统产业、淘汰落后产能、发展战略性新兴产业和服务业方面做了大量工作，结构性污染减排空间逐渐减小，污染防治任务依然艰巨。

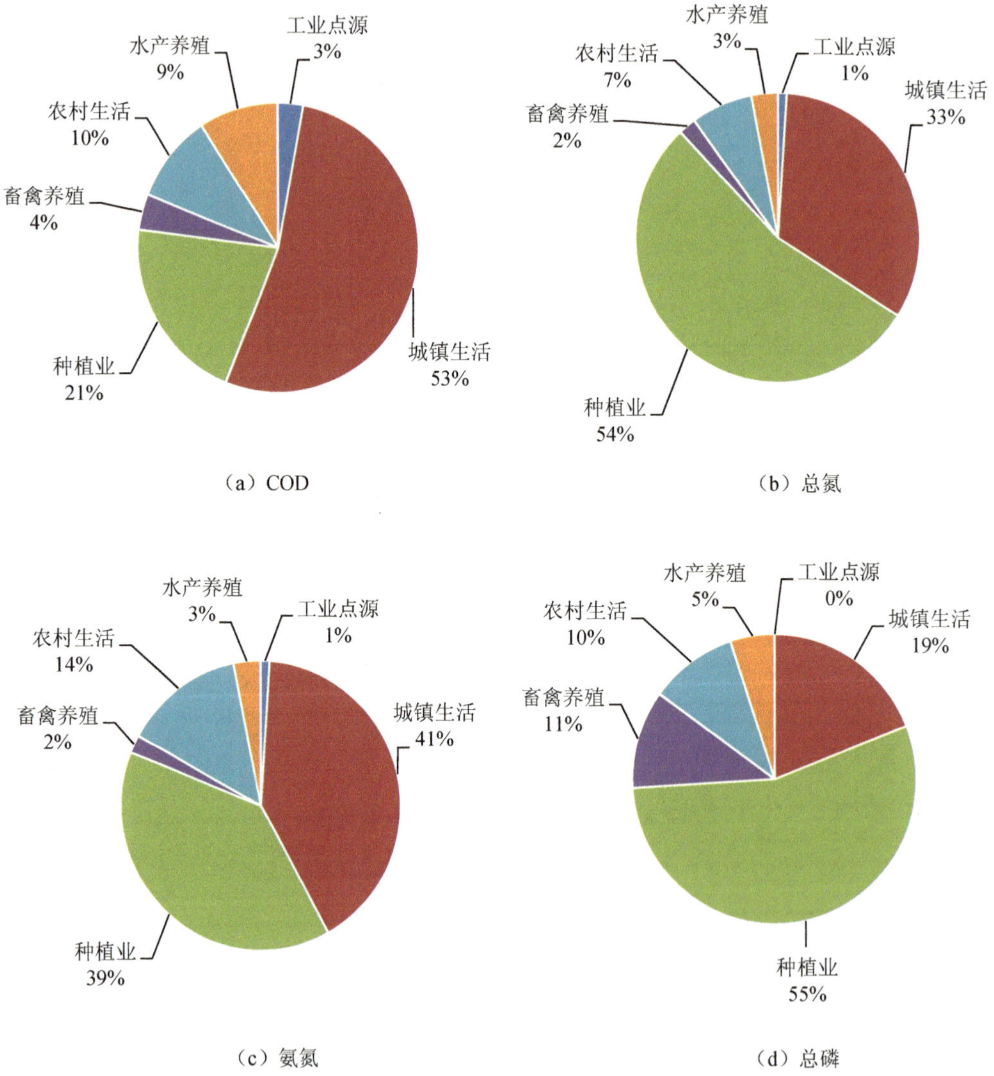

图 6-5 2017 年宜兴市主要污染物入河（湖）量

（4）精准治污有待加强，能力建设不足

近年来，宜兴市在污水处理上取得了相当的成绩，但结合目前的实际情况和未来的发展需求，整个污水系统还存在一定的局限：污水系统格局尚需进一步优化；部分污水处理厂规模偏小，不能满足今后发展要求；在污水处理厂出水方面，尽管目前宜兴市污水处理设施出水均达到一级 A 标准，但 COD、氨氮、总磷等指标均超过地表水Ⅴ类水质，对区域水环境质量影响较大，难以满足宜兴市地表水环境质量和太湖水质改善的要求。部分污水管道存在漏接、错接、混接现象，部分泵站有待新建和改造，城镇和农村污水收集需进一步强化；整个污水收集处理系统未形成统一调度运行模式；再生水利用和污泥处理处置有待进一步加强等。农村生活污水处理设施运营管理水平较低，缺乏资金保障和管理能力，全市农村地区配套建设 381 处污水处理设施，有不同程度损坏的 130 个，有设施至今未通电的 57 个，正常运行比例不超过 5%。

（5）境外客水水质波动较大，承接外源压力依然较大

宜兴地理位置敏感，承载了上游武进、金坛、溧阳等湖西地区 4 700 km^2 的过境客水，近年来，上游来水水质有所改善，但水质波动较大，区域水环境污染防治压力依然不容忽视。

（6）太湖西部滆湖生态退化区内源污染严重，亟待补齐生态短板

滆湖是宜兴的四大水系中的最大水系——太滆水系的重要源头，是江苏省第六大湖泊，位于太湖湖西区东部，是太湖流域及湖西区重要的行蓄洪湖泊，也是湖西区重要供水水源地。由于滆湖地处太湖上游，有向太湖供水的功能，其供水的水量和水质对太湖至关重要。由于经济发展和人口增长压力，滆湖围湖造地、围湖养鱼状况日益严重，不仅减少了太湖湖西区洪水调蓄面积，对流域、区域防洪产生了不利影响，而且围垦养殖、围网养殖产生的养殖污水的排放对滆湖水质产生了较大的负面影响，目前，滆湖水质呈逐年下降趋势，水体富营养化较为严重，对太湖水环境也带来了不利影响。

从历史来看，20 世纪 80 年代前的滆湖水草茂盛，水质清澈。但随着上游工业的发展，渔业养殖的无序化拓展，区域内的水生植物逐渐退化，最终成为现在的一汪浊水。特别是前些年滆湖内的围网拆除后，未及时进行生态清淤和水生植被恢复，湖体本体带来的污染未得到清除，环境问题突出，成为影响太湖西部生态环境质量的短板。

从 2021 年 1 月的数据来看，滆湖南总磷达到 0.24 mg/L、COD 为 21.5 mg/L，为劣Ⅴ类（湖库标准）水体；滆湖桥 COD 为 26 mg/L，生化需氧量为 5.9 mg/L，为Ⅳ类水体；静堂大桥 COD 为 26 mg/L，生化需氧量为 5.8 mg/L，为Ⅳ类水体，均未达到国考、省考断面的考核要求。

6.1.2.3 湿地环境脆弱，生态恢复与管理面临较大挑战

宜兴河流湿地、湖泊湿地和人工湿地累计 81.15 万亩，占全市区域面积的 27.1%，是水生态环境重要的组成部分，对提高水体自净能力、增加水环境容量具有重要作用。因受大堤割裂、围湖养殖等高强度人为干扰的影响，宜兴环太湖滨带湿地大幅缩小，湖滨带生境恶化、生态功能退化严重。滆湖和中部河网区湿地因受围网水产养殖等影响，存在缓慢退化趋势，加上湿地保护组织管理及机构队伍薄弱，宜兴市湿地不断萎缩，生态功能退化，进一步增加了宜兴市地表水环境和太湖水质改善的难度。

6.1.2.4 矿山环境恢复和综合治理亟待加强

（1）矿山地质环境影响程度较重

目前，宜兴市有露采关闭矿山 128 个，其中建筑石料用大理岩矿 2 个、建筑石料用灰岩矿 81 个、水泥用灰岩矿 3 个、建筑石料用砂岩矿 37 个、陶瓷土矿 5 个。由于矿山关闭后未开展相应的治理工作，规模均较小，地质灾害影响区内危险性中等，影响程度较严重。

1）矿山地质灾害。宜兴市大部分露采矿山前期开采时采用斜坡式无台阶露天开采，致使开采后形成的残留边坡较陡（坡度一般在 70°以上，局部近于直立，呈峭壁状），开采面高度较大（20～80 m），宕口四壁因采掘而变得参差不齐，裸露的危岩、险石随处可见，部分开采面为顺层开采，且有软弱夹层分布，为坡体岩层的崩塌、滑坡创造了有利条件。由于矿山关闭后未开展相应的治理工作，区内 51 个关闭矿山存在崩塌、滑坡地质灾害及隐患，地质灾害及隐患点共 83 处（其中崩塌灾害点 23 处、崩塌隐患点 23 处、滑坡灾害点 19 处、滑坡灾害隐患点 18 处）。在降雨等一定因素的诱发下极有可能产生灾害，对灾害影响区范围内过往行人、坡下厂房等设施造成威胁，影响程度较严重。

2）地形地貌景观破坏。宜兴市露采矿山（非砖瓦用黏土）130 个，其中生产露采矿山 2 个，露采关闭矿山 128 个。128 个矿山对地形地貌景观影响和破坏程度为严重、较严重（严重的矿山 111 个、较严重的矿山 17 个），其中露天采场和少量工业广场对原生地貌影响程度严重的矿山 109 个、较严重的矿山 21 个，对重要交通干线影响程度严重的矿山 24 个、较严重的矿山 43 个，对城市规划区影响程度严重的矿山 2 个、较严重的矿山 1 个，对风景名胜区影响程度严重的矿山 12 个、较严重的矿山 5 个；矿山开采对地下含水层及水环境影响程度均较轻。图 6-6 为张渚镇白云山建筑石料用石灰岩矿崩塌隐患。图 6-7 为湖㳇镇象牙山水泥灰岩矿现状。

图 6-6　张渚镇白云山建筑石料用石灰岩矿崩塌隐患

图 6-7　湖㳇镇象牙山水泥灰岩矿现状

（2）矿山土地损坏和浪费

矿山土地利用方面，露采矿山造成大片土地的损坏和浪费，大片的工矿用地长期荒废和闲置。矿山边坡和宕底岩石裸露，缺少植被生长所需的土壤层，矿区大片基岩和碎石裸露于地表，植被很难生长，土地功能彻底丧失。采面参差不齐、凌乱不堪，边坡高低不一、形状各异，宕底坑坑洼洼、高低不平，矿渣凌乱堆积，随处可见，积水坑分布宕底，淹没土地，造成土地资源不能充分利用。据统计，全市露采矿山共损毁土地面积 1 252.34 hm^2（生产矿山损毁土地 136.65 hm^2、关闭矿山损毁土地 1 115.68 hm^2），其中耕地 98.67 hm^2、林地 119.06 hm^2、草地 2.86 hm^2、园地 12.72 hm^2、建筑用地 786.71 hm^2、其他用地 232.30 hm^2。

宜兴市目前工矿废弃地（204 个地块）面积合计 1 863 hm^2（约合 2.8 万亩），主要分布于张渚、丁蜀、湖㳇、杨巷、徐舍等镇及屺亭街道，其他区域亦有零散分布。

6.1.2.5 土地保护形势严峻

（1）农业面源污染导致耕地质量严重下降，农业持续发展的资源环境约束趋紧

随着宜兴市城镇化和工业化水平的不断提高，部分农产品生产区域、部分乡镇农业生产基地环境遭到一定程度的污染。农田因受长期大量使用农药、农膜、化肥而造成残留剧增，畜禽粪便和农作物秸秆等种养业废弃物的环境污染问题也日趋突出。部分地区因土地污染，导致耕地质量严重下降，部分耕地已不适宜种植粮食作物。社会对农产品数量的需求持续增长，对质量、生态、安全的要求越来越高，供需矛盾突出。

（2）耕地后备资源匮乏，农业规模扩张受限

随着经济建设的发展、城镇化不断推进，出现了非农业土地需求大幅增加与供应量有限的供需矛盾。宜兴农业自然资源种类多，但农地后备资源不足，人均资源量和环境容量小。后备资源空间分布不均衡，大部分临近南部林区，生态脆弱，开发利用难度大，易引发水土流失。全市人均耕地 0.73 亩，明显低于全省平均水平，人多地少的刚性矛盾制约着农业规模的扩张。

（3）耕地破碎化分布，缺乏有效整理和利用

宜兴田间工程配套建设不完善，水利设施年久失修，存在安全隐患，农业生产条件不佳。田块间、田块和居民点间的连通性差，耕地及其间道路、沟渠、田坎等零星建设用地和其他土地等分割严重，且存在较多废坑塘沟渠和废弃土地，导致农作效率低，不利于发展现代农业和提高劳动生产率。农田防护林网尚未形成体系，不能有效改善农田环境并防止水土流失。

6.1.2.6 体制机制亟待健全

“重工程建设、轻运行管理”的现象较为突出，长效运行管理机制亟待加强。部分城镇污水处理厂管理能力欠缺；相当部分农村生活污水处理设施未能得到有效维护和运行，污水处理设施未能发挥相应的环境效益；部分湿地、资源化利用等工程项目运营管理主体不明确、责任未落实，运行管理水平较低。

生态修复工程治理中的“小散全”问题突出，缺乏“山水林田湖草”系统化框架下的综合调控对策。针对生态系统退化，宜兴市已开展了针对湿地、林地、矿山等的多项生态修复工程，但空间分布零散，缺乏整体构思。已实施项目从规模、数量、分布上仅涵盖了少数区域，无法满足区域生态恢复的需要，亟须形成“山水林田湖草”一体化框架下的综合调控对策。

6.1.3　引领区山水林田湖草保护与修复需求

宜兴地处太湖西部、沪宁杭三角中心，区域面积 1 996 km^2，是全国闻名的“环保之乡”。境内山水相依、林湖密布，山、水、林、田、湖、草等各种资源要素齐全，是江苏自然禀赋最为优越的县市之一，自古就有“阳羡山水甲江南”的美誉。多年来，宜兴坚持绿色发展理念，加强生态环境保护，区域生态环境明显改善。但是太湖西岸轻度富营养化的问题长期存在，部分河流水质不能稳定达标，作为太湖西线第一城，宜兴承接上游 4 700 km^2 客水，经宜兴“过滤”后流入太湖的水量占全太湖入湖水量的 60%以上。宜兴作为太湖上游污染“过滤器”和水质“稳定锚”的生态屏障责任重大，太湖西岸水体轻度富营养化的问题长期存在，部分河流水质不能稳定达标，昔日“化工之乡”“石材之乡”资源开发遗留环境问题未彻底清理，对比协调生态环境保护和经济发展、全面提升区域生态环境质量的生态保护引领区目标还有一定差距。亟须建立健全山水林田湖草一体化保护与修复制度。

（1）建立健全山水林田湖草一体化保护与修复制度是落实以习近平同志为核心的党中央对江苏以及太湖保护工作要求的具体行动

2013 年，全国“两会”期间，习近平总书记指出，“天堂之美在于太湖美”“江苏要把生态文明建设作为率先标准，为太湖增添更多美丽色彩”，2014 年 12 月考察江苏期间，习近平总书记殷切希望建设经济强、百姓富、环境美、社会文明程度高的新江苏，把“环境美”作为重要的目标内涵，并强调经济要上台阶，生态文明也要上台阶，走出一条经济发展与生态文明相辅相成、相得益彰的路子。习近平总书记的重要指示，为我们推进生态文明建设和太湖保护提供了行动指南、注入了强大动力。我们启动太湖重要屏障江苏省生态保护引领区山水林田湖草生态修复工程相关工作，就是为了更好地落实总书记的具体要求，更高水平开展太湖保护和生态文明建设，不辜负总书记的期望。

（2）建立健全山水林田湖草一体化保护与修复制度是引领长江经济带更高质量发展的具体行动

太湖流域地跨江浙沪“两省一市”，位于长三角核心区域，在长江经济带中占据着重要战略地位，是引领长江经济带高质量发展的龙头。“共抓大保护、不搞大开发”，这是习近平总书记为长江经济带立的规矩，习近平总书记强调，“通过立规矩，‘倒逼’产业转型升级”“给发展树立了一个前提，给产业树立了一个标杆”。太湖流域历来承载着中国经济社会发展领跑者的历史重任，也承载着引领中国流域治理的使命。通过实施太湖重要生态屏障江苏省生态保护引领区山水林田湖草生态保护修复，“倒逼”产业转型，开展生态环境系统保护与修复，走“经济发达、生活富裕、社会和谐、生态优美”的发展道路，引领长江经济带更高质量发展。

（3）建立健全山水林田湖草一体化保护与修复制度是力促宁杭生态经济发展带“强边效应”、推进长三角区域一体化高质量发展的重要举措

2018 年 11 月 5 日，习近平总书记在首届中国国际进口博览会开幕式发表演讲时提到，将支持长江三角洲区域一体化发展并上升为国家战略，2019 年 2 月，江苏、浙江两省发展改革委联合向国家发展改革委上报《宁杭生态经济带发展规划（建议稿）》，明确宁杭一带的未来发展目标是成为全国绿色发展增长极。宜兴作为宁杭生态经济带重要副中心城市之一，在宁杭线上地位特殊而重要，实施太湖重要生态屏障江苏省生态保护引领区山水林田湖草生态保护修复，一方面有利于提高宜兴市生态环境质量，将生态保护修复与生态经济发展有机衔接，走出一条顺应时代要求、符合宜兴实际、彰显生态特质的可持续发展道路；另一方面将加快宜兴成为全省乃至长三角地区重要的生态经济城市，成为绿色发展体制机制创新区和宜游宜业宜居示范区，强化宁杭经济发展带“强边效应”，加快绿色美丽长三角建设。

（4）建立健全山水林田湖草一体化保护与修复制度是落实江苏省高质量发展要求、打赢污染防治攻坚战的客观需要

2019 年 4 月 16—17 日，江苏省委书记娄勤俭在无锡和宜兴调研时说，“宜兴生态环境和市场环境持续改善”，“无锡市要努力当好高质量发展的领跑者，为全省大局作出更大贡献”。“宜兴从昔日的‘化工之乡’‘石材之乡’到今天的生态宜居之城，在生态优先、绿色发展的道路上越走越扎实，是无锡发展的一个缩影”。“要按照高质量发展的要求，弘扬低调务实、实业报国的企业家精神，牢固树立新发展理念，为‘强富美高’新江苏建设作出新的贡献，不辜负历史赋予的光荣使命”。实施山水林田湖草生态保护和修复工程，对协调生态环境保护与经济发展，提升区域生态环境质量，推进宜兴生态优先、绿色发展的高质量发展道路具有重要意义，是落实江苏省高质量发展要求的客观需要。

2016 年 12 月 1 日，中共江苏省委、江苏省人民政府印发《“两减六治三提升”专项行动方案》，提出要更大幅度地改善环境质量，切实补齐全面建成小康社会的突出短板。2018 年 10 月 7 日，中共江苏省委办公厅印发《中共江苏省委　江苏省人民政府关于全面加强生态环境保护坚决打好污染防治攻坚战的实施意见》（苏发〔2018〕24 号），提出以改善生态系统质量为核心，以保障和维护生态功能为主线，按照“山水林田湖草”系统保护的要求，加强自然保护区和生态系统保护，构建生物多样性网络，严守生态保护红线，着力解决生态保护管理中的突出问题，牢固构筑生态安全屏障。实施太湖重要生态屏障江苏省生态保护引领区山水林田湖草生态保护修复试点工程，按照山水林田湖草系统治理思路，推进“系统控源、综合整治、生态修复、长效管理”，强化宜兴市污染防治，提升区域生态环境质量，是落实江苏省“两减六治三提升”专项行动，打赢污

染防治攻坚战的基本要求。

（5）建立健全山水林田湖草一体化保护与修复制度是提升太湖流域生态功能的重要举措

太湖是我国第三大淡水湖，其农田灌溉、环境净化、生态平衡等功能为太湖流域的发展提供了强大的支撑。特别丰富的水资源养育了流域几千万人口，是环太湖城市的重要饮用水水源，其水质影响着太湖周边无锡、苏州和下游湖州、嘉兴、上海等多地饮用水水源的水质安全，保护和改善太湖水质一直是区域环境保护的重中之重，实施山水林田湖草生态保护和修复工程，是致力增强太湖流域水体“免疫力”，提升太湖流域水质的突破口和关键点，也是从根本上实现太湖流域水质持续改善、生态日益好转的现实路径。

（6）建立健全山水林田湖草一体化保护与修复制度是宜兴市必然的历史使命和责任

2017 年太湖流域监测的 108 个重点水功能区中，达标个数 63 个，达标率仅为 58.3%；太湖湖体高锰酸盐指数为Ⅲ类，总磷为Ⅳ类，总氮则为Ⅴ类。对太湖西部与全太湖水质对比研究表明，西部湖区是全太湖总磷、总氮浓度最高的区域，其浓度为全太湖的 1.5～2 倍，变化趋势与全太湖完全一致，西部湖区的水质优劣将直接影响全太湖水质平均水平。作为太湖西线第一城，宜兴地处太湖上游、流域下游，拥有 48 km 太湖岸线，承接上游 4 700 km^2 客水，经宜兴“过滤”后流入太湖的水量占全太湖入湖水量的 60%以上，污染负荷是入湖污染负荷的 60%以上，以 2015 年为例，经由宜兴入湖水量为 77.89 亿 m^3，占太湖总入湖水量的 68%，经宜兴入湖的高锰酸盐指数、氨氮、总磷和总氮分别达到 3.82 万 t、0.937 万 t、0.144 万 t 和 3.07 万 t，分别占总入湖量的 67%、75%、71%和 64%，对太湖西部湖区水质影响较大。从太湖西部湖区水质与入湖河流总氮与总磷浓度的相关性分析可以看出，入湖河流的水质是影响太湖水质的关键性因素。因此宜兴作为太湖上游污染“过滤器”和水质“稳定锚”的生态屏障责任重大，实施山水林田湖草生态保护修复工程，贯彻山水林田湖草是一个生命共同体的理念，按照生态系统的整体性、系统性及其内在规律，以打造“山青、水碧、林郁、田良、湖美”为总体目标，统筹考虑自然生态各要素、山上山下、地上地下、陆地河流以及流域上下游，进行整体保护、系统修复、综合治理，切实增强太湖生态屏障作用，努力取得生态、经济和社会效益的综合效应，率先走出一条山水林田湖草系统治理的道路，为破解太湖治理“瓶颈”，为流域治理提供可复制、可推广的经验具有重要意义。

6.2 引领区山水林田湖草系统修复制度设计

6.2.1 建设基础

宜兴市出台了《宜兴市“十三五”环境保护和生态建设规划》《宜兴市土地利用总体规划及各类专项规划》《宜兴市“十三五”工业经济发展规划纲要》等。遵循相关规划或方案，围绕宜兴市生态环境保护工作，市委、市政府组织相关部门开展了大量的保护与修复工作，开展了矿山地质环境治理、流域污染源治理、面源污染整治等工作。针对具体问题，采取点、线层面的治理，有力促进了宜兴生态环境的改善，为系统开展山水林田湖草生态保护修复工作奠定了基础、探索了路径、积累了经验、准备了条件。

6.2.1.1 政策措施

为落实习近平总书记视察江苏、在长江经济带发展座谈会以及深入推动长江经济带发展座谈会上的重要讲话精神，牢固树立和践行“绿水青山就是金山银山”的理念，统筹推进“五位一体”总体布局、协调推进“四个全面”战略布局，认真落实江苏省第十三次党代会确定的“两聚一高”新要求，作为生态保护引领区的宜兴市积极响应，先后制定并印发了《宜兴市国家生态文明建设示范市规划（2017—2025）》《宜兴市“十三五”环境保护和生态建设规划》《宜兴市生态红线区域保护规划》《宜兴市水资源保护规划》《宜兴市节水型社会建设“十三五”规划》《宜兴市水污染防治工作方案》《宜兴市城市生物多样性保护与建设规划（2012—2022）》《宜兴市土地利用总体规划及各类专项规划》《宜兴市“十三五”工业经济发展规划纲要》《宜兴市水利发展“十三五”规划》《宜兴市“十三五”现代农业发展规划》等一系列生态环境保护政策、措施，实施多项生态保护修复专项行动。

目前，宜兴市已成立山水林田湖草生态保护修复工程建设领导小组，由宜兴市市长担任组长，分管常务副市长为副组长，由宜兴市各部门及各镇（街道）等相关人员为组成成员，为太湖重要生态屏障江苏省生态保护引领区山水林田湖草生态保护修复工程试点奠定了良好的组织基础。

6.2.1.2 生态保护与修复成果

（1）流域水污染防治

2007 年以来，宜兴市委、市政府坚持“规划、建设、运行、监管”4 个统一的宜兴模式，探索走出了一条城乡统筹发展的流域水污染防治道路。“十二五”期间，宜兴市累计投入 100 多亿元，关停并转 2 000 多家污染企业，超额完成污染物减排国家任务。目前全市累计建成 11 座污水处理厂，总能力达 25 万 t/d，出水全部达到一级 A 标准；

建成污水主支管网 2 700 多 km，提升泵站 150 多座。完成城乡污水纳管 2 万多户，全市所有新建生活小区和 90%的老小区，共 3 900 多万 m^2，坚持雨污分流制，极大地提升了管网的工程效益。加大饮用水水源保护力度。实施了横山水库水源地保护、引水工程、供水主管网复线工程和城乡优质安全饮水工程，制定了《关于加强横山水库水资源保护的若干规定》，并纳入《江苏省生态红线区域保护规划》范围内，采取强力措施关停或搬迁了水库周围 30 多家化工、油漆企业，建成了太华镇污水截流工程，建成了库容 3 324 万 m^3 的油车水库，建设了氿滨水厂 10 万 t 级深度处理工程，全市饮用水水源地水质达标率达 100%。

大力实施河道综合整治。编制并实施了漕桥河、社渎港、陈东港等 9 条主要入湖河道综合整治规划。完成太湖清淤三期工程，共清淤城乡河道 744 条、743 km，疏浚土方 1 092 万 m^3。对太湖一级保护区内有序实施排污口封堵工程，完成排污口封堵 375 个。建设生态防护林 4.4 万亩、生态沟渠塘 435 万 m^2，2 559.8 亩河湖湿地得到恢复重建，同时加强水体日常保洁，入湖河流水质继续改善，优于入境水质。

在蓝藻治理上，走出了一条信息化预警、专业化队伍管理、机械化打捞、工厂化处理、资源化利用、常态化管理的新路。2007 年至今，每年组织太湖蓝藻打捞 30 万 t，相当于从水体中清除了 80.1 t 氮和 20 t 磷。

（2）林业生态建设

宜兴以“一山（龙背山）一水（团氿）一中心（体育中心）”为主体，实施龙背山森林公园、东氿公园、洑溪河公园、宜园、团氿风景区等重点工程建设以及城南河、南虹河、蛟桥河等沿河景观改造，高标准完成 7 条道路林荫化改造，新建山区及太湖绿道 20 km。建成区绿地率为 42.8%，全市林木覆盖率为 29.2%，处于江苏省前列。

（3）矿山治理

宜兴从 2003 年开始对矿山环境整治项目立项，并把矿山环境整治项目作为政府实事工程来抓，通过项目立项逐年加大投入，按照“先易后难，先重点后一般”的原则，统筹安排风景旅游区内、公路（高速、国道、省道）边、城镇边、居民住宅边的废弃宕口的整治任务，至今累计实施矿山地质环境整治项目 60 个，平整修复废弃地 430.27 hm^2，复绿坡面 73.5 万 m^2。通过实施这些矿山地质环境治理工程，宜兴市基本完成了竹海风景区、云湖风景区及宁杭高铁、104 国道、新 342 省道边线可视范围内露天采矿治理工作，有效修复了山体自然景观。

2019 年 4 月，江苏省自然资源厅批准同意宜兴市创建省级矿地融合示范区，目前，《宜兴市矿地融合示范区创建工作方案》已编制完成。

（4）土地利用优化

宜兴编制了宜兴市土地利用总体规划及各类专项规划，努力调整优化产业结构，

2011—2015 年，宜兴市先后实施了省级以上土地整治项目 5 个，建设总规模为 9 395.64 hm^2，新增耕地 185.72 hm^2。城乡建设用地增减挂钩项目建设总规模为 225.50 hm^2，新增耕地 222.31 hm^2。工矿废弃地复垦项目建设总规模为 327.16 hm^2，新增耕地 324.63 hm^2。耕地占补平衡补充耕地项目建设总规模为 1 388.37 hm^2，新增耕地 1 362.49 hm^2。

（5）体制机制建设

宜兴市坚持把生态文明建设和环境保护工作的履职情况作为政绩考核的重要内容，实行“责任一步到位、结果一票否决”，真正做到“功则奖、过必究”。加重环境保护在年度综合考评中的份量，将其考核分值从原来的 4 分增加到 13 分并拟进一步提高，对资源禀赋不同的乡镇探索实施差别化考核政策。全面实行“河长制”，对 290 条河流实行了分工包干，其中大浦港河长为江苏省委常委杨岳，社渎港河长为江苏省副省长马秋林，太滆南运河河长为江苏省生态环境厅厅长王天琦，陈东港河长为江苏省住房和城乡建设厅厅长周岚，乌溪港河长为江苏省农委主任杨时云，官渎港河长为江苏省生态环境厅副厅长潘良宝，大港河河长为江苏省住房和城乡建设厅副厅长陈浩东，洪巷港河长为江苏省南水北调办副主任郑在洲，确保实现一河一长，建立了全覆盖的“河长制”责任体系。制定《宜兴市生态红线区域保护监督管理考核暂行办法》，明确管控要求。全面落实 COD 年排放 1 t 以上的企业排污权有偿使用和持证排污，并对全市重点排污企业全面推开，氮、磷的排污权有偿使用工作也已逐步展开。积极推行绿色信贷和绿色保险，注重发挥金融机构在信贷等方面对污染企业环境行为的制约作用。

6.2.2 山水林田湖草系统保护与修复制度设计

6.2.2.1 总体目标与指标体系

以“理念指引、实践领跑”的“生态保护引领”为导向，基于流域生态修复理念，按照山水林田湖草系统治理思路，采用“系统控源、综合整治、生态修复、长效管理”的策略，在《宜兴市生态保护引领区建设规划》实施的基础上，衔接已有的自然资源、生态环境、林业、农业、水利等相关规划，通过强化山、林协同保育，推进人、田、水绿色发展，提升河-湖-草生态净化功能，实现“山青、水碧、林郁、田良、湖美”的生态格局，提升宜兴在太湖上游的“过滤器”和“稳定锚”作用，筑牢太湖重要生态屏障，率先建成美丽江苏的现实模样。

截至 2021 年，国考断面水质全部达到国家“水十条”考核要求，省考断面水质优于考核要求。历史遗留矿山地质环境恢复治理率达 65%，新增农用地面积 1 000 亩，自然湿地保护率达 53%，林木覆盖率达到 29.4%以上，生物多样性指数和生态环境状况指数继续保持全省领先（表 6-1）。生态红线管控区总面积占区域面积的比例继续保持全省领先水平。区域生态环境质量明显改善，生态保护安全格局基本形成。

表 6-1　生态保护修复指标体系

序号	指标名称		单位	2017 年	2021 年
1	生态环境状况指数（EI）		—	74.88	≥74.88
2	历史遗留矿山地质环境累计恢复治理率		%	29.1	≥65
3	地表水达到或优于III类水质的比例	国考断面	%	60	≥80
		省考及以上断面	%	59.1	≥73
4	林木覆盖率		%	29.2	≥29.4
5	生物多样性指数		—	全省领先	全省领先
6	新增农用地面积		亩	—	≥1 000
7	新增水土流失治理面积		km^2	—	≥10
8	自然湿地保护率		%	47.5	≥53

6.2.2.2　生态保护修复总体思路

在对工程区环境调查研究与资料（自然资源、林业、农业、生态环境、发展改革委等部门）收集的基础上，识别区域生态系统存在的主要问题、面临的突出矛盾，结合生态保护形势、压力，衔接已有的自然资源、林业、农业、水利、生态环境等相关规划，立足全局、加强顶层设计，开展分区研究，部署湖体生态修复措施、环太湖生态保护修复措施、宜南山区生态涵养保护修复措施和中部水系生态保护措施，在宜兴市生态保护修复面上工作的基础上，进一步实施矿山环境治理恢复、土地整治与污染修复、生物多样性保护、流域水环境保护治理、全方位系统综合治理修复五大类、19 个重点项目。

6.2.2.3　生态保护治理策略

（1）分区思路

针对宜兴市生态环境状况与人为活动压力的空间差异，结合不同区域生态功能的要求，以建设太湖重要生态屏障江苏省生态保护引领区山水林田湖草生态保护修复试点为目标，构建区域生态安全格局，突出山水林田湖草的系统性、整体性、综合性保护，以优化的空间格局为依据，基于自然地理单元、流域重要生态功能区、生态敏感区及脆弱区的分布及流域污染的分布特征，考虑行政单元相对完整性，对工程区进行生态环境保护分区，识别不同区域特征，在山水林田湖草保护总体思路的指导下，提出不同分区的治理策略及保护修复措施。

（2）生态保护格局构建

根据工程区空间分布的自然地理属性、水生态功能分区状况及污染物分布特征，兼顾流域汇水区自然属性和各行政区的相对独立性，可将工程区域划分为湖体生态修复区、宜南山区水源涵养及优质生态资源保护区、环太湖生态保护带及中部水系生态保护网“两区、一带、一网”的生态安全格局（图 6-8）。

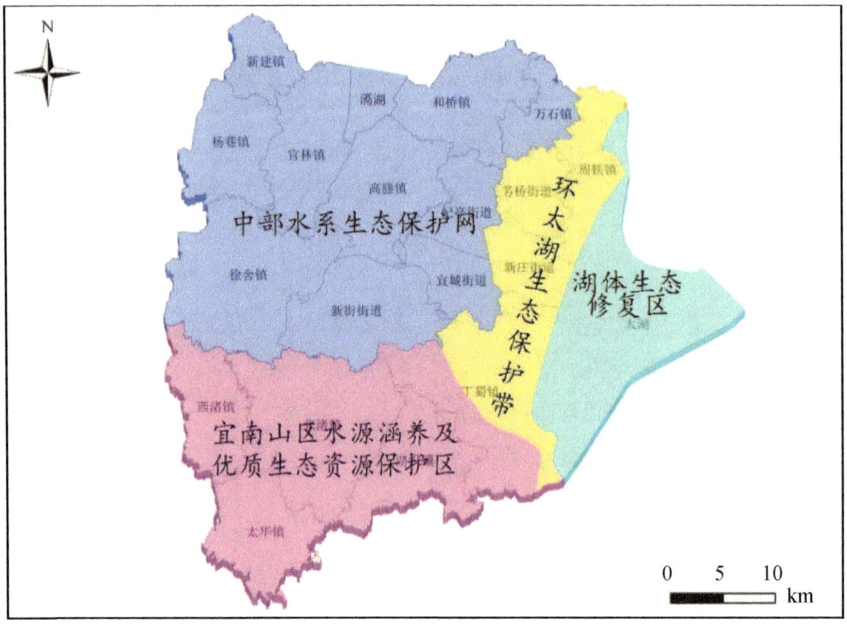

图 6-8 工程分区

湖体生态修复区，为湖体生态修复区涉及宜兴市行政管辖的太湖湖面区域，面积 244.25 km^2。太湖是浅水湖泊，适宜的气象条件直接诱发蓝藻大面积聚集。由于流域风向原因，在湖体环流的顶托下，蓝藻向西部湖区聚集，致使该区域夏秋两季藻含量高，对水体水质、观感均产生较大影响。通过实施太湖湖滨带生态保护修复，恢复水生植被，提升水体自净能力，修复受损水体。

宜南山区水源涵养及优质生态资源保护区，位于宜兴市区的南侧，南靠天目山脉，东眺太湖，西与江苏溧阳相接，宁杭高速公路、新长铁路、104 国道分别从规划区边缘穿过。范围涉及丁蜀镇局部、湖汊镇、张渚镇、太华镇、西渚镇，合计 542.73 km^2。该区域为山地—坡地—农田—城镇的多层次环境格局，拥有丰富的生物资源和优质的饮用水水资源。随着宜兴城镇化的快速发展，宜南山区作为保障宜兴市的生态系统安全的重要地区，其稳定性正受到种种威胁，自然植被的破碎及原有土地自然属性斑块改变，进而引发水资源系统、森林系统等自然生态的稳定性降低。通过协同实施湿地生态保护、矿山生态恢复、城镇绿地建设等重大工程项目，消除地质灾害隐患，恢复区内原有地形地貌景观，改善周边山体资源森林生态功能，营造出“四季常绿、和谐山水”的良好生态环境，提升宜兴市生态系统水源涵养、气候调节等服务功能。

环太湖生态保护带，为沿太湖最高水位线外延至毗邻街镇的行政辖区。范围涉及新庄街道、芳桥街道、周铁镇、丁蜀镇局部，合计 278.18 km^2。该区域地势较平坦，水系众多，湿地、湖滨带是区内生态涵养的陆域与水域的过渡区、衔接区，现状存在一定水环境、城镇、农村面源污染等生态问题。区域主要入湖河流总磷和总氮指标差距较大，部分河流水质仍有所波动，尚未实现持续性、根本性好转。区内既存在城镇发展区，也存在以工业、农业为主的产业区，承担了一定的经济、产业发展的职能。因此，环太湖生态保护带要探索保护与发展并重的发展路径。为加快太湖流域产业结构优化升级，调优太湖一级保护区内生态、生活和生产空间，严格控制农业面源污染，大力实施入湖河流总氮、总磷削减控制工程，全面提升入湖河流水环境质量；开展生态防护林、湖滨带湿地建设和修复，湖泊水生生物资源养护和水域生态修复，结合氿溪湿地建设工程打造环湖生态景观带，在太湖西岸沿湖建设规模化连片浅滩、湿地，提高太湖水体的自净能力，遏制蓝藻生长，改善太湖生态环境质量。

中部水系生态保护网，范围涉及新建镇、杨巷镇、官林镇、徐舍镇、高塍镇、和桥镇、万石镇、屺亭街道、宜城街道、新街街道，合计 931.48 km^2。区域人口密集，人均耕地面积小且破碎化分布；污染排放量较大，城镇污水管网不完善，污水收集处理率有待进一步提升，农村生活污水收集处理覆盖不全，是城镇污染、工业企业及农业农村面源高污染区域。通过提高污染物的收集、处置能力，土地整治和修复从源头削减污染，实施河道整治工程，降低内源污染负荷，实现清水自生、生态扩容。

上游涵养、陆源截污、湖滨缓冲、湖体修复四区工程并举，入湖污染负荷显著降低，太湖周边生态环境质量显著改善，天然生态屏障基本筑牢。

（3）工程实施内容

为构建太湖上游“两区一带一网”的生态格局，针对重要敏感的生态问题，在宜兴市生态保护修复面上工作的基础上，进一步实施矿山环境治理恢复、土地整治与污染修复、生物多样性保护、流域水环境保护治理、全方位系统综合治理修复五大类、19 个重点项目。强化山、水、湖、田、湿地等受损环境要素的治理修复，推进森林、生物多样性等优质资源的保护提升，提高区域生态系统的稳定性及其持续稳定提供生态服务的能力，促进区域和谐稳定。

全方位系统综合治理修复项目包括丁蜀镇沿太湖 3 km 缓冲带退渔还湿项目和重点河湖水生植被恢复工程。退渔还湿工程通过拆圩平塘、恢复湿地，避免养殖废水中有毒、有害物质入湖；生态修复工程通过构建植被缓冲带，滤留陆源污染物，改善湖滨生态环境。

流域水环境保护治理项目包括河流生态综合治理及环保基础设施建设两小类。河流生态综合治理工程通过新建护岸、加固堤防、疏浚河道，达到畅通水系、提高防洪能力，改善水生态环境的目标。环保基础设施建设工程通过建设大型垃圾转运站和污水管网，实现垃圾转运的集约化和规模化以及城乡污水管网的高覆盖。

生物多样性保护项目包括生态廊道绿化建设、自然保护地建设、生态保护红线区域保护、生物多样性保护四小类。生态廊道绿化建设工程通过对城镇道路、重要水系和湖泊生态廊道强化林木种植，提升区域生态多样性和森林覆盖率；自然保护地建设工程通过完善保护设施、加大野生动植物保护力度，更好发挥森林在水源涵养、吸碳释氧等方面的生态效益；生态保护红线区域保护工程通过加强宜兴市生态红线区域保护与监管，为提升生态文明建设水平，实现区域经济社会的可持续发展奠定坚实的生态基础；生物多样性保护工程通过系统评估宜兴市的生物多样性信息，为宜兴市生物多样性保护、管理和决策提供科学依据。

土地整治与污染修复项目包括高标准农田建设、水土流失治理、农业面源污染治理、重点行业企业用地土壤污染状况信息采集和风险筛查四小类。高标准农田建设工程以规模化的高标准农田替代碎片化的零散耕地，提升土地利用率和农业规模效益；水土流失治理工程通过提高植被覆盖率，减少水土流失面积；农业面源污染治理工程通过建设农业示范基地及配套的资源化利用体系、生态修复系统，加强农田生态环境的修复与提升；重点行业企业用地土壤污染状况信息采集和风险筛查工程与防控工程通过建立污染地块清单和优先管控名录，为土壤环境监管、土壤污染治理与修复提供基础支撑。

矿山环境治理恢复项目包括毁损山体治理、自然地质灾害防治、工矿废弃地复垦利用三小类。毁损山体治理工程通过开展矿山的综合治理，改善生态地质环境、提高周边地区土地开发利用价值；自然地质灾害防治工程通过消除地质灾害隐患，保障周边居民群众生命财产安全；工矿废弃地复垦利用工程通过对工矿废弃地开展复垦，改善生态环境、增加耕地面积。

预计通过以上项目的实施解决区域内的关键生态问题，恢复全区山水格局，优化生态空间格局，保障生态系统良性循环，维护区域生态平衡，提高生态服务功能和生物多样性水平。

6.2.3 建设成效评价

通过统筹矿山环境治理恢复、土地整治与污染修复、生物多样性保护、流域水环境保护治理、全方位系统综合治理修复五大类共 19 个重点项目的实施，增加污水支管网约 120 km；完成城区 14 条黑臭河道治理；完成烧香港、大团河、厍溪河、白云溪河、钟张运河的清淤和整治，共计整治河道 15.64 km，疏浚土方 102 万 m^3；恢复湿地 9 535 亩；新增绿化面积 20 万 m^2；建成 2 万亩高标准农田，新增农用地面积 786 亩；新增水土流失治理面积 18 km^2；治理山体坡面 5 400 m^2。环境质量明显改善，生态系统稳定性明显增强，生态产品供给能力显著提升，累计新增生态产品价值 2.84 亿元。宜兴市山水林田湖草保护修复工程实现“山青、水碧、林郁、田良、湖美”一体化保护修复，“两区一带一网”生态安全格局基本形成，提升宜兴在太湖上游的“过滤器”和“稳定锚”作用，筑牢太湖重要生态安全屏障。先后获得“国家生态文明建设示范市”“江苏省生态园林城市”“国家全域旅游示范区”等荣誉。

6.2.3.1　环境效益评价

（1）污染物削减效益

经测算，如表 6-2 所示，通过恢复水生植被、新增湿地、实施清淤等工程，将实现二氧化碳固定 494.3 t，COD 削减 3 268 t，总氮削减 182.6 t，氨氮削减 95.1 t，总磷削减 37.25 t。

表 6-2　污染物削减量核算

序号	项目类别	指标名称	指标值	指标计算方法及含义
1	全方位系统综合治理修复	重建水生植被年污染物削减量	固碳 494.3 t/a、总氮 182.6 t/a、总磷 30.1 t/a	按每亩每年固碳 574.75 kg，去除总氮 21.23 kg、总磷 3.5 kg 进行估算
		新增湿地年污染物削减量	COD 4.44 t/a、氨氮 0.36 t/a、总磷 0.07 t/a	按每亩每年去除 COD 10.33 kg、氨氮 0.83 kg、总磷 0.17 kg 进行估算
2	流域水环境综合治理	清淤污染物削减量	COD 3 263.6 t/a、氨氮 94.74 t/a、总磷 37.18 t/a	按清除每吨淤泥，可去除 COD 1.813 kg、氨氮 0.052 5 kg、总磷 0.020 6 kg 进行估算
3	合计	固定二氧化碳/t	494.3	加和
		COD 削减量/t	3 268	加和
		总氮削减量/t	182.6	加和
		氨氮削减量/t	95.1	加和
		总磷削减量/t	37.25	加和

（2）生态环境效益

通过山水林田湖草系统保护修复，宜兴市环境质量明显改善，在全省率先建成交通、供水、供气、污水处理、垃圾处理 5 个一体化工程，城镇生活污水处理率达 97.18%，城镇生活垃圾无害化处理率达 100%；主要入太湖河道水质逐年提升，2020 年宜兴市省考以上断面达到或优于Ⅲ类水质比率 88.9%，连续 13 年实现太湖安全度夏，饮用水水源水质持续稳定达标；大气污染物浓度逐年下降，空气质量明显好转，细颗粒物（$PM_{2.5}$）浓度年均值为 30.4 μg/m^3，同比下降 18.9%，$PM_{2.5}$ 浓度位列全省/无锡市各区县第一梯队，在全省 54 个县（市、区）中排名第五位，达到宜兴历史最佳水平，臭氧（O_3）8 小时浓度（以臭氧日最大 8 小时均值第 90 百分位浓度计）为 169 μg/m^3，继续实现“双达标”。

空气优良天数比例为 82.5%，相比 2016 年提高 25.7 个百分点。生态环境优美宜居，生态红线区域占区域面积比例达 36.3%，林木覆盖率达 29.2%，处于全省领先。

（3）生态系统服务功能提升

生态系统服务是指通过生态系统的结构、过程和功能直接或间接得到的生命支持产品和服务，生态系统评估将生态系统服务分为供给服务、调节服务、支持服务和文化服务四大类，并进一步细分为食物生产、原料生产、水资源供给、气体调节、气候调节、净化环境、水文调节、土壤保持、维持养分循环、物种保育和美学景观 11 种服务功能。其中，食物生产功能是指各生态系统将太阳能转化为能食用的植物和动物产品的功能；原料生产功能是指将太阳能转化为生物能，给人类作建筑物或其他用途的功能；水资源供给服务功能是指由各生态系统提供的，为居民生活、农业（灌溉）、工业过程等使用的水资源；气体调节功能是指生态系统维持大气化学组分平衡，吸收 SO_2、氟化物、氮氧化物的功能；气候调节功能是指对区域气候的调节作用，如增加降水、降低气温的功能；净化环境功能是指植被等生物去除和降解多余养分和化合物，滞留灰尘、除污等，包括净化水质和空气等；水文调节功能是指生态系统截留、吸收和贮存降水，调节径流，调蓄洪水、降低旱涝灾害的作用；土壤保持功能是有机质积累及植被根物质和生物在土壤保持中的作用以及养分循环和累积的功能；维持养分循环功能是指生态系统对 N、P 等元素与养分的获取、储存、内部循环和处理功能；物种保育服务是指生态系统为珍稀濒危动植物物种提供生存与繁衍的场所，从而对其起到保育作用的作用和价值；提供美学景观的功能是指生态系统具有（潜在）娱乐用途、文化和艺术价值的景观的作用。

生态系统服务价值核算是对生态系统本身可被利用（或破坏）和其提供的能够被人类获取惠益的产品或服务的价值评估。本研究对宜兴市山水林田湖草生态修复工程实施后创造的生态系统服务价值进行了初步核算。截至 2020 年年底，宜兴市山水林田湖草生态修复工程所产生的生态价值总量累计为 2.84 亿元，其中调节服务价值量最高，为 19 586.55 万元，占总项目生态服务价值的 68.85%，其次是支持服务价值，为 5 412.29 万元，占总价值量的 19.03%；供给服务价值和文化服务价值较低，分别占价值总量的 7.93%和 4.19%。

6.2.3.2 社会效益评价

通过生态修复、河网综合整治等项目，有效恢复了流域的自然生态系统，推动了生态系统的自我调节能力与自组织能力向有序的方向进行演化，实现了人与自然的和谐共生。通过污水管网和垃圾处理设施的建设，宜兴市成为全国污水处理设施和垃圾处理设施覆盖率、处理标准最高的地区之一，提升了城市形象，提高了群众满意度。通过建设高标准农田，提高了农产品品质和农民收入，改善了农村人居环境，有利于推进乡村振兴战略的实施。通过矿山治理，消除了地质灾害隐患，遏制了水土流失现象的发生，改善了周边居民生产生活环境，有力保障了人民生命财产安全。

太湖流域是我国经济最为发达地区之一，所面临的环境与发展问题深刻而复杂，宜兴市山水林田湖草生态保护修复试点工程的开展，对指导其他流域的综合治理具有重要的指导意义。

6.2.3.3　经济效益评价

实施生态保护修复工程，不仅可以避免或降低生态问题发生概率，有效保护或减轻因灾可能造成的经济损失，支撑工程区绿色发展、和谐发展、统筹发展，还有助于实现产业结构的优化调整，促进林果业、畜牧业、农副产品商贸流通业、旅游业等相关产业的发展，有效拉动内需，促进就业和劳动收入的提高，促进生态与经济“双赢”，经济效益提升十分显著。

6.3　山水林田湖草系统保护与修复制度评价

山水林田湖草系统保护与修复工程实施的重要目标是维护和提升区域生态系统服务。宜兴市山水林田湖草系统保护与修复试点工程从宜兴市的生态现状与功能出发，以维护和提升太湖上游引领区重要生态系统服务，打造“山青、水碧、林郁、田良、湖美”为目标，结合山水林田湖草等自然本底要素和面上工程，制定了“一目标、四重点，六要素、多工程”的宜兴市山水林田湖草生态保护与修复体系，并基于此将宜兴市生态保护修复分为 4 个主要治理区域，形成“两区、一带、一网”的生态安全格局。通过高位谋划和具体工程实施，流域生态环境质量和生态服务能力取得明显提升，水环境质量稳定达标，生物多样性持续改善，生态系统的稳定性明显加强，太湖上游生态安全屏障基本筑牢。

6.3.1　引领区山水林田湖草保护修复示范模式

（1）建立多部门、多层次、跨区域的协调机制，坚持区域联动、部门协同

习近平总书记指出，山水林田湖是一个生命共同体，人的命脉在田，田的命脉在水，水的命脉在山，山的命脉在土，土的命脉在树。用途管制和生态修复必须遵循自然规律，如果种树的只管种树、治水的只管治水、护田的单纯护田，很容易顾此失彼，最终造成生态的系统性破坏。推进山水林田湖草系统治理，必须打破条块分割的管理模式，有效克服生态治理碎片化问题，建立多部门、多层次、跨区域协同推进的工作机制，以国土空间用途管制为基础，统筹各类规划、资金、项目，对山水林田湖草进行一体化保护、一体化修复，变“各炒各的菜、各吃各的饭”为“各炒拿手菜、共摆一桌席”。要强化各部门之间、各地区之间的协同和信息共享，做到目标统一、任务衔接、纵向贯通、横

向融合，提高山水林田湖草一体化保护修复的效率。

宜兴市建立了多部门、多层次、跨区域的协调机制，成立宜兴市山水林田湖草生态保护修复工程建设领导小组，由宜兴市市长担任组长，分管常务副市长为副组长，宜兴市发展改革委、财政局、自然资源和规划局、生态环境局、公用事业局、水利局、农业农村局、住房和城乡建设局等各部门及各镇（街道）相关人员为组成成员，印发了《太湖重要生态屏障江苏省生态保护引领区山水林田湖草生态保护修复工程实施监督管理细则（试行）》，对项目进度、资金使用与管理、审计监督与绩效评估进行了详细要求，明确各单位职责，打破了以往条块分割的工作局限，凝聚工作合力，使各生态要素各守其位、均衡发展。

（2）实行生态系统健康诊断制度，坚持问题导向、精准施策

生态系统健康是反映生态系统结构和服务功能良好的重要指针，健康的生态系统具有旺盛的活力、稳定的组织结构、强大的恢复力和完善的服务功能，统筹推进山水林田湖草系统治理的终极目标，就是要构建健康稳定的自然生态系统。开展山水林田湖草系统治理，必须建立健全生态系统健康诊断技术体系，全面推行生态系统健康诊断制度。要综合运用物种法、结构功能指标法、生态系统失调综合征诊断法、生态系统健康风险评估法、生态脆弱性和稳定性评价法、生态功能评价法等生态系统健康诊断方法，构建包括活力、组织、恢复力和服务功能在内的评价指标体系，全面开展生态系统健康诊断，以问题为导向实施生态治理，确定系统治理方案和措施，真正做到缺什么补什么，有什么问题解决什么问题，哪里问题突出重点治理哪里，找准症结，对症下药，提升山水林田湖草系统治理的针对性和有效性。

宜兴市根据自然地理属性、地形地貌特征，将宜兴市分为南部丘陵山区、北部河湖密布区、东部环太湖区三大片区。其中南部丘陵山区以张渚镇为代表，早期的开山采石对土壤和植被造成了严重的破坏，水土流失现象严重。北部河湖密布区耕地破碎化分布，垃圾处置能力不强，生活污水管网收集率低，水体污染现象较为严重。东部环太湖区污染源结构复杂，面源污染物随地表径流进入入湖河道，湖滨带生态系统退化严重，藻类大量繁殖。

在各片区的工程安排上，突出问题导向，精准施策，以点带面，引导生态系统的自我恢复。在南部丘陵山区，通过实施矿山治理工程，不仅消除了地质灾害隐患，也恢复了区内原有地形地貌景观，极大改善了周边山体资源森林生态功能，营造出“四季常绿、和谐山水”的良好生态环境。在北部河湖密布区，通过建设大型垃圾转运站、污水管网，提高污染物的收集、处置能力，从源头控制污染；通过建设高标准农田，实现科学高效的集中化管理，从源头削减面源污染；通过实施河道整治工程，降低内源污染负荷，实现清水自生、生态扩容。在东部环太湖区，通过临湖区域植被恢复工程、退渔还湿工程

拦截陆源污染进入入湖河道，通过滨岸带生态修复工程，修复太湖湖滨带生态系统，改善太湖水质。陆源截污、退渔还湿、生态修复 3 项工程并举，入湖污染负荷显著降低，太湖周边生态环境质量改善显著，天然生态屏障基本筑牢。

（3）深入推进河长制，生态保护修复体制机制更为健全

宜兴市是全省、全国率先探索河长制的地区之一，宜兴市制定出台《宜兴市全面深化河长制实施方案》，河长制管理办公室的机构设置和职能得到优化完善，河长办的职责和河长的责任进一步明确；市镇村三级河道河长调整到位，编制完成市镇重点河道"一河一策"，实现全市各类水域河长制管理全覆盖，建立联席会议、数据共享等 8 项制度，有效督促河长责任落实。治理手段上，推出"河长制"App，不但创新河长制管理方式，也为宜兴开启"掌上治水"新时代。实施河道精准治理模式，探索建立市域全覆盖的水质监测"天网工程"，为动态监管和精准治理提供依据；同时，借助专业化、市场化力量，提升空气重点污染因子防控水平。考核方式上，以宜南山区为重点，创新实施经济发展差别化考核，全面提升生态文化旅游业考核权重。

（4）创新治理模式，探索新鱼米之乡建设路径

通过农村人田和谐发展示范区项目建设，充分与美丽田园乡村建设、特色小镇建设、农村人居环境整治等工作融合，推进生产系统和生活系统循环链接，创新建设和运营模式，系统谋划"新鱼米之乡"的实现路径。

一是统筹推进农业面源治理、农业循环经济和清洁生产、农村生活污水治理等各项建设任务，解决突出环境问题。通过建设粪污收集与农田肥料化利用系统对污染物进行资源化利用，通过建设生物诱虫、蔬菜种苗中心水肥一体化智能节水系统减少农药、化肥施用量，通过建设生态环境修复系统对农业面源污染进行末端治理，"五位一体"有效解决了农村生活污水收集率低、农业面源污染严重的问题，先进的治理模式为后续的产业化运作打牢了基础。

二是创新投融资模式和运营管理方式，引导社会资本和广大农民参与"新鱼米之乡"建设。杨巷镇政府创新治理模式，引入社会资本组建宜兴市兴杨现代农业发展公司，以农村人田和谐发展示范区项目为依托，探索生态修复项目化运作和公司化经营模式。通过一产提质、二产带动、三产提效的方式，使示范基地集成果展示、示范推广、辐射带动、信息服务、科普教育、农旅融合为一体，塑造了主体鲜明的稻作文化景观，提升了杨巷水稻品牌的影响力，实现了水稻生产与观光休闲旅游融合发展，真正做到了让农村美起来、农民生活好起来。

6.3.2 引领区山水林田湖草保护修复建议

（1）建立以流域为单元的工程规划体系，坚持上溯下延、系统治理

党的十八大以来，以习近平同志为核心的党中央高度重视流域生态保护修复，先后实施了长江经济带发展、黄河流域生态保护和高质量发展等重大战略，大力推进流域生态系统综合治理，以全流域谋一域、以一域服务全流域。流域是重要的自然地理单元，也是自然生态系统中能量流、物质流的重要载体，流域内的水文、植被、土壤等各个自然要素具有“牵一发动全身”的特点。如果只关注下游生态治理，不重视上游的源头治理，就会产生“多米诺骨牌”效应，使治理成果功亏一篑。只有把流域作为一个整体或一个系统来进行综合治理，才能取得事半功倍的效果。宜兴地理位置敏感，承载了上游武进、金坛、溧阳等湖西地区 4 700 km^2 的过境客水，近年来，上游来水水质有所改善，但水质波动较大，区域水环境污染防治压力依然不容忽视。因此宜兴市在推进山水林田湖草系统治理的过程中，要深刻认识水在生态单元形成中的重要作用，充分考虑上游区域是否得到有效治理，同时还要考虑工程建设对下游的影响，强化系统风险评估，加强统筹干支流、上下游、左右岸、跨区域协同治理能力。

（2）实行以专业化队伍为主的工程实施模式，坚持标准引领、高起点推进

山水林田湖草系统治理是一项科学性很强的系统工程，需要遵循生态系统内在规律，体现区域特点，将着力点放在提升生态系统质量和功能上，既不能简单地理解为挖坑栽树，也不能认为有绿就是成功，不能用消灭荒山荒地的传统做法来实施山水林田湖草系统治理工程。必须加快完善生态治理工程技术标准体系，对工程建设实行全过程标准化管理，严格按标准设计、按标准实施、按标准验收。同时，要实行以专业化队伍为主的工程实施模式，培育一批高水平、高素质生态保护修复专业化队伍，用专业化技术、现代化装备、信息化管理手段，高起点、高质量推进山水林田湖草系统治理。

（3）牢固树立“绿水青山就是金山银山”的理念，促进生态产品价值实现

习近平总书记强调，经济发展不能以破坏生态为代价，生态本身就是经济，保护生态就是发展生产力。要通过改革创新，让土地、劳动力、资产、自然风光等要素活起来，让资源变资产、资金变股金、农民变股东，带动贫困人口增收，推动区域经济可持续发展。推进山水林田湖草系统治理，必须牢固树立和自觉践行“绿水青山就是金山银山”理念，以高质量发展为根本要求，以供给侧结构性改革为主线，正确处理保护与利用、生态与经济的关系，既要“绿水青山”、也要“金山银山”，建立生态产品价值顺利实现机制，让“绿水青山”有效转变为“金山银山”，实现生态效益、经济效益和社会效益的有机统一。要有计划地发展特色经济林、林下经济、森林康养等林草特色产业，建立起适宜自然资本禀赋和良性循环的生态经济发展模式，在发展中保护、在保护中发展，

在加强生态保护修复的同时推进资源可持续利用、带动农民增收致富、支撑区域经济发展，走出一条生产、生活、生态“三生共赢”的绿色发展之路。

（4）完善“天空地”一体化监测评价体系，坚持精准监测、量化评估

现代化监测评价体系是生态治理体系和治理能力现代化的重要组成部分，是编制生态治理规划、监测工程进展、评估生态建设效果的重要手段。要推动新一代信息技术与生态治理融合发展，加强互联网、大数据、物联网、云计算、人工智能等先进技术在生态治理领域的应用，构建“天空地”一体化监测体系和大数据平台，开展山水林田湖草生命共同体承载能力、适宜性、脆弱性、敏感性评价，构建山水林田湖草生态系统变化发展预测模型，模拟预测未来气候情境、社会经济情境和政策制度情景下的国土生态安全格局，为山水林田湖草系统治理奠定坚实的科学数据基础，为系统编制空间规划、布局生态保护与修复工程、完善自然保护地体系等提供基础数据支撑。要整合现有监测资源，强化组织机构与监测队伍建设，运用遥感技术、全球定位技术、地理信息系统技术、数据库技术和网络技术等高新技术手段，实现科学高效、综合灵敏、方便实用的信息采集，多目标、多层次、全方位的综合评价，系统化、网络化、智能化的信息管理与服务，全面提升信息采集处理能力、综合评价能力、适时监控能力、快速应对能力和预测预警能力，动态实时监测生态治理工程进展，精准评估治理效果，通过治理效果反馈机制，为适时调整生态治理策略提供科学依据。

第7章

精细化水生态环境监管体系研究

7.1 生态环境监管体系现状评价

7.1.1 相关研究进展

7.1.1.1 我国水生态环境监管制度体系的变革

生态环境监管体制是在国家总体设计的指导下，生态环境监管部门依据相关法律法规，运用行政权力对生态环境进行统一的监督管理的责任机制以及存在于各个生态环境监管机构内部（或各个机构之间）的组织架构、权责分配和运行模式等形成的体系制度。[50]

2015年以来，国家在环保督察的顶层设计层面逐步推进环境保护督察制度的法治化和制度化建设。中央深化改革小组十四次会议审议通过的《环境保护督察方案（试行）》，提出了要建立环保督察工作机制，严格落实环境保护主体责任等有力措施，在第一时间抓住了改善我国生态环境监管保护问题的核心所在。新《中华人民共和国环境保护法》虽然对环境保护部门监督管理下属环保部门授予了一定权限，但在实际操作层面，与之相配套的政策却并不完备，虽然做到了有法可依，但缺乏一套系统完备的法律体系作为支撑。

2016年以来，中央环保督察已基本实现30多个省（区、市）全覆盖，其监管对相关违法企业起到了强有力的震慑作用，对于违法企业、党政领导干部进行严肃问责追责，切实解决了一批老百姓热切关注并在信访举报中多次提及的生态问题。中央环保督察取得的这些成效来源于生态环境监管体制改革带来的积极因素。

党的十九大对生态环境监管体制改革做出新部署，要求进一步理顺环保管理体制，使监管能够“一竿子插到底”，对生态环境监管下达了硬指标和硬任务。

从生态环境监管制度体系的演变过程来看，我国的生态环境监管体制机制与经济社会的高速发展是相适应的，经历了从无到有、从初步建立到比较完善的过程。历经了多次生态环境监管体制改革后，我国生态环境监管体制逐步呈现出中央统筹监管与地方协调监管相结合、相关环保部门专项监管与其他职能部门分工监管相结合的监管模式。就生态环境部内部而言，整合了相关的生态环境方面的执法队伍，组建了一支新的生态环境保护综合执法队伍，各个统管部门与分管部门之间处于平等地位，不存在特殊的隶属关系。

随着生态环境监管机构的演变，生态环境监管的主体范围也在不断扩大。我国的生态环境监管一直属于“政府强制型”，在改革之初，人们普遍认为生态环境监管是政府的事情，政府作为生态环境监管的唯一监管主体主要通过制定相关政策、颁布相关法令等方式来开展生态环境的监管工作。

然而，随着生态环境问题的频发和生态环境问题的日趋严重，仅仅依靠政府监管这种单一的行政力量已经很难应对日趋复杂的生态环境监管工作。市场机制的引入，让越来越多的企业、第三方环保公益组织和社会公众也有机会参与到生态环境的监管行列中，成为维护生态安全的有力保障，生态环境监管主体也日趋多元化，形成了以政府为主导、社会多元主体共同参与的多元共治生态环境监管体制。

7.1.1.2　水生态环境监测相关研究

随着水环境综合分析技术能力的不断提高，监测点位的布置也更加具有科学性和合理性。王霞等[51]提出，监测点位的布置需要全面真实地反映所在水环境区域的水生态质量状况和特征污染物的分布状况，优先在国控、省控和市控监测断面的基础上进行增添和删减，充分利用历史水环境监测数据，水生态监测布点监测网络要满足对流域水质污染的目标任务考核要求以及满足目前水环境管理的需要，包括对各监测断面进行评价和排序，监测点位应具有多功能性。金小伟等[52]在监测点位的设置上提出应充分考虑水域和周边环境的自然生态状况、人类活动的影响强度以及生物监测技术需求，以满足监测和评估目的为宗旨，点位布置需要遵循以下原则：尽可能地利用现有的水质和水生态监测点位；在采集样本方面，对水体单一指标或多项指标具有较好的代表性；水生态监测点位与水文监测、水质理化监测点位位置尽量相同，可以获得更充分的信息，来解释生态效应的观测结果；水生态监测点位要涵盖多种水环境类型；在确保监测必要的精确度和样品量的前提下，监测点位数量要尽量减少，点位的设置要兼顾技术标准和投资费用；如果需要在大范围的流域进行水生态环境的监测布点，监测点位需要尽量覆盖整个流域范围；如果需要针对某个水环境区域进行污染源的调查，则需要在该流域范围内适当加密监测。

在基于水生态功能分区的水环境质量评价上，杜飞等[53]通过建立黑河流域水生态健康评价指数计算公式，计算各水生态功能区水生态健康综合评分，并对黑河流域水生态健康状况进行分级，划分为了5个等级，分别为相对良好、相对较好、相对一般、相对较差、相对极差。通过对水生态健康的综合评价结果的分析，得到黑河流域上游两个地区水生态健康状况比较好，主要原因是上游地区污染较少，而且人类活动影响也比较小。黑河流域中游两个地区水的生态健康状况比较一般。原因主要是中游地区人口密度比较大，人类活动干扰比较大，在农业面源污染方面也对水生态健康造成了一定的影响。中下游两个地区主要是荒漠地形，水资源较少，植物覆盖率低，因此水生态健康状况较差。黑河流域下游地区虽然河流没有外在污染，但由于来水较少，河流经常断流，水流动性很差，导致下游地区水生态系统非常脆弱，水生态健康状况同样比较差。王丽娜[54]通过熵权法，确定了9项指标来作为理化指标的评价因子，分别为溶解氧、化学需氧量、五日生化需氧量、总氮、氨氮、总磷、高锰酸盐指数、氟化物和粪大肠菌群。通过水生生物监测数据和水生态环境调查结果，对松花江流域水生态健康进行了综合评价。对流域内5个功能分区使用综合评价法进行水生态综合指数（WQI）计算。结果得到生境维持功能区的水生态综合指数为3～4，说明该功能分区的水生态健康状况较好。水资源支持功能区的水生态综合指数为3.1～3.6，农业生产功能区的水生态综合指数为3.3～3.9，说明流域内农业生产功能区的水生态健康状况较好，且比较稳定。城市支撑功能区的水生态综合指数为2.9～3.6波动，指数大体趋势为先降后升，说明水生态健康状况由轻微污染变为良好。时艳婷[55]在对熵权法赋权进行流域水环境的综合评价的理论基础上，设计了基于水生态功能分区的流域水环境评价模型，主要涵盖数据层、支持层和应用层3个层次以及3个基本功能模块，模块内容包括模型管理、综合评价和信息跟踪。通过功能模块可以实现对水生态环境的快速便捷评价，包括理化指标、生物指标以及生境指标3个方面，评价结果可以进行可视化处理并且提供便捷查询服务，极大地提高了水生态环境评价的效率。宋蒙蒙等[56]通过在渭河布点监测，通过构建生态系统完整性指数（IEI）评价体系开展生态系统完整性评价，通过与浮游生物完整性指数（P-IBI）和水质评价结果差异分析后得出 IEI 可以作为河流健康状况评价的一种新方法，并可以改进P-IBI、水质评价评价结果，同时也可在其他河流健康评价中进行推广应用。刘鹏[57]和董文灵[58]将水生态指标标准化后做多边形图，然后结合地理信息系统将水生态几项重要指标直观地展示出来，可以对整个流域的水生态状况有个更直观的认识。

在监测点位优化方面杨成江等[59]选用贴近度法对吉林省松花江干流段12个监测断面进行优化研究，根据所得各监测点数据与标准点数据推算出贴近度，通过对贴近度相似点位的聚类分析后，得到临江大桥、白山大桥和镇江口3个断面的数值较为相近，因此考虑对其中断面进行删减，节约监测成本。然后通过SPSS软件使用 t 值检验法对数值接近的监测断面的数据和结果进行了验证，最后经验证后得到3组监测断面数据之间并无显著性差异，由此可得3个断面的数据及结果取其中一个即可，可以对另外两个监测断面进行删减。顾红明[60]通过聚类分析法对上海市金山区河流进行监测网络优化，将现有的 46 个监测点位优化为 33 个，经过 t 检验和 F 检验后显示优化断面和原断面间无显著性差异，因此贴近度法和聚类分析法在流域水质监测断面优化中的应用是可以被认可的，但在优化调整过程中主要是通过理论方法分析，并未考虑监测点位的水生态健康情况。

国外对于水生态健康研究也比较多，并提出了一系列计算和评价的方法。在 20 世纪 80 年代，河流的水环境管理从单一的水质目标转为水环境的综合管理以及水生态的保护，之后通过研究开始出现各种水环境健康的监测和评价方法，如生物完整性指数（index of biological integrity，IBI）、河流无脊椎动物预测和分类系统（river invertberate prediction and classification system，RIVPACS）等。从 20 世纪 80 年代以来，美国开始根据不同的地貌、土壤和植被等进行水生态功能区的划分，在 1981 年，Karr 等[61]提出以生态完整性指数的评价方法，通过运用河湖物种的多样性分析河湖生物群落和功能，此方法得到普遍应用。美国国家环境保护局（USEPA）在 1998 年按照水生态功能对不同的水体开发有针对性的监测指导手册。从此河流分类研究不断得到发展，许多类似体系得以提出，并进一步整合了地貌学概念，使之有效地用于水生生物多样性保护、河流健康评价以及水质管理策略等。[62]欧盟将地表水质量分为生态状况和化学状况两个方面，生态状况包括了生物质量、水文地貌和特殊污染物的状况，各国有相应的生态评估标准和方法。另外美国、澳大利亚、英国和南非在评价河流生态质量方面开展了大量的工作，其中具有代表性的评价方法有基于生物完整性指数（IBI）的美国快速生物评价方案（RBPs），欧盟水框架指令（WFD），多指标评价方法（MMIs），澳大利亚的溪流状况指数（ISC），澳大利亚河流评价计划（Aus Riv AS），英国的河流无脊椎动物预测、分类系统（RIVPACS）和南非的河流健康计划（RHP）等。[63]评价的要素主要涵盖河流生境（或称栖息地）、生物要素、水质物理化学要素。各个国家在评价要素方面基本一致，针对不同的水生态目标，在选择的指标和方法上各有不同。[64]

Forio 等[65]认为建立水资源模型和识别相关的变化驱动因素对于改善和保护河流流域的水质至关重要。利用现场数据、专家知识和文献资料，建立了一套贝叶斯信念网络模型，来评估典型流域生态水质。所开发的模型基于加权的 Cohen’s Kappa（K-w）、正确分类实例的百分比（CCI）和球面收益进行评估。分析表明，流速是决定生态水质的主要变量，在流域内修建更多的大坝和抽水站将对水质产生不利影响。虽然提出了一个单一流域的案例研究，但该建模方法可以在任何其他流域普遍使用。Moe 等[66]认为欧洲水框架指令需要更先进的生物指标来评估水体的生态状态，如蓝藻菌的数量；提出采用贝叶斯网络（BN）建模方法，将未来气候变化和土地使用管理的场景与生态状态联系起来，并将蓝藻生物量作为指标之一。以挪威的 Vansjo 湖为例，结果表明，在这些情景下，更好的土地使用管理所带来的优势被未来变暖导致的影响抵消了。最重要的是，BN表明了在湖泊状态建模中包含更多生物指标的重要性，即与仅通过浮游植物生物量评估相比，包含蓝藻生物量可以更好地反映生态状态。因此，BN 方法可以作为基于过程的水生态管理模型的有益补充。

7.1.1.3 水生态治理制度研究进展

国外学者注重治理制度的实践性，在本国社会经济、文化、历史背景等基础上构建流域治理制度，探索形成了具备本国流域治理特色的管理模式，包括美国的田纳西河流管理模式、英国的泰晤士河流管理模式等。国外水生态环境治理更倾向于自由民主模式。Huntjens 等[67]通过对 8 个水资源管理制度进行多值定性比较分析，重点研究制度特征与不同政策学习水平之间的关系，揭示了社会认知维度在水环境治理中的重要性，其中综合合作结构和先进信息管理是导致更高治理水平的关键因素。研究强调自下而上微调集中控制的必要性，由利益攸关方构建的社会网络是应对水管理制度变革的宝贵资产。Pahl-Wostl 等[68]提出国家层面的干预可能不是最有希望的层面，而是应该考虑支持自下而上的非正式程序以发展民间社会和地方治理能力。Salajegheh 等[69]运用社会网络分析方法对水环境治理中利益相关者关系的结构模式进行了清晰的刻画，发现更好地获取与水环境相关的信息流增强了利益相关者的适应能力，因此研究者建议构建一种分散的治理方式，即多中心治理体系，并关注高度接近中心性的行动者，对这类人群进行适当的规划和投资，培养他们成为创新、反应灵敏、负责任、有大局观的领导者。Gerlak 等[70]认为开放和持续的面对面对话、支持学习的跨尺度联系以及投资主动学习的制度规则这 3 个关键步骤能够增强利益相关者学习环境治理的动力和效率，并提出将这些策略应用于不同的水环境问题和制度背景时应进行适应性修正以达到最佳效果。

国内学者也进行了大量研究。国内研究主要集中在生态文明制度建设存在问题的研究、生态环境治理制度存在问题的细化研究、优化生态环境制度建设的研究 3 个方面。

一是对国内生态文明制度建设存在问题的研究。陈硕[71]认为，我国生态环境质量随着生态文明建设的不断推进而逐渐好转，但是仍然面临诸多挑战：生态环境保护层面，地方政府以及排污企业并没有完全扭转“先污染，后治理”的传统思维方式，源头防护的重视度有待提高；生态环境保护责任方面，由于体制机制不健全而存在官僚主义和形式主义，致使责任落实以及考核评价不到位，对制度效能的提升产生不良影响。郇晓燕[72]认为，中国特色社会主义的经济建设、政治建设、文化建设以及社会建设尚未全面、系统地贯彻落实“生态建设”理念和原则，生态文明制度体系建设存在严重分散化现象，“五位一体”总体布局没有落好落实，生态环境多头交叉治理现象难以消除。刘登娟等[73]研究发现生态文明建设职能分散在生态环境、水利、农业等多个部门，但部门之间缺乏有效的沟通和协调机制，导致生态文明建设任务难以系统推进，基层生态环境部门作为环保政策制度的执行部门，由于受到基层政府追求经济发展的限制而存在执行不力的现象。蔡永海等[74]认为我国缺乏生态环境保护的“自律”机制，社会在生态文明建设层面的良好风尚、伦理道德等方面建设水平有待提高，并逐渐使群众生态意识转变成生态治理长效机制的保障，叶冬娜[75]认为公众在生态文明制度建设的认知度、参与度存在不足，生态意识薄弱，没有营造出良好的制度建设环境，成为限制生态文明建设发展的重要因素。

二是对生态环境治理制度存在问题的细化研究。生态环境治理是改善环境状况的必由之路，也是生态文明建设的重要保障，其制度建设就显得尤为重要。朱留财等[76]指出现有治理制度在结构和功能性设置上碎片化严重，在水生态环境治理层面更是呈现出“九龙治水”的局面，导致治理成本上升而治理效率下降，并且不完善的制度环境也导致社会化组织程度低，公众参与生态环境治理动力不足。冯阳雪等[77]以农村生态环境作为研究对象，指出现行环境相关法律制度对于基层政府的生态环境治理责任规定较少，农村生态环境缺乏相应的治理细则，新旧问题交织加大了农村生态环境治理的难度。龚天平等[78]认为我国城市、郊区和农村在生态环境治理领域的制度设计以及资源供给呈现不平等的现象，对农村居民的居住环境造成不利影响。汤玉官等[79]指出我国环境保护法律制度建设与执行力度不匹配，环境监管体系不完善，制度实际落实度低等问题。

三是对优化生态文明建设以及生态环境治理制度的研究。董战峰等[80]从理论逻辑、实践逻辑以及目标逻辑 3 个角度深入讨论优化创新生态文明制度，构建了以行政规制制度、生态市场经济制度、生态文明建设治理制度为核心的制度创新框架。李娟[81]将中国生态文明制度建设分成了起步、发展、成熟 3 个阶段，通过总结各阶段的基本经验提出生态文明制度建设既需要把握“山水林田湖”生态系统整体推进，也需要识别主要矛盾重点治理、重点突破，并着重建立可以与生态制度产生良性互动的生态文化。郭荣茂[82]针对制度制定与实施主体存在的单一性问题提出多元共治的生态环境治理制度，通过融入社会力量、强化社会监督，既能够保证公众参与生态环境保护的知情权、参与权和监督权，也能降低生态环境治理成本，形成“社会共治”的局面。许玲燕等[83]通过构建“地方政府-企业-农户”三方演化博弈模型，揭示和解释了我国农村水环境污染事件持续发生、形势日益严峻的原因，也同样提倡构建地方政府、企业、农户共同参与的网络治理模式。贾先文[84]以河长制为例，阐述了河长制的提出和实施存在的积极意义和不足之处，提出通过上移宏观规划协调权限，下移微观治理重心，动态化运作与信息开放共享并举的设计完善生态环境治理制度。周鑫[85]也提出改革生态环境治理相关政府机构权力范围，推动并完善跨政府部门合作，保证政治环境的高效性、协调性和稳定性。陈凤玉等[86]以南平市为研究对象，从制度体系构建、创新以及能力建设等多个维度进行分析优化，对本研究有重要的借鉴意义。

7.1.1.4 水生态治理能力研究进展

习近平总书记就其相关含义以及两者间关系做了如下阐释：国家治理体系与治理能力集中反映了一个国家所设立的制度与制度执行能力。治理体系是治理能力实施的前提保障，建立健全完整的体系才有利于充分发挥治理能力；治理能力又是治理体系的具体实践，运用合理的治理手段、整合有效的资源才能将治理制度落到实处。两者相辅相成，对于推进“五位一体”总体布局都是不可或缺的部分。

对于国家治理能力，辛向阳[87]认为需要通过统筹社会各类主体、正确处理各种关系，实现社会的进步与发展。张磊[88]在分析国家治理能力的内涵中指出，国家治理的作用对象不仅仅局限于政府和市场，而是针对经济、政治、文化、社会、生态文明的各个领域。其中，“政府是以行为代理人的身份行使公共权力，既要主导法规体系的制定，又要为社会提供公共服务，更需要通过实际行动推动国家治理现代化建设”。因此，虽然治理主体的概念较为广泛，但政府依然是治理活动的首要主体，是提升治理能力的最关键力量。

在水环境领域，最初治理能力建设的重点专注于基础设施建设，而很少考虑如何长期管理和运营基础设施。20 世纪 90 年代的水从业者才开始在水行业建设研讨会上讨论能力建设意味着什么，需要制定和实施怎样的能力建设方法。

刘建伟等[89]指出，水生态治理是全球化面临的共同问题，因此有必要借鉴其他国家的生态环境治理理论和实践。但实际上我国的水生态治理现代化进程与西方国家存在一定差异，由于西方属于政党轮换执政，社会矛盾更多指向特定的政府部门或精英阶级，而中国属于一党执政、民主执政，一旦民众对政府的行为产生不满情绪，就有可能激发社会矛盾。当前我国不仅要平衡经济发展与环境保护的问题，更要采用合适的治理手段保障社会的稳定。因此要基于我国的实际国情，吸收其他国家生态环境治理中理念设计和行动策略的经验教训，融入我国的治理中来，形成具有中国特色的生态环境治理路径。

关于生态治理现代化路径，刘纯明等[90]指出，乡镇政府生态环境治理能力的提升要注重环境监测能力的提高，要以环保技术的创新、人才的培养、数据资源的整合为支撑。陈健鹏[91]通过梳理一系列环境机制和政策工具的改革举措，强调环境监管的科学化、法治化是实现环境治理能力高质量发展的重要基础。席艳玲[92]认为大数据是助推环境治理现代化的有效路径，既可以驱动政府的决策科学化、方式智能化、目标精准化，又促进了层级间、跨部门和社会的协同治理。王世海[93]认为生态信息化是生态环境治理现代化的重要环节，通过分析辽宁省环境信息业务系统的应用现状，指明在环保监控、监管、决策等方面的发展前景。目前关于生态环境治理能力现代化的文献中，虽然大多倾向于对单一的现代化手段进行详细阐述，但对本书研究综合性的治理能力现代化手段也有一定的借鉴意义。

国外，美国学者 Rosenau[94]是“治理”理念的主要创始人之一，他在《没有政府的治理》一书中重点指出现代治理与传统政府统治所拥有的不同含义，并认为治理指的是一种由政府与社会共同合作管理的机制，它比管理的内涵更加丰富。Bevir[95]也在《治理理论》一书中将治理定义为“多个参与社会事务的利益主体之间按照规定相互制约，促进社会共同发展、形成合理秩序”的过程。Patterson 等[96]认为，导致生态环境治理问题产生的复杂性和不确定性原因有很多，因此没有单一的最佳方法来解决这些治理难题。事实上，需要开发一种基于经验的综合方法，找到灵活的、动态的长期解决方案，以便预测临时出现的障碍和不断变化的情况，从而促进实现一致地决策。通过对国外水生态环境治理经验的总结发现，水生态质量的恢复要经过一个漫长的过程，大多成功的治理案例都是先从法律制度的建立，到创新治理技术与提高民众生态保护意识，然后在治理过程中不断发现问题，再继续进行政策体系的完善和治理能力的优化，形成长效治理机制。

7.1.1.5　水生态环境监管体制存在的问题

（1）生态环境监管体系特别是基层监管不健全

河（湖）长制作为流域水生态监管的重要抓手，从统筹计划到最后的落地实施都得到了党中央的高度关注。水利部下设“河湖管理司”，并设置“河湖长制工作处”“水域岸线管理处”“河道采砂管理处”3 个主要的处室。河长制办公室主任一般由水利局（站）的主要领导人担任，地方基层的乡长、县长主要承担起河长的巡河任务。但现实中却容易出现部分乡长、县长本身并不分管水利这部分，巡河任务就变成了额外工作，日常工作量很大，难免会产生一定的抵触情绪，对于巡河任务并不怎么尽心尽力的情况。而对于部分有此类消极情绪的基层党政干部，办公室主任有时也无可奈何，面对比自己职权大的乡镇领导干部，他们最多也只能提醒，至于强制性敦促的手段更是不可能，因此，遗留下来的一些监管问题也只能自己扛，自己去解决，事情多而烦琐，实际却没有实权，很多时候也只能是“有苦说不出”。

（2）生态环境监管公众参与不足

改革开放初期，经济发展与生态环境保护并不协调，在那个时期，人们普遍认为生态环境的监管问题是凭政府的一己之力就能解决的，政府通过制定相关法律法规等强制手段进行监管工作。经济的持续高速发展往往伴随着环境问题的恶化，生态监管的漏洞也日益凸显。

2016 年国务院发布《“十三五”生态环境保护规划》中明确指出“生态环境监管是保障生态环境安全，改善生态环境质量的重要力量”。如何着力加大生态环境监管力度，构建完整高效的生态环境监管结构成为人们思考的新问题。仅仅依靠政府这一单一的监管主体引发的问题已经打破了公众固有的监管认知，生态环境的监管问题需要的是以政府为主导，市场、企业、公众和社会组织共同参与监督和管理的多元主体共商共治共管的监管结构。

进入新时代，人民群众更加注重“美好生活”的获得感，更多地关注身边的生态环境问题。政府通过多种渠道加强宣传普及，及时发布生态环境监管的相关法律法规及政策文件，并进行详细的政策解读，以此来提高公众的生态环境法律认知和监管认知，使公众在流域生态环境监管问题上达到与政府相同的认知度，这将更有助于鼓励越来越多的公众积极主动地参与到生态环境监管的行动中。

在新形势下提出的推进国家治理体系和治理能力现代化中的“治理”两个字是由“管理”进化而来的，虽然仅有一字之差，但却实现了巨大的跨越。在过去单纯的管理模式下，仅仅依靠政府作为监管主体，是单向性的管理方式，“治理”则强调双向甚至多方互动的监管模式，更看重除政府以外的更多的主体能加入管理的行列中，发挥不同社会主体的能效。社会公众作为这支队伍中强大的后备力量，能够在日常监管中发挥不可替代的作用。而任何丧失了群众基础的制度、政策都将陷入“失灵”的困境。

2015 年 9 月 1 日，《环境保护公众参与办法》正式开始施行，这也是对公众作为行为主体，参与环境保护的过程做出详细规定的第一部部门规章。该办法“总则”中就对“公众参与”的具体原则做了详细规定。但该办法行文中仍然存在诸如公众是被动而非主动参与环保行动、公众参与其中被赋予的权利与所担负的义务这两者之间并不对等的漏洞。当然，该办法也并没有解决，社会公众究竟该如何借助一些有实效性的平台来真正有效地参与长江流域生态环境监管的相关政策决策制定、颁布、实施、修正及问题解决等环节的问题。这些都是需要后期相关立法部门反复斟酌修正的部分。

从太湖流域生态监管者的角度来看，为进一步拓宽公众参与渠道，比如，政府开通了生态环境问题举报热线，中央督察组进驻地方开通 24 小时信访电话，生态环境部每月举行例行新闻发布会向公众汇报近期工作进展的同时也回应媒体、公众关切的热点问题。与过去传统的单一政府管制相比，公众参与式监管不仅仅是社会外部监督的一种表现形式，更是公众实现自我管理的良性互动。其实监管者需要开拓的不仅仅是公众外部监督的通道，公众参与决策全过程也极为重要。如果能在监管计划规划阶段、监管执行过程阶段、监管实效反馈阶段让公众也能融入决策之中，不仅可以提高公众自我服务的主人翁意识，提升幸福感，还可以增强监管者在执行与决策中的科学合理性和公平公正性，最重要的是能够进一步提高公众对监管政策及监管程序的认知认同度。

7.1.2 水生态环境监测现状评价与优化

7.1.2.1 水生态环境监测现状

宜兴市现有国控水质监测点位 10 个，省控水质监测点位 27 个，市控水质监测点位

43 个，具体点位信息见表 7-1。

表 7-1　宜兴市内水生态监测网络点位信息

区（县、市）	所属流域	断面所在乡镇（街道）	断面名称	断面类型	所在水体	国控	省控	市控
宜兴	太湖	周铁	百渎港桥	河流	百渎港-漕桥河	✓	✓	✓
宜兴	太湖	周铁	殷村港桥	河流	殷村港	✓	✓	✓
宜兴	太湖	新庄	社渎港桥	河流	社渎港		✓	✓
宜兴	太湖	新庄	官渎桥	河流	官渎港		✓	✓
宜兴	太湖	丁蜀	大浦港桥	河流	大浦港	✓	✓	✓
宜兴	太湖	丁蜀	乌溪港桥	河流	乌溪港	✓	✓	✓
宜兴	太湖	丁蜀	大港桥	河流	大港河	✓	✓	✓
宜兴	太湖	和桥	闸口	河流	百渎港-漕桥河		✓	✓
宜兴	太湖	徐舍	潘家坝	河流	南溪河	✓	✓	✓
宜兴	太湖	新庄	洪巷桥	河流	洪巷港	✓	✓	✓
宜兴	太湖	丁蜀	陈东桥	河流	陈东港	✓	✓	✓
宜兴	太湖	宜城	东氿	河流	东氿		✓	✓
宜兴	太湖	宜城	西氿大桥	河流	西氿		✓	✓
宜兴	太湖	周铁	周铁桥	河流	周铁河			✓
宜兴	太湖	周铁	沙塘港桥	河流	沙塘港		✓	✓
宜兴	太湖	新庄	茭渎桥	河流	茭渎港			✓
宜兴	太湖	丁蜀	黄渎桥	河流	黄渎港			✓
宜兴	太湖	开发区	静塘大桥	河流	烧香河		✓	✓
宜兴	太湖	和桥	钟溪大桥	河流	武宜运河	✓	✓	✓
宜兴	太湖	徐舍	塘东桥	河流	邮芳河		✓	✓
宜兴	太湖	周铁	分水新桥	河流	太滆运河		✓	✓
宜兴	太湖	万石	裴家	河流	漕桥河		✓	✓
宜兴	太湖	杨巷	山前桥	河流	北溪河			✓
宜兴	太湖	和桥	南新桥	河流	殷村港			✓
宜兴	太湖	杨巷	杨巷桥	河流	北溪河	✓	✓	✓
宜兴	太湖	丁蜀	丁山水厂	河流	分洪河			✓
宜兴	太湖	和桥	和桥桥	河流	武宜运河			✓
宜兴	太湖	宜城	张师桥	河流	宜北河			✓
宜兴	太湖	宜城	世纪大桥	河流	团氿		✓	✓
宜兴	太湖	宜城	荆溪中桥	河流	城南河			✓
宜兴	太湖	张渚	五洞桥	河流	桃溪河			✓
宜兴	太湖	新建	芳泉村	河流	中干河		✓	✓

区（县、市）	所属流域	断面所在乡镇（街道）	断面名称	断面类型	所在水体	国控	省控	市控
宜兴	太湖	新建	典基桥	河流	中干河		✓	✓
宜兴	太湖	宜城	荆邑大桥	河流	大溪河			✓
宜兴	太湖	和桥	和桥水厂	河流	滆湖		✓	✓
宜兴	太湖	新庄	王婆桥	河流	芜申运河			✓
宜兴	太湖	周铁	棉堤桥	河流	烧香港			✓
宜兴	太湖	丁蜀	方溪大桥	河流	蠡河			✓
宜兴	太湖	西渚	横山水库	湖库	横山水库		✓	✓
宜兴	太湖	湖汶	油车水库	湖库	油车水库			✓
宜兴	太湖	宜城	荆溪南桥	河流	城南河		✓	✓
宜兴	太湖	宜城	太滆桥	河流	太滆运河		✓	✓
宜兴	太湖	万石	漕桥	河流	漕桥河		✓	✓

本研究在原有市控断面的基础上，依据平原水网的特点，新增部分监测点位，以实现对宜兴市生态引领区范围内 23 条主要河流、16 个主要湖库的水生态监测网络流域全覆盖。为充分体现布点的科学性、代表性，根据现有的水质和水生态监测点位情况，结合宜兴市水生态功能分区与行政区划中市、镇交界位置，制定以下布点原则：

1）全面兼顾、重点突出。监测点位覆盖流域主要水体类型，包括湖泊、河流、水库及溪流等，代表不同目标等级的水环境生态功能分区。根据研究需要，结合行政区划实施疏密差别化布点，突出不同研究区域或水域的重要性。

2）依托水质，扩展生态。以现有各类水环境质量监测断面为基础开展水生态监测布点，实现水生态监测与水质理化监测的衔接，体现监测网络的延续性和系统性，并在此基础之上根据研究需要酌情增加典型点位。

3）量体裁衣，科学可行。监测点位的数量和代表性能够满足水生态监测与评估技术分析的需要。

基于上述布点原则，本研究初设监测网络包括了原有 43 个市控断面，新增 36 个行政交界断面、入湖口河流断面，共设置 79 个点位（表 7-2）。

表 7-2 初设监测网络点位信息

生态功能区	编号	断面名称	位置	原市控断面	新增断面	行政交界	入湖口
Ⅰ-03	W1	屋溪河 1	徐舍镇、西渚镇交界		✓	✓	
	W2	屋溪河 2	横山水库入口处		✓		✓
	W3	桃溪河 1	桃溪河入西氿口		✓		✓

生态功能区	编号	断面名称	位置	原市控断面	新增断面	行政交界	入湖口
	W4	五洞桥	徐舍镇、张渚镇交界	✓		✓	
	W5	横山水库	横山水库	✓			
	W6	七里亭水库	七里亭水库		✓		
Ⅰ-03	W7	黄墅水库	黄墅水库		✓		
	W8	东岭水库	东岭水库		✓		
	W9	龙珠水库	龙珠水库		✓		
	W10	油车水库	油车水库	✓			
	W11	芳泉村	中干河	✓			
Ⅱ-02	W12	宝寿河 4	新建镇、杨巷镇交界		✓	✓	
	W13	中干河 2	新建镇、官林镇交界		✓	✓	
	W14	典基桥	新建镇、杨巷镇交界	✓		✓	
	W15	方溪大桥	蠡河	✓			
	W16	黄渎桥	黄渎港入太湖口	✓			✓
	W17	丁山水厂	蠡河与分洪河交汇处	✓			
Ⅱ-03	W18	乌溪港桥	乌溪港入太湖口	✓			✓
	W19	大港桥	大港河入太湖口	✓			✓
	W20	蠡河 3	湖汶镇和丁蜀镇交界		✓	✓	
	W21	莲花荡	莲花荡		✓		
Ⅲ-07	W22	滆湖	滆湖		✓		
	W23	潘家坝	南溪河与溧阳市交界	✓		✓	
	W24	北溪河 8	杨巷镇、官林镇交界		✓	✓	
	W25	邮芳河 1	徐舍镇、官林镇交界		✓	✓	
	W26	南溪河 2	南溪河入西氿口		✓		✓
	W27	埝径河 1	徐舍镇、新街街道交界		✓	✓	
Ⅲ-07	W28	北溪河 10	北溪河入西氿口		✓		✓
	W29	中干河 1	中干河入滆湖口		✓		✓
	W30	山前桥	北溪河与溧阳市交界	✓		✓	
	W31	杨巷桥	西溪河与北溪河交汇处	✓			
	W32	塘东桥	邮芳河与溧阳市交界	✓		✓	
	W33	马公荡	马公荡		✓		
	W34	都山荡	都山荡		✓		
	W35	闸口	漕桥河与武宜运河交汇处	✓			
Ⅲ-10	W36	漕桥河 1	漕桥河入滆湖口		✓		✓
	W37	和桥水厂	殷村港入滆湖口	✓			✓
	W38	南新桥	殷村港	✓			

生态功能区	编号	断面名称	位置	原市控断面	新增断面	行政交界	入湖口
Ⅲ-10	W39	西湛渎港 1	西湛渎港港入滆湖口		✓		✓
	W40	和桥桥	和桥镇、万石镇交界	✓		✓	
	W41	西湛渎港 2	高塍镇、屺亭街道交界		✓	✓	
	W42	钟溪大桥	武宜运河与武进区交界	✓		✓	
	W43	徐家荡	徐家荡		✓		
Ⅲ-11	W44	西氿	西氿		✓		
	W45	分水新桥	与武进区交界	✓		✓	
	W46	百渎港桥	漕桥河入太湖口	✓			✓
	W47	殷村港桥	殷村港入太湖口	✓			✓
	W48	周铁桥	横塘河	✓			
	W49	静堂大桥	和桥镇、屺亭街道交界	✓		✓	
	W50	棉堤桥	横塘河与烧香河交汇处	✓			
	W51	沙塘港桥	烧香港入太湖口	✓			✓
	W52	西氿大桥	西氿和团氿交汇处	✓			
	W53	张师桥	宜北河入团氿口	✓			✓
	W54	太滆桥	太滆河入团氿口	✓			✓
	W55	世纪大桥	南虹河入团氿口	✓			✓
	W56	荆溪桥	升溪河入团氿口	✓			✓
	W57	荆溪中桥	城南河入团氿口	✓			✓
	W58	荆邑大桥	城南河入东氿口	✓			✓
	W59	王婆桥	芜申运河入东氿口	✓			✓
	W60	茭渎桥	茭渎港入太湖口	✓			✓
	W61	社渎港桥	东湛渎港入太湖口	✓			✓
	W62	官渎桥	官渎港入太湖口	✓			✓
	W63	洪巷桥	洪巷港入太湖口	✓			✓
	W64	陈东桥	陈东港入太湖口	✓			✓
	W65	大浦港桥	大浦港入太湖口	✓			✓
	W66	漕桥	漕桥河与武进区交界	✓		✓	
	W67	裴家	漕桥河与武进区交界	✓		✓	
	W68	殷村港 3	万石镇、周铁镇交界		✓	✓	
	W69	烧香港 2	和桥镇、芳桥街道交界		✓	✓	
	W70	烧香港 3	周铁镇、芳桥街道交界		✓	✓	
	W71	东湛渎港 1	新庄街道、宜城街道交界		✓	✓	
	W72	芜申运河 2	新庄街道、宜城街道交界		✓	✓	
	W73	太滆河 2	太滆河入东氿口		✓		✓

生态功能区	编号	断面名称	位置	原市控断面	新增断面	行政交界	入湖口
III-11	W74	横塘河 2	横塘河入东氿口		✓		✓
	W75	横塘河 1	新庄街道、周铁镇交界		✓	✓	
	W76	阳山荡	阳山荡		✓		
	W77	团氿	团氿		✓		
	W78	东氿	东氿	✓			
III-20	W79	太湖	太湖		✓		

79 个监测点位中包括河流监测点位 63 个（生态 I 级区 4 个、生态 II 级区 10 个、生态III级区 49 个），涉及市、镇交界 25 个，入湖口 29 个（包括入太湖、滆湖、东氿、西氿、团氿、横山水库），河流交汇处 9 个；湖库监测点位 16 个（生态 I 级区 6 个、生态 II 级区 2 个、生态III级区 8 个）。

7.1.2.2 水生态环境监测网络优化

在已有市控监测点位的基础上，结合监测网络布点原则增加点位布置，并在平水期、枯水期、丰水期对监测点位进行水样采集。结合水质监测数据，通过贴近度法计算出各点位的贴近度值，并将相邻且值相近的点位进行对比分析，结合优化原则最终决定监测断面的保留或者删除，并得到宜兴市水生态监测点位优化图。

（1）优化方法

监测布点的优化目标在于寻找最少的监测点而仍能客观完整地反映区域的水环境质量。目前应用于水环境监测点位的优化方法较多，如模糊聚类法、经验公式法、物元分析法、主成分分析法、密切值法、多目标决策法、最优分割法等，通过找到最优解来减少监测点位和监测成本，达到点位优化的目的，这些方法各有特色。本书通过分析贴近度的方法来进行监测点位的优化，与其他方法相比，贴近度法具有概念明确、形象直观、结论唯一的优点。本书主要利用贴近度法将多个指标的监测数据转化为能够综合反映水质的单指标参数，将监测数据与标准数据作对比，通过计算贴近度的大小对监测点位进行聚类，利用监测点位间相似程度聚类后在各组中找到具有代表性的点位，最后结合水生态健康评估状况完成监测点位优化的目的。

（2）优化原则

水生态监测点位的监测结果可以反映所在河流和湖泊的水生态健康状况。根据水生态监测点位布点原则以及宜兴市生态引领区具体情况所布设的监测点位虽然具有代表性，但是缺乏一定程度的针对性，同时大量的数据处理也为水生态健康分析增加了难度。另外，也要考虑流域与行政区划有机结合，尽量在保证流域完整的情况下，便于行政管理，具有可操作性。因此，在现有的水生态环境监测方案上进行优化，通过对监测点位的优化筛选，保留具有代表性的监测点位，对于水生态健康评估具有重要意义。监测点位的优化原则包括以下几个方面：

1）在不同水生态功能分区内至少保留一个监测点位。

2）现有国控、省控水质监测断面和水生态监测点位尽量保留。

3）位于市镇交界处的监测点位尽量保留。

4）同一水生态功能分区内聚类分析后水生态状况相似的监测点位至少保留一个。

（3）监测网络优化结果

应用上述介绍的贴近度法，选取总磷、总氮、氨氮、高锰酸盐指数和五日生化需氧量作为分析指标，将《地表水环境质量标准》（GB 3838—2002）中评价指标的Ⅲ类标准值作为标准值点的取值，然后，根据计算结果，将贴近度值相近的归为一类，聚类结果如表 7-3 所示。

表 7-3 贴近度相近监测点位聚类结果

水生态功能分区	序号	贴近度相差±0.1 的监测点位
Ⅱ-03	1	W18-乌溪港桥（1.92）、W19-大港桥（1.92）、W21-莲花荡（1.82）
Ⅲ-07	2	W24-北溪河 8（1.89）、W25-邮芳河 1（1.91）
	3	W30-山前桥（2.11）、W31-杨巷桥（2.12）
Ⅲ-10	4	W35-闸口（2.13）、W42-钟溪大桥（2.12）
	5	W39-西湛渎港 1（1.64）、W22-滆湖（1.67）
Ⅲ-11	6	W50-棉堤桥（1.85）、W51-沙塘港桥（1.87）
	7	W52-西氿大桥（1.91）、W44-西氿（1.99）
	8	W53-张师桥（1.81）、W54-太滆桥（1.83）
	9	W56-荆溪桥（1.51）、W57-荆溪中桥（1.52）、W77-团氿（1.57）
	10	W61-社渎港桥（1.97）、W62-官渎桥（1.94）
	11	W63-洪巷桥（1.52）、W79 太湖（1.50）

通过将贴近度相似的监测点位聚类整理后，以水环境管理的实际要求与优化原则为基础，结合水生态健康指数和水环境管理的实际需要对监测点位进行优化，优化结果如表 7-4 所示。

表 7-4　贴近度相近监测点位优化结果

序号	断面标号	断面名称	优化结果
1	W18	乌溪港桥	保留
	W19	大港桥	保留
	W21	莲花荡	删除
2	W24	北溪河 8	保留
	W25	邮芳河 1	保留
3	W30	山前桥	保留
	W31	杨巷桥	删除
4	W35	闸口	删除
	W42	钟溪大桥	保留
5	W39	西湛渎港 1	保留
	W22	滆湖	删除
6	W50	棉堤桥	删除
	W51	沙塘港桥	保留
7	W52	西氿大桥	保留
	W44	西氿	删除
8	W53	张师桥	删除
	W54	太滆桥	保留
9	W56	荆溪桥	删除
	W57	荆溪中桥	保留
	W77	团氿	保留
10	W61	社渎港桥	保留
	W62	官渎桥	保留
11	W63	洪巷桥	保留
	W79	太湖	删除

序号 1 的优化原因：乌溪港桥和大港桥为“十三五”考核断面，予以保留；莲花荡作为乌溪港桥上游水库，由于贴近度相近，可以用乌溪港桥断面替代莲花荡。

序号 2 的优化原因：北溪河 8 和邮芳河 1 虽然贴近度相似，但是不在同一河流，且均为行政交界断面，具有重要的参考价值，因此予以保留。

序号 3 的优化原因：山前桥与杨巷桥位于同一河流，但山前桥作为行政交界断面，其监测数据对于分析溧阳市和宜兴市交界处水质具有重要的参考价值，因此删除杨巷桥断面。

序号 4 的优化原因：闸口与钟溪大桥均位于武宜运河，但钟溪大桥作为行政交接断面，其监测数据对于分析常州市武进区和宜兴市交界处水质具有重要的参考价值，因此删除闸口断面。

序号 5 的优化原因：西湛渎港 1 作为滆湖下游河道——烧香港的进水口，其水质与滆湖点位水质高度吻合，因此为了方便水质监测，可以将西湛渎港 1 水质监测数据作为评价滆湖水质的依据。

序号 6 的优化原因：棉堤桥和沙塘港桥均位于烧香港，其中沙塘港桥作为入太湖主要河流，其水质监测数据对于监测入湖水质状况有重要的参考价值，因此删除棉堤桥断面，仅保留沙塘港桥断面。

序号 7 的优化原因：西氿大桥位于西氿断面下游，其中西氿大桥为“十三五”省考断面，予以保留，且可以用作表征西氿水质状况的监测断面，因此删除西氿断面。

序号 8 的优化原因：张师桥和太滆桥位于团氿下游的相邻河道，其中太滆桥断面设置于东氿的入湖口，对于监测入东氿的水质状况有重要的参考价值，而张师桥位于团氿出水口、入东氿河流的上游，参考价值低于太滆桥，因此删除张师桥断面，保留太滆桥断面。

序号 9 的优化原因：荆溪桥和荆溪中桥均位于团氿下游，且两个断面参考价值相近，因此考虑断面空间布置的合理性，保留荆溪中桥，删除荆溪桥断面。此外，荆溪中桥断面位于团氿下游河道的末端位置，不能完全替代团氿断面，因此团氿断面予以保留。

序号 10 的优化原因：社渎港桥和官渎桥虽然贴近度结果相近，且空间距离较近，但两个断面位于不同的河道，且均为“十三五”考核断面，因此予以保留。

序号 11 的优化原因：洪巷桥作为入太湖主要河流之一，其贴近度值与太湖断面相近，说明洪巷桥断面的水质监测数据一定程度上可以替代设置的太湖断面水质，因此删除太湖断面，保留洪巷桥断面，且该断面水质数据可以作为太湖水质的参考依据。

7.1.3 水生态环境管理现状分析

（1）河（湖）长制

2016 年 12 月，中共中央办公厅、国务院办公厅联合印发了《关于全面推行河长制的意见》，该意见指出，“全面建立省、市、县、乡四级河长体系。各省（自治区、直辖市）的总河长由党委或政府主要负责同志担任”“各级河长负责组织领导相应河湖的管理和保护工作”。河（湖）长制是解决当前水生态环境监管问题的重大制度创新，这也标志着该制度正式上升到国家意志。

2019 年，生态环境部将河（湖）长制纳入中央生态环境保护督察的督察范围内，水利部也将河（湖）长制纳入水资源管理制度的考核内容中。水利部在全国对各省（自治区、直辖市）推行河长制的实践效果进行大规模的暗访摸底，按照“一省一单”的形式将监管事前、事中、事后全过程的相关情况及时抄送反馈给被抽查到的省（自治区、直辖市），并交由水利部河长制办公室备份留底。对于监管中发现的严重恶劣事件，水利部河长制办公室进行了通报，并约谈各省级河（湖）长办公室的主要负责人及各市县级河（湖）长。截至 2019 年 5 月底，水利部已经完成了第一轮督查，第二轮督查正在有序推进。

总河长由省级党委或政府主要相关负责人担任，各纵向层级上的河（湖）长是该区域河流监管的第一责任人，主要负责解决指定区域内的流域水生态环境监管工作中遇到的各类问题，统筹协调相关部门的权责分工，督导其下级河（湖）长和有关部门做到履职尽责。

目前，全国范围内的主要河流流域都会在沿线标志性的位置设立河（湖）长有关信息的公示标牌，会在其中标明该流域河（湖）段河（湖）长的个人信息、监管职责以及公众监督投诉电话等。除了上述提到的生态环境部、水利部对各级河（湖）长的中期、总结抽查考核以外，同级政府也完善了对本区域各级河（湖）长的监管问责机制，将相关流域区域内的水生态环境监管成效纳入市级绩效考核内容，每年都会对各个流域生态环境的监管情况进行最直观的排名评级，对于排名靠后的区域进行相关责任认定，对造成相关恶劣情节的责任人依法追究。同时，全国各河（湖）段的河（湖）长及相关人员的名单也在媒体上发布，接受公众的监督。

江苏作为河长制的发源地，自 2016 年中共中央、国务院作出全面推行河长制的重大决策部署以来，健全了五级河长体系，省委、省政府主要领导担任省总河长，省、市、县、镇、乡村 5.7 万名河（湖）长尽锐出战，形成省级河长抓推进、市县河长抓治理、镇村河长抓保护的格局，开展违法圈圩、违法建设整治，河湖面貌明显改观，84%的重点河湖生态状况达到优良。2021 年 10 月 17 日，江苏率先建立全国首家省级河（湖）长制研究院——江苏省河湖长制研究院，为江苏省深入推进河（湖）长制、打造幸福河湖增添技术和人才保障。研究院由河海大学、省河长制工作办公室联合成立，将围绕全面推行河长制、湖长制和生态幸福河湖建设，建立江苏河长湖长云智库平台，开展相关的政策和理论研究，为有效实施河（湖）长制、改善水环境、建设幸福河湖提供科技支撑，成为服务于全省河（湖）长制工作的新基地。

宜兴积极响应河（湖）长制政策。一是严格落实河长责任，制定出台《关于进一步明确河长责任切实加强河道治理管护工作的通知》，进一步细化各级河长职责任务，规范各级河长履职行为，切实提升河长履职频次与履职质量。进一步深化河长制联防联控机制、市场化运作机制等，建立宜兴-金坛跨界河道联合河长制，持续推广应用河道管家，河道管家服务范围扩大至全市 18 个镇（街道）1 800 km 河道、1.1 万亩湖泊。二是推行美丽河湖“红黑榜”制度。对照无锡市美丽河湖“红黑榜”，扎实开展暗访检查，在督促相关问题整改基础上，全面推行宜兴市美丽河湖“红黑榜”月报制度，截至 2021 年上半年，已发布美丽河湖“红黑榜”四期，通报各类问题河道 154 条，完成整改 124 条。宜兴坚持共建共享，树立美丽河湖人人参与、美丽河湖成效全民共享的理念，统筹发挥好政府和市场“两只手”作用。除此以外，宜兴还创新启动“河长+检察长”协作机制，进一步加强检察机关与河长制工作机构协作配合，增强执法刚性，形成保护合力，为宜兴河湖管理提供更有利的组织和司法保障。

（2）水生态保护红线管理制度

早在 2011 年，国务院颁布的《国务院关于加强环境保护重点工作的意见》中就出现了“生态红线政策”，这也是“生态红线”首次出现在政府文件中。生态保护红线是指在一个整体生态空间内，将具有特殊生态效能、有重要生态保护价值、如果遭到破坏将对生态安全造成严重威胁的特定区域进行科学划定并强制予以保护的区域。生态保护红线是保护生态安全不受威胁的生命线，是绝不能让步的生态底线。2013 年 9 月，环境保护部就在全国开展了生态保护红线的划定试点工作。根据生态保护红线划定的专业系统要求，采用自上而下与自下而上相结合的试点推进方式。

2014 年 1 月，由环境保护部印发的《国家生态保护红线——生态功能基线划定技术指南》中，“生态保护红线”正式完整地被提出，将“水生态保护红线”列为生态保护红线的核心之一。

“十三五”（2016—2020 年）规划纲要中提出，要科学划定并严守生态保护红线，对于生态空间的用途要进行严格管制，确保重点生态功能区的“生态功能不降低、面积不减少、性质不改变”。

2017 年 2 月，环境保护部、国家发展改革委联合印发了《生态保护红线划定指南》，对于生态保护红线的划定给出了更为科学的指导。但在涉及水生态保护红线方面，该指南中欠缺对于有关江河湖泊水生态保护红线的划定方法和指导。同年，中共中央办公厅、国务院办公厅印发《关于划定并严守生态保护红线的若干意见》，对于生态保护红线的划定指导就更为科学而明确。意见根据不同生态保护区内生态功能的重要性和生态破坏敏感度等技术指标，将生态保护红线的边界划分为：自然边界、保护地边界、江河湖泊及海岸边界。

早在 2017 年 12 月 25 日，环境保护部常务会议上审议并通过了《“三线一单”编制技术指南（试行）》（“三线一单”是指生态保护红线、环境质量底线、资源利用上线和生态环境准入清单）。2019 年 6 月 28 日，在生态环境部举行的每月例行新闻发布会上，相关负责人表示，对于“三线一单”编制的推进工作，已经将全国的各省（区、市）划分为两个梯队分别展开推进。在“三线一单”编制工作的两个梯队中，长江经济带 11 个省（区、市）和青海省作为第一梯队的“三线一单”编制试点工作落下帷幕；其余 19 个省（区、市）和新疆生产建设兵团作为第二梯队陆续展开“三线一单”的编制试点工作。在编制过程中，特别成立了“三线一单”专家组，专家云集了各相关领域专家、技术人员、各省（区、市）领导班子等，共同为编制过程中可能出现的问题出谋划策。两个梯队的编制试点工作于 2019 年年底基本全部完成，试点成果于 2020 年向公众发布。至此，全国形成生态保护红线“一条线”“一张图”。

在宜兴生态保护红线的划定方面，按照《江苏省生态保护红线区域保护规划》的要求，结合宜兴生态实际，划定生态保护红线保护区域，保护比例在全省县（市、区）中排名第二。其中，太湖（阳羡景区）风景名胜区、饮用水水源保护区等区域都被划入生态保护红线区内。作为国家生态市，宜兴正努力构筑生态文明高地，打造“美丽中国”示范区。全市生态保护红线区域共分为 7 类 9 个板块，分别是自然保护区、森林公园、风景名胜区、饮用水水源保护区、重要湿地、太湖重要保护区、水源涵养区等。生态保护红线区域总面积 724.97 km^2，占全市区域面积的 36.31%，占无锡市生态保护红线区域面积的 54.62%，保护比例高于全省平均值 14 个百分点。从 2008 年起，宜兴就开始了生态功能区保护工作的实践与探索，把生态文明建设作为可持续发展的重要战略导向，走出了一条由环境换取增长到环境优化增长的科学发展之路，先后荣获“国家环保模范城市”“国家生态市”等称号，高标准通过“国家环保模范城市”复核和“中国人居环境奖”考核，被评为全国“十城市生态环境公众满意度排行榜”第一名。宜兴市按照省政府统一部署，抓紧修订完善生态保护红线保护区域规划，认真做好生态保护红线顶层设计工作，根据全市不同区域发展水平和资源环境承载力实施分级管控，将阳羡景区、横山水库、龙池山自然保护区等核心区域和环境敏感区设置为一级管控区，坚决实行最严格的管控措施，严禁一切形式的开发建设活动；对滆湖、三氿等 4 块重要湿地，南部海拔大于 100 m 的山地，太湖水体及沿湖岸 5 km 范围划为二级管控区，实施最严格的环保准入门槛、项目认定标准，禁止一切不符合保护政策的开发建设活动。

7.2　精细化水生态环境监管体系构建

宜兴市在生态文明建设上紧跟国家、江苏省以及无锡市步伐，积极推进水生态环境治理制度体系建设。宜兴市以《中华人民共和国环境保护法》基本法，《中华人民共和国水污染防治法》《水污染防治行动计划》等环境单行法以及《江苏省水污染防治条例》等省部级涉水法规条例为依据，从目标制定、组织实施、考核评估 3 个方面，构建了以改善水环境总体质量为核心，包含河长制、断面长制、公众监督、奖惩机制等制度在内的精细化水生态环境监管体系（图 7-1）。

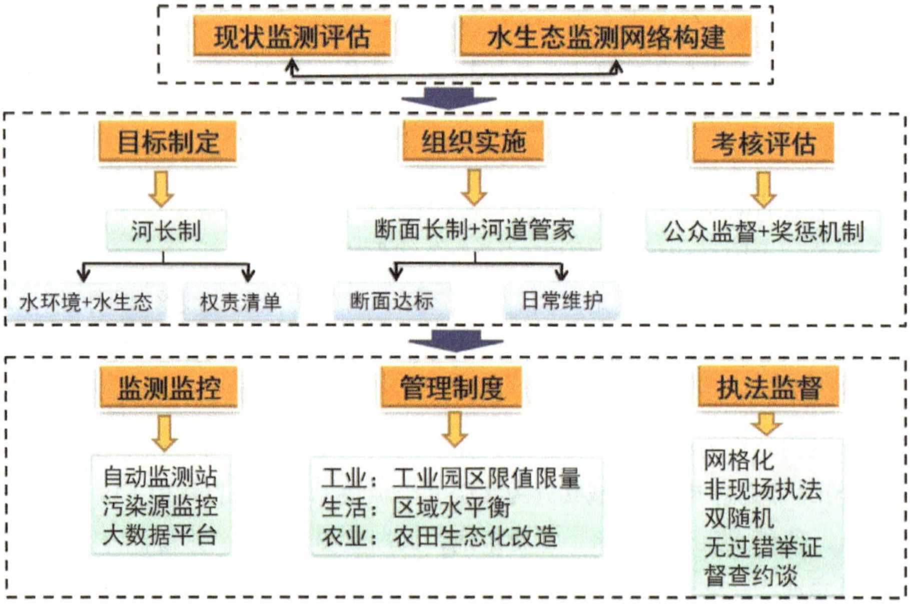

图 7-1 精细化水生态环境监管体系

7.3 精细化水生态环境监管体系建设政策建议

7.3.1 提升监测监控能力

（1）优化水生态监测网络体系

1）完善水质监测点位布设。在原有市控监测点位基础上，从 3 个方面调整和增设监测点位，使水生态环境监测网络具有连续性、代表性、导向性，能够解决原有监测布点较为集中、未形成全覆盖网络的问题，并且有利于政府从各点位的功能用途出发，分类别进行考核评价。乡镇交界断面增设监测点。根据最新的城镇区划网格，设置和取消一些点位，增加环境监测点位在空间尺度上的代表性和完整性。与宜兴市环境监测站的数据监控平台对接，统一对水质数据进行月度考核，出现连续两个月考核不合格的断面，县级河长需约谈交界断面所在的两个镇（街道）的镇级河长。新建行政区交界监测站点，有助于实现常态化监测监管，在污染转移交换角度上，提高污染纠纷处理的代表性、合理性，便于厘清跨界水污染的治理责任。水质易波动的河道支流汇入处增设监测点。推广智能移动式水质检测仪的使用，通过全天候、高频次收集水质数据，严密掌握支流各关键节点处的水质变化状况，形成各污染物指标的趋势图，一旦发现异常可以迅速精准定位污染源。此外，利用其动态影像捕捉与实时传导的功能，远程监控河道漂浮物、抓拍乱丢乱建等违规行为，让市民直观感受到河道治理举措，提高河道保护的参与意识，有利于实现污染物的精准溯源。主要农田退水口增设监测点。宜兴市大面积农田种植业主要位于万石镇、周铁镇和芳桥镇，分布在Ⅲ-11 区，在排水沟渠沿线的农田退水口设置小型收集池以便水质采样和预处理，建立监测数据台账资料，根据点位的污染分布图和水质趋势图，开展专项农业面源污染研究，并以此为试点，将研究过程与成果应用于其他类似的农业灌溉区，以实现排入水体前的过程监控，为农田尾水治理提供有力支撑。

2）细化水生态监测指标体系。水环境、水生态、水资源三者是互相影响的关系，一旦其中某一个因素被破坏，会直接导致其他因素的失衡。目前水环境和水资源的指标体系已经相对完善，而水生态指标尚未有统一的体系。因此需要在原有生态指标体系的基础上，融合宜兴市水环境的特色，制定更加细化的指标体系。设置差异化的考核指标。在国家生态质量监测网络的基础上，根据生态保护需求和主要地理单元，补充设置地方生态质量监测站点，组织开展宜兴市生态质量监测。由于不同生态功能分区的地域特色以及主产业类型不同，所产生的水环境问题也各不相同，因此有必要制定差异化的水生态指标体系，例如，将水生态指标体系分为亲民指标和考核指标两大块。亲民指标侧重于水生态观感方面的软性指标，考核指标侧重于必须统一达成的专业硬性类指标，其中再细分为生态保护和生态修复两大类，生态保护指标侧重于通过水生动植物的状况衡量，包括鱼类数量、水生植物种植情况等，生态修复指标则侧重于工程项目类的实施效果，包括生态缓冲带新增面积等。设置差异化的考核机制。根据不同水体特征选用对应的指标体系。对于水质较差的水体，依照水质改善为主、生态保护为辅的指标体系进行考核评价；对于水质状况较好、但缺少鱼类生物的水体，依据生态修复为主、水质保护并重的指标体系进行考核评价。与河长制长效管理机制类似，建立月度调查、季度通报、年度考核的水生态治理考评机制，借鉴江阴的“蜗牛警示牌”做法，向不重视长效治理、贯彻落实上级决策进度缓慢的水生态功能区划管理小组给予警告，并计入年终绩效评价。

（2）构建污染源监测网络

1）加强污染源监控系统建设。推动重点工业园区、产业集群开展排污单位用能监控与污染排放监测一体化试点，拓展污染源排放遥感监测。借鉴常州市的做法将各区（县）重点排污企业的用电工况进行联网监控，根据用电曲线生物波动情况可以实时发现污染处理设施异常情况，有助于判断是否存在不正常运行的问题。针对河湖水质经常波动、存在环境风险隐患的敏感区域，政府也可委托第三方从事环保技术服务的公司，对所在片区内的自动监控系统进行统一的管理和维护，为预警监测、决策分析和远程控制提供强有力的技术支撑。促进“互联网+”监测预警系统建设。建立大数据平台，完善GIS系统，建设排水户、管网、泵站、污水厂等设施关键指标智能感知系统，建立重点工业排水户排口自动化监控系统。强化远程实时监控、智能预警等功能，逐步建立水质水量波动、管道液位变化、污水输送、泵站调控和应急调度预测预报模型。通过排水管网分析模型，计算评估与诊断分析管网运行状态，为排水管网系统数字化管理与模拟分析提供科学依据，全面提升辅助决策和效果评价能力。

2）加快天地一体化监控系统建设。加快“天网工程”建设，全面提升宜兴市水生态环境监测自动化、智能化、信息化能力。“天网工程”现已在56个断面安装视频监控系统，可于原计划的基础上在36个行政交界断面、入湖口河流断面新增视频监控系统，统筹优化生态环境观测卫星遥感影像获取与共享机制，开展多周期覆盖、多分辨率、多要素卫星数据的解译和获取，逐步拓展数据获取汇集能力。强化“水陆空”立体监控的融合度，使其可以充分应用于污染溯源和排口整治。对于未建设水质自动监测站的点位，采用从水陆空立体同步推进的方法，先采用小型无人飞机进行水域勘查，并根据无人机现场勘查的结果来制定具体的采样方案。针对人工容易到达点位，采用传统手工采样方式监测分析。针对复杂水域或人工不容易到达的点位采用无人采样监测两用船进行采样监测分析，pH值、电导率、溶解氧等参数利用船上配置的水质多参数分析仪进行高密度监测。针对因水位较低无人采样监测两用船无法下水或因水域复杂、河道渐窄无人采样监测两用船无法使用的点位采用无人采样飞机进行精准采样监测。

（3）提升基层监测能力

1）优化监测方式。调整自动监测站点数量。水生态监测网络优化最终保留了70个监测点位，在现有38个建设了水质固定自动监测站的市控断面基础上，重点在水质状况一般的河流断面增加水质自动监测站；需统一建立宜兴市手工监测点位名录，新增水质状况较好的河流断面作为手工监测点，实现水质监测方式及要求的差异化和全覆盖。创新手工监测方式。水质监测自动化程度进一步提高，减少人力投入成本。可以针对特定断面采取周期摸排（30天），结合自动化检测系统的不间断分析功能，将分析结果直接反馈到一线监测人员处，实现现场巡查与实验室分析联动机制，为溯源排查提供有力的数据支撑。此外，可以借鉴浙江金华市的做法实行“下游人员到上游交界断面取水”的方式，交叉取样，互相监督，确保监测行为的客观公正和精准溯源。

2）完善基层监测配置。宜兴市需结合实际尽快制定出台基层监测机构现代化评估标准，到2025年前具备独立开展行政区域内执法监测和应急监测的能力。优化监测队伍。从根本上保障基层监测人员的待遇，以确保工作稳定性。另外，要激发监测人员不断提升素质能力的专业精神，开展模拟监测大练兵活动。例如，无锡新吴区通过开展以市环境监测站和第三方社会监测机构为主的监测技术比拼，从理论知识和实践操作两个方面夯实了水质监测的业务能力，在比拼过程中既能展示优秀技术人员的专业技能，又可以吸取他人的监测经验，改正固有监测流程中存在的不足之处。鼓励生态环境部门委托有资质、能力强、信用好的社会监测机构配合开展执法监测。提升装备能力。利用无人船等手段对水体开展走航分析，主要排查水体内有无暗管分布。根据前期收集资料及实地勘查结果，确定具体走航路线并对主要支流开展水质监测，实现水质随船边走边测，为进一步“对症下药”、科学治水提供精确的数据支撑。深入实施多点位取样、上下游比较等判断污染源区域，综合水流方向，精准查找污染源头；同时，根据走航分析报告制定“一点一策”治理方案。按照“一点一策”治理方案，及时采取截污等措施，注重靶向治理，确保水质稳定达标。

7.3.2　建立创新管理制度

（1）建设大数据、服务一体化平台

1）加快大数据平台建设。尽快构建规范统一的数据获取、管理、分析和应用技术标准，避免因来源和属性的繁杂而导致数据的可靠性降低。不断提升数据资源获取能力。同时利用物联网、移动互联网等新技术，拓宽数据获取渠道，创新数据采集方式，规范数据传输，确保数据及时上报和信息安全。做好各类数据资源的整合集成，并汇聚整合形成布局合理、规模适度、保障有力、绿色集约的生态环境数据中心，实现对各类水生态环境数据的统一管理和应用。按照“一数一源”原则，对已有各类数据进行系统、全面梳理，建立水生态环境数据资源目录。在明确各类大数据所属管理部门的前提下，通过资源的整合，增进多个业务部门与系统间大数据流通的协同性，用数据进行业务监管，确保行政流程透明化。形成完善的数据更新机制，按照业务职能和分级管理事权，明确数据更新责任主体，建立横向跨业务、纵向跨层级在线联动数据更新机制，实现数据同步更新。

稳步推进水生态健康数据向社会开放，促进可开放数据的社会化应用。建立数据开放机制和标准，编制数据开放清单，规范数据开放管理、社会使用、安全和监督检查等行为。另外，需要增强政府部门对生态环境大数据建设的支持力度，为技术落地设立专项资金，规范和引导各类社会组织、科研机构的团体与个人发挥才智，共同参与大数据建设，加强专题数据产品制作与增值服务。环境信息化企业可以借助自身的业务优势，给重点生态功能区的监测评估、监控预警提供科技支撑。公众除了使用传统的电话投诉方式外，还可以直接在对应的平台应用软件上记录和反馈所在地的环境变化情况，补充监察人员日常难以深入接触到的区域，扩大生态环境数据的来源范围。平台通过舆情大数据建立的监测系统进行更高效的数据抓取，将枯燥的空气、水质、污染源数据可视化，制作形成实时更新的“污染云地图”。另外，在平台软件上设立直通相关部门进行在线举报的板块，可以增强公众监督和投诉环境污染问题的积极性，使反馈渠道更加畅通便捷。

2）建立服务一体化云平台。建立全链式办事服务平台。全面整合不同职能部门的环境服务板块，建立了在一个门户办理多项事务的一体化云平台，实现“不见面审批”的便民化服务。开展环保云课堂，对新施行的政策进行详细解读和指导，将常见问题进行汇总后形成一套答疑数据库，可以突破时间和地域的限制为企业提供服务，充分提高企业填报效率。完善云平台的公众投诉板块。公众投诉是及时发现水污染事件的有力途径，将执法监管的部分责任前移至服务监督，在生态环境的前期保护预防阶段发力，有利于实现高效分析、精准决策。根据多数市民的反馈，应在投诉板块的界面上标明常见几类污染问题投诉事项所对应的部门，避免市民因多次拨打电话无果而产生负面情绪，提供便捷高效的政务服务。公众将需要反映的污染问题一次性与相应的主管部门对接，也有利于加快污染治理进度。例如，海口推行“首问责任制”，就是基于举报事项的有效对接而制定，以首个接到群众来电反映事务的接线员所在单位作为牵头单位，负责协调污染相关的各权责部门进行事务的处理，并将最终办理情况给予回复，大大提高了工作效率和群众满意度。

（2）提高创新成果管理及转化能力

提升科技支撑能力。建立以企业为主体、市场为导向、产学研深度融合的技术创新体系。建立多层次、多类型的生态环境大数据人才培养体系，创新人才培养机制，积极引进大数据高层次人才。鼓励高等院校、科研机构、高新企业联合攻关。充分利用社会资源，重点加强大数据获取、存贮、搜索、分享、分析、挖掘、可视化以及数据安全与隐私保护等领域关键技术的研发与应用，形成安全可靠的大数据技术体系。完善创新机制，打通创新链条，将科技成果及时转化为政策、技术和市场。

创新投入和发展机制。按照生态环境大数据发展需求，在充分利用已有项目资金基础上，积极拓宽资金来源渠道，强化资金保障。各级水行政主管部门要加大对大数据发展的经费保障力度，把大数据发展工作所需经费纳入年度预算，积极支持大数据的关键技术研发、重大应用示范工程和数据共享开放平台建设等。探索可持续发展机制，支持政府部门和企业合作，鼓励市场主体和社会公众开展大数据增值性、公益性开发和创新应用，规范引导社会资本进入水生态环境大数据领域。

（3）治理、管理能力的结合

进一步完善宜兴市生态环境监测网络，利用天地一体化监控系统采集数据，加强对水环境数据的关联分析，实现对流域重要水功能区、规模以上入河排污口、重要饮用水水源地等监测信息评估，增强水环境趋势分析和预警能力，支撑水环境精细化分析和监管，形成政府主导、部门协同、社会参与、公众监督的生态环境监管新格局，贯彻落实“互联网+环保”综合分析决策思想，开展流域水环境信息化服务，为生态引领区的水生态环境治理能力现代化水平建设提供有力保障。

7.3.3 强化执法监督能力

（1）推行实施“断面长制”

为了能够将监测数据与地方治理充分对接上，宜兴市可以在水生态环境监测网络断面设置断面长。断面长作为监测断面的负责人，应全面了解所负责断面的治理目标，并及时了解最新的上级要求。市环境监测站应将断面当月及累计水质类别、达标情况、主要超标污染因子以及同比和环比变化情况、全省重点断面逆序排名情况等信息定期推送给断面长，使断面长在全面了解断面情况的基础上做好与基层治水机构的联络工作，查找出问题的原因，协同处理重点监测断面不达标的情况。对年度目标完成难度较大的断面，断面长应向市生态环境局及时反映，通过组织相关会议对断面治理提出建议，保证断面所在流域的水质状况。断面长的设置不仅可以压实断面达标责任，从而间接提高宜兴市水生态环境质量，并且在治水工作中也起到联络上下级部门的作用，增强了部门之间的联系。

（2）优化“河长制”组织架构

根据《江苏省太湖流域水生态环境功能区划》（苏环办〔2016〕48 号）宜兴市总共占了三类水生态功能分区：水生态Ⅰ级区、水生态Ⅱ级区、水生态Ⅲ级区，各街道、镇都有明确的所属分区。因此以水生态功能分区为单元，对镇的镇级河长和村级河长进行分区管理，更加明确各功能分区对河长的要求。市级河长下增设区级河长，分别管理各自的水生态功能分区，并根据各功能分区对水生态环境的要求精细化组织成员；各区级河长对所在功能区内的镇级河长履职情况进行指导和监督，并向上级汇报工作情况和相关问题；镇级河长对所属功能区的区级河长直接汇报工作。可以减轻市级河长的工作，而且可以了解不同分区的河长制实施情况，准确把握下一步的工作目标。区级河长可由相关专业市级部门的负责人担任总河长，聘用专业领域的专家担任副总河长。跨分区的街道、镇由水生态功能要求高的分区进行管理。

推行“企业河长制”。在政府河长的基础上推行“企业河长制”，将企业由“监管对象”转变为“合作伙伴”，推动企业从“旁观治水”向“责任治水”转变，提升企业环保意识和社会责任感，助力水生态环境治理。通过筛选行业影响力大、环保工作好的排污单位，以就近原则确认企业负责人为相应河道的企业河长，重要河道可以指定 2 位企业河长，并且通过政府与企业签订目标责任书、竖立公示牌的形式确立；建立巡查处置、激励优先和落后淘汰工作机制，保障企业河长工作落在实处，对责任落实到位、工作成效显著、具有示范引领作用的企业河长，在企业资源匹配、政策激励等方面给予优先考虑，对履职不到位、治理不积极的企业河长予以淘汰；制定政府河长与企业河长定期联络机制，政府方面可以将相应河道的水质监测数据与企业进行共享，让企业在保障自身生产情况的基础上发现问题并解决问题，企业也需要及时反馈、协同处置水生态环境问题，助推政府河长工作。“企业河长制”的推行，不仅可以发挥宜兴市优秀企业在治水领域的影响力、约束力，而且丰富了河长体系，构建互相监督、互通有无的政企共治新格局。

（3）开展巡察整改专项督查

强化支浜监管治理。从流域全局出发，应对重点支浜实施清淤整治工作。从工程措施角度，对 III-11 区和 II-03 区 9 条入湖河流的所有支浜进行地毯式摸排，将问题支浜分为重度污染、中度污染和轻度污染三类，分批开展清淤工程。向断头浜引入活水，恢复水体自身净化功能，并打通周边河道，形成完整水系。从管理措施角度，在原先“一河一策”的基础上细化，对于不同的河道问题分类施策，对“十四五”新增断面实施“一断面一方案”，对重点河流的问题支浜制定“一浜一策”方案，并加大执法巡查密度。从支浜到入湖河道，形成流域全覆盖治理格局。

大力削减污染物排放量。加快污水管网建设。对农村污水处理老旧设施进行更新改造，保证长期稳定运行功能。创建农村污水治理典型示范镇，注重引进专业的治污设施运营商，参考示范镇的管网铺设、污水处理设施建造、污水厂运行的全流程建设模式，加快其他乡镇、街道的污水基础设施建设，建设生活污水联网监控平台，实现以点带面，降低整体运行成本，提高管理效率。

合理施用农业化肥。根据《江苏统计年鉴 2020》，2019 年宜兴市农业化肥施用量较五年前减少了 12.8%，农药施用量较五年前减少了 25.6%，但农业产量也因此受到了一定影响。通过科技人员下乡，针对不同的农田种植类型，研究肥料减量且农田增产的配套技术和设施，例如，利用水肥一体化设施进行精准施肥，并利用典型农户的示范带动作用，逐渐改变粗放式农业生产方式，减少排入水体的氨氮和有机污染物，探索绿色农业的发展，对农田退水口实施动态持续的监控。

优化工业园区产业结构。工业方面加大“散乱污”企业的整治，对污水处理厂和排放污水的重点企业加强监管，减少污水处理曝气阶段、污泥处理焚烧阶段的高耗能工艺，推动新工艺、新设备的开发与利用。工业产业结构分布在Ⅰ-03 区、Ⅱ-02 区和Ⅱ-03 区重点发展绿色现代化农业、生态旅游业，在Ⅲ-07 区以官林镇为中心建立电线电缆、新材料等产业园区，在Ⅲ-10 区以和桥镇为中心继续重点发展环保装备、汽车及智能制造等高新技术产业，在农业种植区较为集中的Ⅲ-11 区建立绿色食品加工工业园区，同时加大对Ⅱ-03 区与Ⅲ-10 区原化工行业、金属冶炼行业中分散企业的整治力度，逐步关闭退出或搬迁进入宜兴市新材料产业园。另外，在工业园区开展基础设施的共享，统一供水、排水，建立一体化监控平台，并以园区“水平衡”监管为抓手，加强工业园区的精准治污。促进工业重复利用水率的提高，同时对污泥进行再生资源化利用，考虑打通污泥返回农田的循环利用机制，实现在水污染防治中的“碳达峰、碳中和”战略目标。

完善监察队伍协同与培训制度。加强环境监管力量的协调配合和互通能力。构建乡镇联合交叉执法制度，由镇级政府部门组织召开联合执法协调会，建立“2+1+2”人员交叉配置机制模式（2 名异地执法人员、1 名属地执法人员、2 名监测人员），在全市范围内开展联合交叉检查和执法工作，打破生态环境部门“自扫门前雪”的局面，推动镇级监察力量的合力协作和学习交流。对于水生态环境困难多、监管和治理难度大的地区，宜兴市生态环境局需派专员驻点指导、定向帮扶，帮助解决地方治水难题，缓解治理压力。落实环境监管专业人员引进与培训制度。应加大人才引进力度，通过在专业领域的部门拓宽人才引进的渠道，短期聘任或临时雇佣的方式，从“志愿者河长”“民间河长”等社会组织或机构中选拔引进人才，为宜兴市治水队伍提供新力量。组织成立水生态环境治理工作学习培训小组，由宜兴市环境监察局负责人担任组长，成员包括监察局全体工作人员及各乡镇、街道生态环境部门人员，培训方式可以选择内部培训和外部培训。内部培训主要通过举办环境监察岗位培训、环保知识竞赛等方式，让执法人员学习交流最新的环保法律法规、规范现场检查程序等；外部培训主要是聘请环境监察行业的杰出人物或上级部门专家对水生态环境监测工作人员进行专项培训，并通过不定频次的考试或工作技能比赛，检验执法人员对专业知识的掌握情况，并将其作为监察人员年终绩效评估的依据。

第 8 章

推动绿色发展的环境经济政策研究

8.1 环境经济政策实施现状评估

8.1.1 国家环境经济政策实施现状

2021 年是“十四五”规划开局之年，环境经济政策改革迎来前所未有的好形势，中央高度重视推进改革、地方积极实践探索，环境经济政策体系不断健全完善。2018 年 5 月，习近平总书记出席全国生态环境保护大会并发表重要讲话。习近平总书记在讲话中明确强调，要充分运用市场化手段，完善资源环境价格机制，采取多种方式支持政府和社会资本合作项目。中共中央、国务院于 2018 年 6 月印发的《关于全面加强生态环境保护 坚决打好污染防治攻坚战的意见》将“健全生态环境保护经济政策体系”作为改革完善生态环境治理体系的“五大体系”之一，对环保投入、环境价格、生态保护补偿、环境税收、环境责任保护、第三方治理等环境经济政策改革提出了明确要求，为进一步加快环境经济政策建设提供了崭新动力，也为下一步环境经济政策改革与创新指明了方向。此外，《打赢蓝天保卫战三年行动计划》《渤海综合治理攻坚战行动计划》等七大标志性战役作战方案也将环境经济政策作为重要的保障措施，对环境经济政策提出了明确要求。

（1）经济政策的绿色化水平进一步提升

积极健全环境财政政策。中央财政分别安排大气、水、土壤污染防治专项资金 200 亿元、150 亿元、35 亿元，支持北方地区冬季清洁采暖城市扩围和重点区域综合性大气污染防治，重点区域、重点流域水污染防治，以及支持开展土壤污染详查等工作。启动第三批山水林田湖草生态保护修复工程试点，将内蒙古乌梁素海、河北雄安新区、新疆额尔齐斯河流域等 14 个工程纳入试点范围，并下达基础奖补资金 100 亿元。政府绿色采购工作持续推进，已经发布 24 期节能产品政府采购清单、22 期环境标志产品政府采购清单，政府绿色采购发挥了很好的社会绿色消费引导作用。

横向生态补偿政策实践不断深入。国家发展改革委、财政部、自然资源部等 9 部委联合印发了《建立市场化、多元化生态保护补偿机制的行动计划》。财政部、原环境保护部等 4 部委印发《中央财政促进长江经济带生态保护修复奖励政策实施方案》，预拨 80 亿元奖励资金，对长江经济带 11 个省（市）实行奖励政策。继续开展横向生态环境保护补偿试点，河北、北京签订密云水库上游潮白河流域水源涵养区横向生态保补偿协议；云南、贵州、四川三省签署赤水河流域上下游补偿协议；新安江流域签署第三期补偿协议；汀江—韩江流域续签一年补偿协议；中央财政安排 6 亿元生态保护补偿资金，加快形成受益者付费、保护者得到合理补偿的良性局面。继续完善重点生态功能区转移支付方法，2018 年，中央财政下达重点生态区转移支付 721 亿元，同比增幅达 15%。继续开展森林、湿地等生态效益补偿和草原生态保护补助奖励，2018 年，中央财政分别安排森林，草原生态效益补助 175.8 亿元和 3.9 亿元，安排草原生态保护补助奖励 187 亿元。

绿色金融政策实践十分丰富。绿色金融再次写入二十国集团（G20）领导人峰会研究成果之中，由中方主导完成的《2018 年 G20 可持续金融综合报告》得到了世界各国的认同，为推动全球可持续发展提供了重要的发展理念。五大绿色金融改革创新试验区全力推进绿色金融的创新实践，采取各类灵活有效的措施，形成特色鲜明、成效显著的绿色金融实践“样板”。绿色债券市场发展势头强劲，2016 年至 2018 年 11 月，各类绿色债券的总规模达到 6 077.49 亿元。绿色信贷市场长期保持稳步增长，2013—2017 年，节能环保项目的信贷规模从 9 613.1 亿元下降至 7 619.05 亿元。各地积极探索绿色发展基金，山东、江苏、甘肃、贵州分别设立绿色发展基金、生态环保发展基金、工业及省属国有企业绿色发展基金等，资金规模从 100 亿元到 2 000 亿元不等。

资源环境资产核算与有偿政策探索深入。生态环境损害赔偿制度全面试行，督促指导地方制定实施方案，北京等 29 个省级行政区已印发省级实验方案，各地生态环境损害赔偿制度逐步确立。全国 12 个省级行政区、32 个试点区域完成自然资源确权登记试点工作，土地、矿产、森林、草原、水资源、海洋等分门类自然资源资产有偿使用制度改革文件相继出台。有序推进自然资产负债表试编工作，完成 2015 年全国自然资源资产负债表试编和审核评估工作。对辽宁、四川、福建、海南、新疆 5 省（区）以及广州、哈尔滨、南京 3 市实施了领导干部自然资源资产离任（任中）审计。

（2）环境经济激励政策机制进一步健全

资源环境税费改革稳步推进。财政部、税务总局等联合发布《关于环境保护税有关问题的通知》《关于明确环境保护税应税污染物适用等有关问题的通知》《关于停征排污费等行政事业性收费有关事项的通知》等文件，进一步细化环境保护税征管相关规定，实现税费制度平稳转换。平稳有序推进水资源税试点，水资源税改革试点范围从河北进一步扩大到北京、天津、山西、内蒙古、山东、河南、四川、陕西、宁夏9个省级行政区，试点效应逐步显现。

“绿色信用”“绿色保险”日益发挥重要作用。生态环境部建立完善生态环境领域失信联合惩戒机制，制定《关于健全环保信用评价制度 促进长江经济带共抓大保护的指导意见》，向银保监会提供3.5万余家企业环境信用评价结果，将生态环境违法信息逐步纳入金融信用信息基础数据库，将查处的严重生态环境违法问题的企业信息提供给证监会，起草的《环境污染强制责任保险管理方法》，于2018年5月由生态环境部审议通过，并转请银保监会联合发布。推动在《固体废物污染环境防治法（修订草案送审稿）》中写入环境污染强制责任保险相关条款。在全国20多个省级行政区开展环境污染责任保险试点。

日益重视价格政策在绿色发展中的关键作用。国家发展和改革委员会发布《关于创新和完善促进绿色发展价格机制的意见》，聚焦污水处理、垃圾处理、节水、节能环保4个方面，有针对性地提出了“一揽子”政策措施。环保电价政策、工商业差别化用水用电价格政策、居民阶梯价格制度、北方地区清洁供暖价格政策、可再生能源发电价格政策、农业水价改革深入推进，水资源费、污水处理费、垃圾处理费政策继续完善，在减少污染排放、保护生态环境、节约能源资源、促进能源结构和产业结构调整等方面发挥了积极作用。

环境市场机制不断健全。财政部公布第四批PPP示范项目，涉及投资额7 588亿元，开展项目示范、打造样板工程，在规范中引领PPP稳步发展。生态环境部印发《工业园区环境污染第三方治理典型案例（第一批）》。排污权交易试点由点到面稳步推进，全国共有28个省级行政区开展了排污权交易试点，截至2018年8月，一级市场征收排污权有偿使用费累计117.7亿元，在二级市场累计交易金额72.3亿元。浙江、重庆、内蒙古、河南已完成了全部新增污染源的排污权有偿使用，浙江等少数地区已逐步将排污权有偿使用的范围扩展至现有污染源。推进发电行业全国碳排放权交易市场建设，推动建立全国统一的数据报送系统、注册登记系统和交易系统。继续开展碳排放权交易试点，截至2018年11月26日，全国碳排放权交易市场成交量已达2.7亿t二氧化碳，成交金额逾60亿元，试点范围内碳排放总量和强度实现双降，形成了初具规模、要素完善、运行平稳的地方碳排放权交易市场。

（3）绿色消费政策不断完善

强化“环境保护综合名录”应用。深化环保综合名录研究与应用，完成《环境保护综合名录（2018年版）（征求意见稿）》《“高污染、高环境风险”产品常用信息手册（第二辑）》编制工作。修订《产业转移指导目录（2012年本）》，形成《产业发展与转移指导目录（2018 年本）》。

绿色供应链进入快速发展期。商务部等 8 部门联合印发《商务部等 8 部门关于开展供应链创新与应用试点的通知》，在全国范围内开展供应链创新与应用城市试点和企业试点。财政部、商务部按照“市场主导、政策引导、聚焦链条、协同推进”原则，以城市为载体，聚焦民生消费行业领域，推动流通领域现代供应链体系建设。

资源环境“领跑者”制度建设不断完善。市场监管总局等 8 部门联合印发《关于实施企业标准“领跑者”制度的意见》，提出到 2020 年我国在主要消费品、装备制造、生产性和生活性服务及新兴产业领域企业标准“领跑者”培育目标。

8.1.2 引领区环境经济政策实施现状评估

8.1.2.1 环境税政策评估

（1）宜兴市环境税政策利益相关者分析

目前太湖流域的主要应税水污染物是总氮、总磷、氨氮、化学需氧量（COD）以及高锰酸盐指数。宜兴市大部分企业的污水处理采用直接接管至污水处理厂处理的方式，因此只向污水处理厂缴纳污水处理费而无须缴纳环境保护税，污水处理厂根据排污量缴纳环境保护税。而未接管的排污企业则需要向税务局缴纳环境保护税，具体操作流程为：排污企业根据排污量在税务局提供的税务信息填报平台“金税三期”上进行自主申报，税务局根据企业填报数据进行大数据分析，比对企业以往排污数据，若填报数据存在异常则移交风险对应部门，高风险事件移交生态环境局进行复核处理，中低风险事件则直接与排污企业进行约谈了解具体情况。若填报数据无异常，则提交给财政局。由此可分析出宜兴市环境税政策的利益相关者主要包括排污企业、污水处理厂、税务局、财政局、生态环境局。良好且高效的环境税征收管理体系需要以上多部门的协同合作，具体体现在环境税的有效征收有利于约束排污企业的排污行为，有利于保障污水处理厂的基本运营；便捷易操作的税务填报系统有利于税务局、财政局、生态环境局等政府部门与排污企业之间形成良好的互动机制，以提高征收和核查工作的效率。

（2）环境税评估方法

1）评估原则。

①衡量政策全过程情况。在宜兴市环境税政策绩效评估的过程中，要注重对政策目标、政策执行和政策效果多方面的评估，体现出对政策全过程的评估。

②涵盖多部门协同高效合作。环境税的征收和管理涉及政府部门如财政局、税务局、生态环境局、住建局等，排污企业、污水处理厂等多方利益相关者的合作，因此需要各部门工作人员之间保持良好的沟通，其工作流程也需要进行优化，以此能够体现出多部门协作的高效工作机制。

③体现国家环境保护费改税的先进性要求。环境保护费改税政策致力解决征收面窄、征收标准过低、征收力度不足、征收效率低、缺乏必要的强制手段等问题，当前环境税政策处在逐步完善的过程中，对宜兴市未接管排污企业征收环境税，以期减少企业直排，用较高的污水处理费约束排污行为，体现了宜兴市政策未来的前进方向。

④能给政府提供正反馈。政策评估的最终目的是找出政策目前所存在的问题，对提供政策修改意见和实施方案具有借鉴意义，体现出能给政府工作正反馈。

⑤结合实施方案的要求。在政策的评估中，紧密贴合无锡市和宜兴市环境税征收管理现状，评估其政策实施层面所存在的不足。

2）评估方法。

针对环境税政策的评估，采用逻辑框架法。逻辑框架法是美国国际开发署 1970 年开发并使用的一种设计、计划和评价的工具，它是一种综合、系统地研究和分析问题的思维框架模式。逻辑框架法已经被广泛应用于项目的策划、项目的前期评估论证、全过程监测评估以及后评价、项目的经济评价、影响评价以及社会评价各个方面，尤其是汇集各种评价内容的全面、综合评价。

逻辑框架法的核心是紧扣事务层次间的因果逻辑关系，找出要解决的问题的结果与实事之间的内在联系，在满足投入的基础上根据逻辑关系逐步实现宏观目标。基于此，逻辑框架法的基本模式是由垂直逻辑关系和水平逻辑关系两大维度构建出的 4×4 逻辑矩阵。原逻辑框架法的层次包括宏观目标、直接目的、政策产出和政策投入，本研究根据政策评估稍作改动，改为政策目标、政策设计、政策投入和政策效果 4 个环节。

本研究在权重的选择上采用了主客观综合赋值法，主观赋值法借鉴美国联邦政府管理和预算办公室的经验法，对目标、设计、投入和效果 4 个指标分别赋予 20%、10%、20%和 50%的权重，客观赋值法采用均权法。公式如下：

$$\omega_i = a_i b_i \Big/ \sum_{i=1}^{m} a_i b_i \tag{8-1}$$

式中，ω_i —— 第 i 个指标的组合权重；

a_i、b_i —— 第 i 个属性的主观权重和客观权重，是乘法合成的归一化处理，适用于指标个数较多、权重分配比较均匀的情况。

指标赋值分为 3 个级别，其中：30 分代表没有进展、进展较小或进展一般，需要加快推进；70 分代表进展较好，但是面临不少问题，需要进一步推进和完善；100 分代表进展良好，需要稳中求进。

（3）评估体系

评估体系主要包括目标层、准则层、指标层 3 个层次，其中目标层主要包含政策目标、政策设计、政策投入、政策效益 4 个方面，对政策目标主要从国家和市级两个层面分析，对政策设计主要从总体目标、税额标准、征收管理 3 个方面进行分析，对政策投入主要从实施保障方面进行分析，对政策效果重点从环境效益、经济效益、社会效益 3 个方面进行分析，具体见表 8-1。

表 8-1　环境税政策绩效评估指标体系

目标层	准则层	指标层
政策目标	国家层面	是否符合《中华人民共和国环境保护税法》主旨
	市级层面	是否与宜兴市减排目标一致
政策设计	总体目标	是否体现总量控制
	税额标准	税额标准是否实现差别化
		税额标准是否体现公平性
	征收管理	是否体现多部门协同
		信息化水平和共享平台建立
政策投入	实施保障	宜兴市是否出台单独的政策法规保障实施
		是否有相关的监管措施和奖惩制度
		申报系统内容设计是否合理
政策效果	环境效益	是否能激励企业减少水污染物排放
		是否能促进污水处理厂技术提升
	经济效益	环境税年征收额是否可支持环境治理支出
		环境税年征收额较排污费年征收额是否增加
	社会效益	相关投诉数量是否减少
		公众满意度是否增加

评估指标选取理由如下：政策目标从市级和国家级两个层面评价政策宏观目标更加全面；政策设计基于政策总体目标、税额标准、征收管理三方面综合考量政策设计过程能够充分体现税额的多元化、差异化、公平化和部门工作的协作机制高效性，总量控制的有效性；政策投入从实施保障方面展开，可以综合考量环境税正式过程的合理性、透明化、便捷度以及保障程度；政策效果从环境效益、经济效益和社会效益三方面来考虑政策的实施效果更加科学可靠，其中，环境效益主要体现宜兴市水质情况是否有提升，经济效益主要体现费改税的进展情况和资金用于环境保护的情况，社会效益主要体现政策的公众满意度。

（4）政策评估结果

研究主要从政策目标、政策设计、政策投入、政策效果 4 个方面设置评价指标权重，对引领区环境税政策进行评估，最终评估得分为 85.9 分（表 8-2），整体上处于中等以上水平，具体分项评价分析如下。

1）政策目标。

从国家层面来看，中华人民共和国环境保护部发布2008年第30号公告，确定了太湖流域执行国家污染物排放标准水污染物特别排放限值的行政区域范围，其中包含宜兴市全市辖区。因此宜兴市有必要据此制定相应的环境税征收方案，以符合《中华人民共和国环境保护税法》主旨。

从市级层面来看，目前宜兴市生态引领区的建设规划时间范围为2017—2020年，期间对 $PM_{2.5}$ 年平均浓度、空气质量优良天数比例、地表水省考以上断面优于Ⅲ类比例、单位GDP污染物排放强度等指标都有高标准要求。执行和优化环境税政策有利于改善宜兴市多部门之间关于污水排放和处理的工作机制，符合宜兴市生态引领区建设发展战略。

2）政策设计。

从总体目标方面来看，我国的环境保护以总量控制为总体目标要求，宜兴市自2017年开始开展排污许可证的全覆盖工作，按照行业分批次进行，重点行业如水泥、印染、电力等属于第一批次。排污许可证是宜兴市实现总量控制目标的重要举措，环境税在其中也服务于达成总量控制目标，约束排污企业排污行为，推动污水处理厂提高污水处理率。

从税额标准方面来看，税额标准公平性主要是针对不同规模、不同行业的排污企业的税额标准是否合理公平。若排污量一样，环境税对规模小的企业产生的压力一般比对规模大的企业产生的压力大，因此税额标准差异化是针对企业的更加精细化的税收方案，有利于针对性约束企业排污行为。但从目前宜兴市施行的税额标准来看，因为没有差异化，所以公平性比较一般。另外，由于相同污染物质在不同行业执行的排放标准不同，所以会产生不同行业的不同污染物的排放限值不尽相同的现象。但走访宜兴市税务局得知，目前宜兴市税额标准并没有根据应税水污染物排放情况施行差别化征收。

从征收管理方面来看，在“税务征收，环保协同”的模式背景下，生态环境局对于环境税的责任大幅减弱，目前主要负责环境税的复核。在复核的过程中由生态环境局带领税务局一同进行复核，便于日后税务局自行复核。但生态环境局所需的由税务局提供的数据不足，有部门之间的信息交互，但碍于政府部门日常工作的烦琐，反馈时效较长，缺少信息共享平台，为达成全面的沟通，因此还需要进一步提升部门协作水平。

3）政策投入。

实施保障方面，截至目前，与环境税相关的政策法规数量极少，远不能够支撑环境税的全面落地，尤其与其他税种相比，如个人所得税改革实施前，税务总局已出台6个配套文件。因此，对于环境税的重视，配套文件的制定和出台，显得尤为重要。针对排污企业在“金税三期”系统中自主填报的排污数据，税务局会组织安排人员进行大数据分析和历史数据比对，针对异常数据所设计的金额数量划分事件风险等级，高风险事件移交生态环境局进行复核处理，中低风险事件则直接与排污企业进行约谈了解具体情况。因此宜兴市针对环境税征收的监管惩罚措施开展情况属良好。目前宜兴市排污企业进行环境税自主申报的平台是税务局推出的“金税三期”系统，根据走访调查结果，部分企业反映该信息填报平台部分操作烦琐复杂，期望税务局相关部门能优化系统，简化填报流程。

4）政策效果。

从环境效益来看，由于宜兴市的特殊地理位置，对于太湖流域高度的保护要求，宜兴市的排污企业基本全部接管，包括农村。因此，企业在生产过程中产生的废水一般接入管网，管网由住建局等部门负责接入污水处理厂，由污水处理厂再进行统一的处理排放。因此，宜兴市的大部分企业基本不涉及缴纳水污染物环境税，只有污水处理厂涉及。而污水处理厂达到国家有关环境税的减免标准后，几乎免交水污染物环境税，但目前并没有对污水处理厂处理的水源进行核查。因此，污水处理厂是否真的满足减免要求，有待核实。

环境保护税政策通过“纳税”这一法定义务行为，有力限制了排污企业不合规范的排污行为，并且通过形成环境税额与污水处理费的差额，推动污水处理厂提升污水处理技术，提高污水处理率。环境税政策在排污企业与政府部门之间形成了一种“企业主动、政府监管、排污有序、税收有效”的良好行业环境。

从经济效益来看，一方面，由于宜兴市大部分排污企业污水排放都采用接管至污水处理厂处理后排放的方式，所以大部分企业并不需要缴纳环境保护税。另一方面，污水处理厂按排放量缴纳环境税，但宜兴市针对污水处理厂有相应的减免政策支持。因此实际上，水污染物环境税的税收资金数量较少，依靠环境税远远无法支撑宜兴市生态环境保护治理工程方面的支出，因此环境税并非环境治理的主要资金来源。目前费改税制度依然在有序推行，相关的税收金额也会投入环境保护方面的工作。

从社会效益来看，据宜兴市税务局统计，目前出现风险事件的次数较少，企业为避免承担更大的风险会积极主动地缴纳环境税，公众普遍接受环境税制度，合理行使监督权（表 8-2）。

表 8-2　环境税政策评估结果

目标层	准则层	指标层	权重	指标得分	总得分
政策目标	国家层面	是否符合《中华人民共和国环境保护税法》主旨	0.10	100	85
	市级层面	是否与宜兴市减排目标一致	0.10	100	

目标层	准则层	指标层	权重	指标得分	总得分
政策设计	总体目标	是否体现总量控制	0.02	100	85
	税额标准	税额标准是否实现差别化	0.02	30	
		税额标准是否体现公平性	0.02	100	
	征收管理	是否体现部门协同	0.02	70	
		信息化水平和共享平台建立	0.02	70	
政策投入	实施保障	宜兴市是否出台单独的政策法规保障实施	0.07	70	
		是否有相关的监管措施和奖惩措施	0.07	70	
		申报系统内容设计是否合理	0.07	100	
政策效果	环境效益	是否能激励企业减少水污染物排放	0.08	70	
		是否能促进污水处理厂技术提升	0.08	70	
	经济效益	环境税年征收额是否可支撑环境治理支出	0.08	70	
		环境税年征收额较污染费年征收额是否增加	0.08	100	
	社会效益	相关投诉数量是否减少	0.08	100	
		公众满意度是否增加	0.08	100	

8.1.2.2 转移支付政策

（1）宜兴市转移支付政策利益相关者分析

转移支付政策的主要利益相关者为：中央财政部门、省级财政部门、市级财政部门、各生态功能区、各乡镇（街道）政府。良好的财政转移支付政策，可以帮助平衡，以达到缩小经济发达地区与贫困地区之间的贫富差距，为地区开展相关生态补偿工作和生态环境修复保护工作提供资金来源的目的。

（2）评估方法

1）原则。

①衡量政策全过程。在宜兴市转移支付政策绩效评估的过程中，要注重对政策设计、政策执行和政策效果多方面的评估，体现出对政策全过程的评估。

②体现政策规范化过程。由于政策的评估一方面要结合宜兴市的本地需求，另一方面也要结合政策设计层面的规范化运作，故政策评估需要体现出政策规范化过程。

③能给政府提供工作反馈。政策评估的最终目的是找出政策目前所存在的问题，对提供政策修改意见和实施方案具有借鉴意义，体现出能给政府工作正反馈。

④结合实施方案的要求。在政策的评估中，紧密贴合江苏省财政转移支付的实施方案要求，结合宜兴市财政转移支付现状，评估其政策实施层面所存在的不足。

2）评估方法。

转移支付政策的研究主要采用“目标—执行—效果”（OPEM）模式，从事前、事中和事后三方面对宜兴市损害赔偿政策的实施现状和效果进行评估。目标层面（事前层面）需要判断损害赔偿政策是否符合区域发展实际、与区域发展战略是否符合、是否具有相应的法律基础；执行层面（事中层面）是对损害赔偿政策执行和监督方面的细化评估；效果层面（事后层面）是对环境效果、效率和经济等方面的周边效应的考核，以及考察各个利益相关者的主观感受（表 8-3）。

表 8-3 OPEM 评估方法说明

指标层	具体说明
目标（事前）	是否符合区域发展实际，与区域发展战略是否符合； 法律基础；政策的协同性； 政策制定方面是否具有稳定性和精准性等
执行（事中）	执行和监督方面的细化评估
效果（事后）	环境效果、效率、经济等方面的周边效益； 各个利益相关者的主观感受等

本研究在权重的选择上采用了主客观综合赋值法，主观赋值法借鉴美国联邦政府管理和预算办公室的经验法，对目标、执行和效果 3 个指标层分别赋予 20%、30%和 50%的权重，客观赋值法采用均权法，其公式见式（8-1）。

指标赋值分为 3 个级别，其中：30 分代表没有进展、进展较小或进展一般，需要加快推进；70 分代表进展较好，但是面临不少问题，需要进一步推进和完善；100 分代表进展良好，需要稳中求进。

（3）评估体系

转移支付政策评估体系主要包括政策设计、政策执行、政策效果 3 个层次，其中政策设计主要包含政策设计的必要性、可行性和范围设立的合理性；政策执行主要包括资金管理、协调机制、信息平台 3 个方面；政策效果主要包含社会经济效益、环境保护效益、公平性原则 3 个方面（表 8-4）。

表 8-4 转移支付政策评估指标体系

一级指标	序号	二级指标
政策设计	1	政策设计的必要性
	2	政策设计的可行性
	3	范围设定的合理性
政策执行	4	资金管理
	5	协调机制
	6	信息平台
政策效果	7	社会经济效益
	8	环境保护效益
	9	公平性原则

宜兴市转移支付政策评估指标体系选取理由：政策设计方面，转移支付主要分为一般转移支付、专项转移支付、税收返还。生态补偿转移支付是国家对于转移支付政策发展的新要求，期望财政转移支付资金能够切实有效地利用在环境保护方面，因此政策设计部分，是对宜兴市的转移支付政策进行政策设计目标是否符合国家政策目标的考量。政策执行指标从资金管理、协调机制和信息平台 3 个方面展开，作为定性指标，数据较容易获取。政策效果指标从社会经济效益、环境保护效益和公平性原则 3 个方面考量，可以更加科学、全面地反映政策的实施效果，其中环境保护效益要体现水环境、基本农田、生态公益林、重要湿地、集中式饮用水水源保护区、省级生态红线区域等多个领域的生态补偿转移资金是否到位，社会经济效益要体现民生基础保障是否达到，公平性是转移支付的基础要求。

（4）转移支付政策评估结果

研究主要从政策设计、政策执行、政策效果 3 个方面设置评价指标权重，对引领区转移支付政策进行评估，最终评估得分为 75.4 分，整体上属于中等水平（表 8-5），说明转移支付政策目前进展较好，但仍有较大改善空间，具体分项评价分析如下：

1）政策设计。

从政策设计的必要性方面来看，面对各省（区、市）在经济发展水平、自然资源、生产要素及科学技术等之间存在的差距，国家为了体现国家中央意识及实现资源的优化配置，通过分税制财政体制改革，有计划地将各省（区、市）集中后的税收收入向偏远山区及经济欠发达地区分配，从而缩小经济发达地区与该地区之间的贫富差距。因此，宜兴市需要根据国家转移支付政策制定适宜本地区发展的转移支付方案。

从政策设计的可行性方面来看，根据《宜兴市“十三五”环境保护和生态建设规划》所述，“十二五”以来，宜兴市把城乡环保基础设施建设列入政府重点工程，切实加快建设步伐。全市累计财政性投入近 60 亿元，同时将污染防治资金由每年 200 万元提高到 2 000 万元，并设立了每年 200 万元的环境保护奖励基金。因此宜兴市具有基础。

从范围设定的合理性方面来看，地区平衡发展是转移支付政策设定的目的和根本依据，宜兴市目前针对专项转移支付资金的使用范围符合改善民生，缩小地区发展差异，补偿个别地区因改革发展过渡期而产生的发展不平衡现象的要求。

2）政策执行。

资金管理方面，针对已有的专项转移支付资金，宜兴市能结合本市具体情况进行项目与资金匹配，完成资金的下放，但目前没有进行资金使用的后续监督，在法律法规层面也缺乏一个明确的转移支付资金管理方案。

表 8-5　宜兴市生态补偿转移支付政策评估

一级指标	二级指标	三级指标	指标解释	权重	指标得分	总得分
政策设计	政策设计的必要性	政策设计的依据	政策制定是否符合国家和江苏省相关法律法规的规定，是否符合省、市国民经济发展规划和政府决策	0.03	100	
		政策设计的合规性	政策决策程序是否科学，论证是否公开、充分、合理	0.03	100	
	政策设计的可行性	政策适用范围的明确性	补偿对象的明确性	0.03	70	
		扶持方式的科学性	补偿方式的科学性	0.03	70	
		扶持标准的合理性	补偿标准的合理性	0.03	70	
	范围设定的合理性	转移支付资金使用范围的全面性	转移支付资金主要用于生态引领区环境保护项目与民生基础工程，覆盖范围应按照乡镇（街道）的生态及财政现状进行合理分配	0.03	70	
政策执行	资金管理	预决算管理规范性	生态保护补偿转移支付资金预决算管理情况	0.06	100	
		资金分配程序的规范性		0.06	100	
	协调机制	多部门工作的协调配合程度	转移支付所涉及的政府部门之间的沟通效率和工作效率	0.06	70	75.4
	信息平台	预决算信息公开性	宜兴市转移支付接受上级拨款资金情况和向下拨款情况	0.06	100	
		资金支出途径公开性	生态保护补偿转移支付资金支出是否符合相关财务管理制度和资金管理办法等规定	0.06	70	
政策效果	社会经济效益	基本民生支出保障水平	各地统筹使用转移支付资金，落实基本民生保障的情况	0.10	100	
		政权运转支出保障水平	各地统筹使用转移支付资金，落实政权运转经费保障情况	0.10	100	
	环境保护效益	国家生态保护红线区域资金到位情况	反映重点生态功能区生态环境资金获取情况	0.10	30	
		转移支付资金针对生态环境保护项目的使用情况		0.10	30	
	公平性原则	重点生态保护区所在地政府满意度	重点生态保护区所在地政府对生态保护补偿资金使用的满意度	0.10	70	

协调机制方面，针对宜兴市的专项转移支付资金，宜兴市人民政府能够及时下拨，同时能够在政府信息公示平台上进行详细的资金名单公示，体现了宜兴市财政局较为了解宜兴市目前专项转移支付的具体适用对象和拨款工作。但是由于宜兴市的转移支付暂无成文的实施方案和资金管理方式，因此除财政局外，转移支付所涉及的其他政府部门职责分工暂不明确，部门之间高效的协调机制暂未形成，对于转移支付资金使用的后续跟踪评估也未落实。

信息平台方面，目前宜兴市暂无关于转移支付的地方政府文件出台，在宜兴市人民政府信息公示平台“财政信息”导航栏内设立“专项转移支付”一栏，包括的公示信息仅为一些基础的民生支持工程，公示信息不完善，缺少了一般转移支付资金的使用信息公示。并且关于宜兴市从上级获得的转移资金情况也暂无详细信息。基于此，判断宜兴市转移支付的信息公示平台虽然设立，但还有进一步完善的空间。

3）政策效果。

从社会经济效益方面分析，财政转移支付的本质是以各级政府之间所存在的财政能力差异为基础，以实现各地公共服务水平的均等化为主旨，而实行的一种财政资金转移或财政平衡制度，因此地区平衡发展是考量转移支付政策效果的关键因素。根据宜兴市人民政府财政信息公示情况得知，目前宜兴市仅仅针对专项转移支付资金开展了400总吨以下货运船舶生活污水防污设备改造财政补贴、村级公益事业建设一事一议财政奖补、老旧机动车淘汰补贴、农村客运出租车等行业成品油价格补助等工作，切实在提升民生方面有一定效益。

从环境保护效益方面分析，统计宜兴市财政局已发布的信息可知，目前宜兴市财政转移支付的主要类型是专项转移支付，主要形式是纵向财政转移支付，即接受中央财政的专项拨款，资金主要用于民生方面，暂未有一般转移支付资金运用到生态环境保护方面，因此转移支付政策的环境保护效益还未充分体现。

从公平性原则方面分析，宜兴市针对其丰富的生态资源合理设置转移支付方案，有助于帮助辖区内含有生态保护红线区域的乡镇（街道）得到相应的财政支持和生态发展补偿，从而推动环境保护建设和民生基础保障等工作。宜兴市目前针对专项转移支付资金开展的400总吨以下货运船舶生活污水防污设备改造财政补贴、村级公益事业建设一事一议财政奖补、老旧机动车淘汰补贴、农村客运出租车等行业成品油价格补助等工作确实在一定程度上对乡镇起到了财政支持作用，但由于生态补偿转移支付还未开展，乡镇进行生态环境保护的资金还有较大缺口，因此满意度有待提高。

8.1.2.3　损害赔偿政策评估

（1）宜兴市损害赔偿基本情况及利益相关者分析

1）宜兴市损害赔偿基本情况。

因非法填埋危险废物，赔偿义务人宜兴某精细化工有限公司，在被处以行政处罚的同时，被依法追究其违法行为造成的生态环境损害赔偿责任。16.9 万元环境损害赔偿金正式缴纳到位。这也是宜兴市首例生态环境损害赔偿磋商案。

2）宜兴市损害赔偿利益相关者分析。

损害赔偿案件的权利人为无锡市人民政府，一般赔偿权利人指派宜兴市生态环境局、水利局或自然资源局等负责生态环境损害赔偿案件，由负责的行政/职能部门负责选聘鉴定评估机构，由此判定赔偿义务人的赔偿费用及其修复义务。赔偿义务人与以行政部门、评估机构、检察院和司法局组成的团队进行磋商，若磋商失败可上诉至法院，最终确定其赔偿费用和修复义务。在赔偿义务人履行其赔偿义务和修复义务的过程中，检察院和司法局起到监督的作用。

（2）评估方法

1）原则。

①衡量政策全过程。在宜兴市损害赔偿政策绩效评估的过程中，要注重对政策目标、政策执行和政策效果多方面的评估，体现出对政策全过程的评估。

②体现政策规范化过程。由于政策的评估一方面要结合宜兴市的本地需求，另一方面也要结合政策设计层面的规范化运作，故政策评估需要体现出政策规范化过程。

③能给政府提供工作反馈。政策评估的最终目的是找出政策目前所存在的问题，为制定政策修改意见和实施方案提供借鉴，体现出能给政府工作正反馈。

④结合实施方案的要求。在政策的评估中，紧密贴合无锡市和宜兴市损害赔偿实施方案的要求，评估其政策实施层面所存在的不足。

2）评估方法。

损害赔偿政策的研究主要采用“目标—执行—效果”（OPEM）模式，从事前、事中和事后三方面对宜兴市损害赔偿政策的实施现状和效果进行评估。目标层面（事前层面）需要判断损害赔偿政策是否符合区域发展实际、与区域发展战略是否符合、是否具有相应的法律基础等；执行层面（事中层面）是对损害赔偿政策执行和监督方面的细化评估；效果层面（事后层面）是对环境效果、效率和经济等方面的周边效应的考核，以及考察各个利益相关者的主观感受（表 8-6）。

本研究在权重的选择上采用了主客观综合赋值法，主观赋值法借鉴美国联邦政府管理和预算办公室的经验法，对目标、执行和效果 3 个指标层分别赋予 20%、30%和 50%的权重，客观赋值法采用均权法，其计算公式见式（8-1）。

表 8-6 OPEM 评估方法说明

指标层	具体说明
目标（事前）	是否符合区域发展实际，与区域发展战略是否符合； 法律基础；政策的协同性； 政策制定方面是否具有稳定性和精准性等
执行（事中）	执行和监督方面的细化评估
效果（事后）	环境效果、效率、经济等方面的周边效益； 各个利益相关者的主观感受等

指标赋值分为 4 个级别，其中：50 分代表没有进展、进展较小；70 分表示进展一般，需要加快推进；80 分代表进展较好，但是面临不少问题，需要进一步推进和完善；90 分代表进展良好，需要稳中求进。

（3）评估体系

损害赔偿政策评估体系主要包括政策设计、政策执行、政策效果 3 个层次，其中政策设计主要包含政策设计是否符合宜兴市发展实际、是否符合生态引领区建设发展战略、是否有配套法律文书支持；政策执行主要包括事件报告程序是否完善、是否有生态环境损害鉴定评估的专业机构、是否有具有司法鉴定执业证的专业团队、磋商过程是否引入第三方参与、磋商方案内容是否完善、是否设有生态环境保护人民调解委员会等、赔偿信息是否公开 7 个方面；政策效果主要包含是否建立生态环境损害赔偿基金、资金是否用于生态环境损害的修复、是否请第三方鉴定修复效果 3 个方面（表 8-7）。

表 8-7 损害赔偿政策评估指标体系

一级指标	序号	二级指标
政策设计	1	是否符合宜兴市发展实际
	2	是否符合生态引领区建设发展战略
	3	是否有配套法律文书支持
政策执行	4	事件报告程序是否完善
	5	是否有生态环境损害鉴定评估的专业机构
	6	是否有具有司法鉴定执业证的专业团队
	7	磋商过程是否引入第三方参与
	8	磋商方案内容是否完善
	9	是否设有生态环境保护人民调解委员会等
	10	赔偿信息是否公开
政策效果	11	是否建立生态环境损害赔偿基金
	12	资金是否用于生态环境损害的修复
	13	是否请第三方鉴定修复效果

宜兴市损害赔偿政策评估指标选择理由：政策设计指标涵盖政策宏观评价和法律基础评价；政策执行指标方面，事件报告程序是否完善能够根据是否具备初报、续报和处理结果报告三方面判断政策执行的完备性，是否有生态环境损害鉴定评估的专业机构是政策里最重要的部分，是否有具有司法鉴定执业证的专业团队指是否有如律师协会，评估机构和环境法、环境技术方面的专家，能够研判政策的专业性和科学性；磋商方案内容是否完善指有无赔偿义务人名称、地址，损害事实及赔偿数额，履行赔偿责任的方式和期限，要求对被损害的生态环境进行修复的，赔偿磋商方案应当包含生态环境修复目标、修复启动时间与期限要求，并附生态环境损害鉴定评估机构出具的评估报告和修复方案；是否设有生态环境保护人民调解委员会等是指是否组织协调磋商矛盾；赔偿信息是否公开是指是否公开生态环境损害鉴定评估结果、生态环境损害案件最终处理结果、生态环境修复评估结果和生态环境损害赔偿资金使用情况等。政策效果指标能够全面反映资金管理和使用情况与修复情况。

（4）损害赔偿政策评估结果

研究主要从政策设计、政策执行、政策效果 3 个方面设置评价指标权重，对引领区损害评估政策进行评估，最终评估得分为 83.7 分，整体上属于中等以上水平（表 8-8），说明损害评估政策目前进展较好，但仍有一定的改善空间，具体分项评价分析如下。

表 8-8　损害赔偿政策评估结果

一级指标	序号	二级指标	权重	指标得分	总得分
政策设计	1	是否符合宜兴市发展实际	0.07	90	83.7
	2	是否符合宜兴市生态引领区建设发展战略	0.07	90	
	3	是否有配套法律文书支持	0.07	90	
政策执行	4	事件报告程序是否完善	0.04	90	
	5	是否有生态环境损害鉴定评估的专业机构	0.04	90	
	6	是否有具有司法鉴定执业证的专业团队	0.04	90	
	7	磋商过程是否引入第三方参与	0.04	90	
	8	磋商方案内容是否完善	0.04	90	
	9	是否设有生态环境保护人民调解委员会等	0.04	70	
	10	赔偿信息是否公开	0.04	80	
政策效果	11	是否建立生态环境损害赔偿基金	0.17	70	
	12	资金是否用于生态环境损害的修复	0.17	80	
	13	是否请第三方鉴定修复效果	0.17	90	

1）政策设计层面。

一方面，从政策需求方面考虑，宜兴市 2019 年涉及私自排放超标废水等行政处罚共 126 起，2020 年已有 22 项危险废物跨省转移，存在潜在风险，具有损害赔偿政策的需求。另一方面，宜兴市目前已有具有鉴定评估资质的鉴定评估机构，拥有损害赔偿案件处理的能力。宜兴市生态引领区的发展目标，即到 2020 年，$PM_{2.5}$ 年平均浓度、空气质量优良天数比例、地表水省考以上断面优于Ⅲ类比例、土壤环境质量、生态环境状况指数（EI）、单位 GDP 污染物排放强度等指标在全省保持领先或改善幅度位居前列。执行和优化损害赔偿政策有利于改善宜兴市水环境和土壤环境等，符合宜兴市生态引领区建设发展战略。

2020 年 6 月 30 日《中华人民共和国民法典》将生态环境损害赔偿改革成果上升为国家基本法律，将各地生态环境损害赔偿制度改革进展情况纳入中央生态环境保护督察范围，宜兴市的损害赔偿工作配备了相关法律文书支持。同时，根据调研得知无锡市具有国务院批准的立法权，加固了宜兴市损害赔偿工作合法的法律依据。

2）政策执行层面。

事件报告程序是否完善方面，宜兴市的损害赔偿执行过程较为完善，执行过程包括：①报告，发生事件之后有一个初报和续报。②委托第三方，对危险废物性质进行鉴定。③生态损害第三方评估，需要有鉴定资质和司法评估资质。④与当事人磋商，磋商内容包括费用、鉴定费、评估费和后期费用等。磋商成功的话将磋商结果向法院进行司法确认，请第三方编制生态修复方案。⑤磋商失败的话采取诉讼。⑥生态修复，如果当事人有能力修复的话由当事人修复，请第三方鉴定修复效果。当事人没有能力修复的话，指定生态环境部门进行修复，也需要进行修复效果评估。

是否有生态环境损害鉴定评估的专业机构方面，目前宜兴市已有专业的鉴定评估机构：江苏中宜金大监测分析有限公司。具体选聘生态环境损害鉴定评估机构的步骤如下：如果鉴定评估费用低于 30 万元，便交予报价比选，报价比选的范围包括调查费用、鉴定评估报告、生态环境修复方案的编制与选取以及生态环境修复评估；同时，宜兴市生态环境局有权邀请相关机构参与报价比选，机构包含江苏省环境科学研究院、江苏环保技术产业研究院、南京大学环境规划研究院和江苏中宜金大监测分析有限公司 4 家。如果鉴定评估费用大于 30 万元，便展开公开招投标。

是否有具有司法鉴定执业证的专业团队方面，生态环境部南京环境科学研究所、南京大学环境学院共有 13 位具有司法鉴定执业证的专家，为宜兴市的损害赔偿工作提供支持服务。

磋商过程是否引入第三方参与方面，在启动环境损害赔偿环节，由赔偿权利人、赔偿义务人、专家小组、评估机构、司法局以及检察院组成环境损害磋商小组进行磋商，同时在宜兴市生态环境局的官网及官网公众号等公众平台发布公告邀请公众等第三方参与。

磋商方案内容是否完善方面，磋商的内容主要包括赔偿费用和如何开展生态环境修复，严格按照江苏省和无锡市的损害赔偿政策文本要求执行。

是否设有生态环境保护人民调解委员会等方面，在启动环境损害赔偿环节，由赔偿权利人、赔偿义务人、专家小组、评估机构、司法局以及检察院组成环境损害磋商小组进行磋商，暂没有设立生态环境保护人民调解委员会等调解组织。

赔偿信息是否公开方面，宜兴市仅有一例损害赔偿案件，已在宜兴市生态环境局的官网及官网公众号等公众平台进行公开发布。

3）政策效果层面。

是否建立生态环境损害赔偿基金方面，宜兴市损害赔偿的资金纳入国库，而非建立单独的生态环境损害赔偿基金。但目前宜兴市损害赔偿的资金管理涉及财政局、人民政府和生态环境局等多部门，存在账户来去不明确的问题。

资金是否用于生态环境损害的修复方面，生态环境损害的资金将以项目的形式用于生态环境损害修复，而不是以赔偿到个人的形式，资金公开的透明度还有待提升。

是否请第三方鉴定修复效果方面，赔偿义务人完成修复义务之后，赔偿权利人将聘请第三方鉴定评估机构对修复结果进行鉴定评估，如果没达到修复预期，将重新采取修复行为。

8.1.2.4　生态补偿政策评估

（1）宜兴市生态补偿基本情况与利益相关者分析

1）宜兴市生态补偿基本情况。

根据《江苏省省级森林生态效益补偿基金管理办法》、《江苏省生态补偿转移支付暂行办法》、《江苏省水环境区域补偿实施办法（试行）》、无锡市《关于建立生态补偿机制的意见（试行）》等相关政策文件的要求，切实保护省级及无锡市生态补偿政策中所涉及的宜兴的重要生态补偿区域，主要包括重点公益林、生态保护红线区域、水环境区域、湿地等。

①纵向生态补偿。

根据原江苏省环境保护厅印发的《江苏省太湖流域水生态环境功能区划（试行）》所述，宜兴市具有Ⅰ级、Ⅱ级和Ⅲ级生态功能区共 8 个，涉及的领域主要包括重要湿地、国家森林公园、水源保护区和渔业水域等，其中一级管控区面积共为 33.5 km^2，二级管控区面积共为 824.1 km^2（表 8-9）。

表 8-9 宜兴市生态功能分区内容

单位：km^2

生态功能分区		行政区	生态保护内容	一级管控区面积	二级管控区面积
Ⅰ级	Ⅰ-03	湖㳇镇、张渚镇、西渚镇、新街街道、太华镇	三氿重要湿地	0	13.2
			宜兴国家森林公园	4	30
			太湖（阳羡景区）风景名胜区	22.1	43.08
			龙池山省级自然保护区	0.23	1
			油车水库备用水水源保护区	0.78	0.57
			太湖（宜兴市）重要保护区	0	23.5
			宜兴南部山地水源涵养区	0	144.41
			横山水库饮用水水源保护区	0.79	5.15
Ⅱ级	Ⅱ-02	新建镇	滆湖（武进区）重要湿地	0	6.58
	Ⅱ-03	丁蜀镇	太湖（阳羡景区）风景名胜区	0	3.89
			太湖（宜兴市）重要保护区	0	86.09
	Ⅱ-07	滆湖	滆湖饮用水水源保护区	1.56	22.84
			滆湖（武进区）重要湿地	0	86.95
			滆湖重要渔业水域	4.04	23.58
			滆湖（宜兴市）重要湿地	0	26.62
Ⅲ级	Ⅲ-07	徐舍镇、杨巷镇、官林镇	三氿重要湿地	0	2.86
			滆湖（宜兴市）重要湿地	0	1.44
	Ⅲ-10	高塍镇、和桥镇	滆湖（宜兴市）重要湿地	0	49.92
			三氿重要湿地	0	6.07
	Ⅲ-11	宜城街道、新庄街道、芳桥街道、屺亭街道、周铁镇、万石镇、丁蜀镇（北）	太湖（宜兴市）重要保护区	0	84.76
			三氿重要湿地	0	1.74
	Ⅲ-20	太湖西部湖区	太湖（宜兴市）重要保护区	0	159.85

其中，宜兴市纵向生态补偿的对象为：镇人民政府、街道办事处；市人民政府批准可以获得生态补偿的对象，主要包括重点公益林、生态保护红线区域、基本农田、重要湿地和集中式饮用水水源保护区。但是由于地方财政限制，目前宜兴市生态补偿领域仅涉及水源涵养区的生态补偿。在水源涵养区生态补偿，仅涉及对太华镇的补偿，每年涉及金额两三百万元。宜兴市当前的生态补偿标准主要是参考当地财政情况，而忽略了生态系统服务价值增长情况、生态环境承载力、生态保护和环境治理投入、机会成本和经济发展等情况。宜兴市纵向生态补偿补助标准见表 8-10。

表 8-10　宜兴市纵向生态补偿补助标准

补偿范围	补偿标准
基本农田	水稻田每年补助 150 元/亩
生态公益林	省级以上生态公益林每年补助 30 元/亩
重要湿地	市级湿地每年补助 20 万元/个 省级湿地每年补助 30 万元/个
集中式饮用水水源保护区	对县级以上集中式饮用水水源保护区范围内的村，按照每年每村 15 万元进行补助
省级生态保护红线区域	（一级管控区面积×0.7+二级管控区面积×0.3）×系数×13.8 元/亩

②横向流域生态补偿。

宜兴市横向流域生态补偿的补偿对象详见下文所述。但是由于地方财政限制，在水环境生态补偿中，仅涉及市之间的上下游生态补偿，而不涉及宜兴市内乡镇之间的生态补偿。流域的生态补偿标准沿用无锡市相关规定。

2）宜兴市生态补偿利益相关者分析。

生态补偿办法明确了“谁达标、谁受益，谁超标、谁补偿”的原则，经监测考核和确认后，实行“双向补偿”，如果上游市、县出境的监测水质没有达标，由上游市、县按照低于水质目标值部分和江苏省规定的补偿标准，向省财政缴纳补偿资金，再通过省财政对下游市、县进行补偿。如果上游水质好于断面水质目标，则由下游市、县按照好于水质目标值部分和省规定的补偿标准向省财政缴纳补偿资金，通过省财政对上游市、县进行补偿。如果断面不达标的水进入长江、太湖或大海等公共水域，补偿资金则交给省财政。

（2）评估方法

1）原则。

①衡量政策全过程情况。在宜兴市生态补偿政策评估的过程中，要注重对政策目标、政策执行和政策效果多方面的评估，体现出对政策全过程的评估。

②涵盖多领域生态补偿。随着当前高质量发展的环境需求越来越强，对生态补偿的要求不仅限于水环境，还需要在基本农田、生态公益林、重要湿地、集中式饮用水水源保护区和省级生态保护红线等区域开展生态补偿。

③体现国家生态补偿新要求。生态补偿政策处在逐步完善的过程中，对宜兴市的生态补偿评估需包含当前国家对补偿主体多元化和补偿方式多样化等多项新要求，体现了宜兴市政策未来的前进方向。

④能给政府提供正反馈。政策评估的最终目的是找出政策目前所存在的问题，为提供政策修改意见和实施方案提供借鉴，体现出能给政府工作正反馈。

⑤结合实施方案的要求。在政策的评估中，紧密贴合无锡市和宜兴市生态补偿实施方案的要求，评估其政策实施层面所存在的不足。

2）评估方法。

针对生态补偿政策的评估，本研究采用逻辑框架法。逻辑框架法是美国国际开发署1970年开发并使用的一种设计、计划和评价的工具，它是一种综合、系统地研究和分析问题的思维框架模式。逻辑框架法已经被广泛应用于项目的策划、项目的前期评估论证、全过程监测评估以及后评价、项目的经济评价、影响评价以及社会评价各个方面，尤其是汇集各种评价内容的全面、综合评价。

逻辑框架法的核心是紧扣事务层次间的因果逻辑关系，找出要解决的问题的结果与实事之间的内在联系，在满足投入的基础上根据逻辑关系逐步实现宏观目标。基于此，逻辑框架法的基本模式是由垂直逻辑关系和水平逻辑关系两大维度构建出的 4×4 逻辑矩阵。原逻辑框架法的层次包括宏观目标、直接目的、政策产出和政策投入，本研究根据政策评估稍作改动，改为政策目标、政策设计、政策投入和政策效果4个环节（表8-11）。

表 8-11　逻辑框架法

层次描述	客观验证指标
宏观目标	目标指标
直接目的	目的指标
政策产出	产出物定量指标
政策投入	投入物定量指标

本研究在权重的选择上采用了主客观综合赋值法，主观赋值法借鉴美国联邦政府管理和预算办公室的经验法，对目标、设计、投入和效果4个指标分别赋予20%、10%、20%和50%的权重，客观赋值法采用均权法，其计算公式见式（8-1）。

指标赋值分为4个级别，其中：50分代表没有进展、进展较小；70分表示进展一般，需要加快推进；80分代表进展较好，但是面临不少问题，需要进一步推进和完善；90分代表进展良好，需要稳中求进。

（3）评估体系

生态补偿评估体系主要包括政策目标、政策设计、政策投入、政策效果4个层次，其中政策目标主要从国家、太湖、市级3个层面进行分析，政策设计主要从补偿主体与对象、补偿内容、补偿标准、补偿模式4个方面进行分析，政策投入主要从政策的实施保障情况进行分析，政策效果主要从覆盖情况、环境效果、经济效应、社会效应等方面进行分析，具体见表8-12。

表 8-12　生态补偿政策评估指标体系

目标层	准则层	指标层
政策目标	市级层面	是否符合宜兴市生态引领区建设发展目标
	太湖层面	是否符合太湖流域生态保护的发展目标
	国家层面	是否是一种全国可推广的流域保护模式
政策设计	补偿主体与对象	补偿主体是否多元化
	补偿内容	是否包括横纵向补偿
		是否为综合补偿（流域、森林、湿地、耕地）
		是否包含跨界生态补偿
	补偿标准	核算标准是否单一
	补偿模式	补偿方式是否多元化
政策投入	实施保障	法律法规：宜兴市生态补偿政策是否存在相关法律支持
		资金机制：是否制定生态补偿资金管理相关的办法及实施方案
		协调机制：是否成立领导小组或组织相关成员协调生态补偿工作
		信息平台：是否通过线上线下途径公开生态补偿信息
政策效果	覆盖情况	断面覆盖率（天网工程覆盖率）
	环境效果	国考断面达标率增长率
		省考断面达标率增长率
		市考断面达标率增长率
		集中式饮用水水源地水质达标率增长率
		自然保护区面积占比增长
	经济效应	人均 GDP 增长率
	社会效应	公众环保投诉增长率

宜兴市生态补偿政策评估指标选取理由：政策目标方面，考虑到不应局限于宜兴市，更应该考虑政策对太湖流域和全国的意义。政策设计方面考虑到补偿主体多元化、补偿方式多样化、推进横纵向补偿、综合补偿等皆为国家对生态补偿发展的新要求，目前指标能够全面、科学包含宜兴市的政策实施要求和内容。政策投入指标主要考虑从法律法规、资金机制、协调机制和信息平台 4 个方面展开，作为定性指标，数据较容易获取。政策效果指标考虑从覆盖情况、环境效果、经济效应和社会效应 4 个方面来考虑政策的实施效果，更加全面。其中，环境效果主要体现水环境、基本农田、生态公益林、重要湿地、集中式饮用水水源保护区、省级生态保护红线区域多领域生态补偿，考察监测站的断面覆盖率也作为政策效果的指标之一。

（4）生态补偿政策评估结果

研究主要从政策目标、政策设计、政策投入、政策效果 4 个方面设置评价指标权重，对引领区生态补偿政策进行评估，最终评估得分为 77.83 分（表 8-13），说明生态补偿政策目前进展一般，需要加快推进，具体分项评价分析如下。

表 8-13 生态补偿政策评估结果

目标层	准则层	指标层	权重	指标得分	总得分
政策目标	市级层面	是否符合宜兴市生态引领区建设发展目标	0.07	90	77.83
	太湖层面	是否符合太湖流域生态保护的发展目标	0.07	90	
	国家层面	是否是一种全国可推广的流域保护模式	0.07	90	
政策设计	补偿主体与对象	补偿主体是否多元化	0.02	50	
	补偿内容	是否包括横纵向补偿	0.02	90	
		是否为综合补偿（流域、森林、湿地、耕地）	0.02	70	
		是否包含跨界生态补偿	0.02	80	
	补偿标准	核算标准是否单一	0.02	70	
	补偿模式	补偿方式是否多元化	0.02	50	
政策投入	实施保障	法律法规：宜兴市生态补偿政策是否存在相关法律支持	0.05	70	
		资金机制：是否制定生态补偿资金管理相关的办法及实施方案	0.05	70	
		协调机制：是否成立领导小组或组织相关成员协调生态补偿工作	0.05	50	
		信息平台：是否通过线上线下途径公开生态补偿信息	0.05	70	
政策效果	覆盖情况	断面覆盖率（天网工程覆盖率）	0.06	70	
	环境效果	国考断面达标率增长率	0.06	90	
		省考断面达标率增长率	0.06	90	
		市考断面达标率增长率	0.06	90	
		集中式饮用水水源地水质达标率增长率	0.06	70	
		自然保护区面积占比增长	0.06	50	
	经济效应	人均 GDP 增长率	0.06	90	
	社会效应	公众环保投诉增长率	0.06	90	

1）政策目标。

从市级层面分析，宜兴市生态引领区的发展目标，即到 2020 年，$PM_{2.5}$ 年平均浓度、空气质量优良天数比例、地表水省考以上断面优于III类比例、土壤环境质量、生态环境状况指数（EI）、单位 GDP 污染物排放强度等指标在全省保持领先或改善幅度位居前列。宜兴市生态补偿政策，尤其是水环境生态补偿有利于改善其水生态环境，符合宜兴市生态引领区建设发展目标。

从太湖层面分析，太湖流域水环境综合治理目标中要求到 2020 年，武进港、太滆运河、漕桥河 3 条入湖河流水质年均浓度达到国家和省河流水质控制目标要求，国控考核断面水质达标率达到 80%，长荡湖、滆湖等湖泊水质比 2013 年水质有进一步改善。宜兴市生态补偿政策，尤其是水环境生态补偿有利于改善其水生态环境，符合太湖流域生态保护发展目标。

从国家层面分析：一方面，宜兴市地处太湖西岸，上游与常州市接壤，下游即入太湖，其生态补偿机制中既包括跨区域生态补偿，又包括入湖生态补偿，具有典型代表性，值得推广。另一方面，宜兴市背靠中国第三大淡水湖——太湖，其生态补偿的重要性首屈一指，故存在代表性和可推广性。

2）政策设计。

从补偿主体与对象来分析，补偿主体是否多元化方面，当前宜兴市水环境的生态补偿主要集中在与上游常州、与下游太湖的双向补偿，补偿主体为宜兴市人民政府以及江苏省人民政府，水环境生态补偿的补偿主体较为单一。宜兴市集中式饮用水水源保护区中补偿主体为宜兴市人民政府，可见宜兴市补偿主体皆为宜兴市人民政府，补偿主体单一。

从补偿内容方面来看，宜兴市与上游常州的双向补偿属于横向补偿，与下游太湖的补偿属于纵向补偿，故宜兴市的生态补偿融合了横纵向补偿。2015 年出台的《宜兴市人民政府关于建立生态补偿机制的意见（试行）》中包含了基本农田、生态公益林、重要湿地、集中式饮用水水源保护区以及省级生态保护红线区域的生态补偿，但据现场调研，当前宜兴市仅对太华镇水源保护区进行补偿。宜兴市与上游常州的双向补偿属于跨界生态补偿。

从补偿标准来看，宜兴市水环境的核算主要包括高锰酸盐指数、氨氮和总磷 3 个水质指标，没有囊括径流量等其他核算指标进行差别化的标准核算。同时，补偿基数的核算主要是基于当前的财政情况，而忽视了生态系统自身的服务价值。

从补偿模式来看，当前宜兴市的生态补偿方式仍以资金补偿为主，没有涉及水权交易、排污权交易等市场化的补偿方式。

3）政策投入。

从法律法规来看，宜兴市政策和法令不够健全，原来的一些资源、环境方面的法规与条例不能适应形势发展的要求。现有涉及生态保护补偿的规定分散在多部法律之中，缺乏系统性和可操作性。虽然国家和地方围绕生态保护补偿立法已经做了大量工作，但是尚未针对生态保护补偿制度进行专门立法，相关法律规定分散在多部法律之中，缺乏系统性和可操作性。

从资金机制方面来看，《江苏省水环境区域补偿实施办法（试行）》中明确规定了资金管理办法，而《无锡市水环境区域补偿工作方案（试行）》中没有相应的规定。据调研了解，宜兴市的生态补偿资金上缴国库，没有相应的专户，仍需加强管理。

从协调机制来看，《江苏省水环境区域补偿实施办法（试行）》中明确规定了要成立相关领导小组，而《无锡市水环境区域补偿工作方案（试行）》中没有相应的规定，宜兴市在协调机制方面还有待加强。

从信息平台来看，据调研得知，宜兴市每半年收到来自省生态环境厅的生态补偿信息及补偿金额，但相关信息未在官网或其他线上线下途径公开。

4）政策效果。

生态补偿政策实施效果显著，目前断面覆盖率达 75%，人均 GDP 增长率达 28.23%，公众对环保的满意度也显著提升，但仍有较大的提升空间，根据数据资料调查，自然保护区面积占比增长率为−11.65%，生态空间仍存在被挤压的问题（表 8-14）。

表 8-14 生态补偿政策实施效果

指标	数据及数据来源
断面覆盖率（天网工程覆盖率）	75%（调研数据）
国考断面达标率增长率	13.50%（宜兴市环境状况公报）
省考断面达标率增长率	8.50%（宜兴市环境状况公报）
市考断面达标率增长率	73.10%（宜兴市环境状况公报）
集中式饮用水水源地水质达标率增长率	0（国民经济公报）
自然保护区面积占比增长	−11.65%（宜兴统计年鉴）
人均 GDP 增长率	28.23%（国民经济公报）
公众环保投诉增长率	−21.35%（生态环境部）

8.1.2.5 绿色信贷政策评估

（1）宜兴市绿色信贷基本情况及利益相关者分析

1）宜兴市绿色信贷基本情况。

宜兴市目前处于绿色产业发展的关键时期，需要绿色金融手段来扶持宜兴市的绿色产业，为宜兴市的绿色产业提供金融活水是地方银行义不容辞的责任和使命。一方面，宜兴市将节能环保、新能源、光电子新型显示、绿色食品和高端线缆等战略性新兴产业作为“十四五”规划重要组成部分，该等产业前期投入资金量大，投资回报率较高，需要绿色信贷政策扶持。另一方面，宜兴现在处于产业转型升级的攻坚阶段，化工、非金属矿物制品等在短期内仍占相当比重，传统产业的“关、停、并、转、迁”难度加大，需要坚定转型定力打一场持久战，企业在技术改造和转型升级方面仍存在较大的融资需求，需要多样化的融资手段。

截至 2020 年 9 月末，宜兴市全市绿色信贷余额同比增速达到 40%，高于各项贷款增速 32.5 个百分点；全市金融机构不良贷款率 1.57%，是近 3 年来最好水平。但是，宜兴市绿色金融发展仍存在基础还不够扎实、政策扶持力度还有待加大、不同金融机构之间冷热不均等问题。

2）宜兴市利益相关者分析。

市场中有 3 个博弈方：地方政府（包括金融监管部门）、商业银行和污染企业。企业具有贷款需求而银行业具有放贷冲动，企业的收益会影响到地方政府的财政收入。地方政府可以选择贯彻中央精神，大力支持绿色信贷，限制“两高”行业发展，也可能为了地方财政收入和 GDP 数据而对中央政策阳奉阴违，不支持绿色信贷；银行可以选择积极执行绿色信贷政策，拒绝为不治理污染的企业提供贷款，也可以选择追求商业利润，为污染企业提供贷款；污染企业可以为降低治理成本而选择不治理污染，也可以选择为减少处罚成本和贷款成本而选择治理污染。在此博弈中，参与人同时行动，所有参与者都明确知道其他人的行动，且都符合理性人假设。虽然对于单个的政府、银行、企业而言，三者一般不会同时行动，但由于现实中银行和企业数量众多，也存在多级地方政府，如果将它们看作整体，假设三方同时行动就是合理的。

（2）评估方法

1）原则。

①衡量政策全过程情况。在宜兴市绿色信贷政策绩效评估的过程中，要注重对政策目标、政策执行和政策效果多方面的评估，体现出对政策全过程评估。

②体现银行和企业多主体。由于绿色信贷政策中，存在地方政府、商业银行以及企业三方博弈主体，存在各自的利益需求，需要在评估中体现。

③数据的可获得性。在政策评估中，数据的可得性和真实性是评估的基础，要首先考虑其数据的可得性来进行政策评估。

④规范性、综合性、统一性。由于不同银行存在不同的绿色信贷体系，要全面、综合考虑其绿色信贷体系的规范性、综合性和统一性。

2）评估方法。

在对绿色信贷政策评估中，采用“目标—执行—效果”（OPEM）模式，从事前、事中和事后三方面对宜兴市绿色信贷政策的实施现状和效果进行评估。目标层面（事前层面）需要判断绿色信贷政策是否符合区域发展实际，是否具有经济政策的协同性以及政策制定方面是否具有稳定性和精准性；执行层面（事中层面）是对绿色信贷政策执行和监督方面的细化评估；效果层面（事后层面）是对银行信贷效益和企业受益程度的考察（表 8-15）。

表 8-15 OPEM 评估方法说明

指标层	具体说明
目标（事前）	是否符合区域发展实际，与区域发展战略是否符合；法律基础；政策的协同性；政策制定方面是否具有稳定性和精准性等
执行（事中）	执行和监督方面的细化评估
效果（事后）	环境效果、效率、经济等方面的周边效益；各个利益相关者的主观感受等

本研究在权重的选择上采用了主客观综合赋值法，主观赋值法借鉴美国联邦政府管理和预算办公室的经验法，对目标、执行和效果 3 个指标层分别赋予 20%、30%和 50%的权重，客观赋值法采用均权法，其计算公式见式（8-1）。

指标赋值分为 4 个级别，其中：50 分代表没有进展、进展较小；70 分表示进展一般，需要加快推进；80 分代表进展较好，但是面临不少问题，需要进一步推进和完善；90 分代表进展良好，需要稳中求进。

（3）评估体系

绿色信贷政策评估体系主要包括政策设计、政策执行、政策效果 3 个层次，其中政策设计主要包含政策设计是否与宜兴市经济发展战略吻合、是否与宜兴市的环境保护政策吻合、与财政金融配合程度；政策执行主要包括是否根据客户的环境与社会风险进行分类管理；是否积极发展与绿色、低碳、循环经济有关的金融产品和服务；是否建立跨部门绿色信贷协调机制；是否加强员工队伍建设，持续开展绿色信贷培训；是否发布本机构的绿色信贷报告/社会责任报告/可持续发展报告 5 个方面；政策效果主要包含绿色信贷余额同比增速、绿色信贷不良贷款率两个方面（表 8-16）。

表 8-16 绿色信贷政策评估指标体系

一级指标	序号	二级指标
政策设计	1	是否与宜兴市经济发展战略吻合
	2	是否与宜兴市的环境保护政策吻合
	3	与财政金融配合程度
政策执行	4	是否根据客户的环境与社会风险进行分类管理
	5	是否积极发展与绿色、低碳、循环经济有关的金融产品和服务
	6	是否建立跨部门绿色信贷协调机制
	7	是否加强员工队伍建设，持续开展绿色信贷培训
	8	是否发布本机构的绿色信贷报告/社会责任报告/可持续发展报告
政策效果	9	绿色信贷余额同比增速
	10	绿色信贷不良贷款率

宜兴市绿色信贷政策评估指标选取理由：政策设计指标方面，是否与宜兴市经济发展战略吻合主要体现经济发展战略带有全局性、长远性和根本性，绿色信贷必须以符合经济发展战略为基础；是否与宜兴市的环境保护政策吻合主要体现绿色信贷政策的核心服务目标是为环境保护发展提供金融服务；与财政金融配合程度主要体现绿色金融政策是财政金融政策之一，经济政策协调才能真正发挥绿色信贷的宏观调控作用。政策执行指标方面，指标来自银保监会绿色信贷实施情况关键评价指标。政策效果指标方面，绿色信贷余额同比增速和绿色信贷不良贷款率主要是衡量绿色信贷银行的影响，指标来自银保监会绿色信贷实施情况关键评价指标。

（4）绿色信贷政策评估结果

研究主要从政策设计、政策执行、政策效果 3 个方面设置评价指标权重，对引领区绿色信贷政策进行评估，最终评估得分为 87.3 分（表 8-17），整体上属于中等以上水平，说明绿色信贷政策目前进展较好，但仍有一定的改善空间，具体分项评价分析如下。

表 8-17　绿色信贷政策评估结果

一级指标	序号	二级指标	权重	指标得分	总分
政策设计	1	是否与宜兴市经济发展战略吻合	0.07	90	87.3
	2	是否与宜兴市的环境保护政策吻合	0.07	90	
	3	与财政金融配合程度	0.07	90	
政策执行	4	是否根据客户的环境与社会风险进行分类管理	0.06	70	
	5	是否积极发展与绿色、低碳、循环经济有关的金融产品和服务	0.06	80	
	6	是否建立跨部门绿色信贷协调机制	0.06	80	
	7	是否加强员工队伍建设，持续开展绿色信贷培训	0.06	80	
	8	是否发布本机构的绿色信贷报告/社会责任报告/可持续发展报告	0.06	80	
政策效果	9	绿色信贷余额同比增速	0.25	90	
	10	绿色信贷不良贷款率	0.25	90	

1）政策设计。

是否与宜兴市经济发展战略吻合方面，宜兴市正在加速融入长江经济带建设战略，积极投身苏南现代化建设示范区和苏南自主创新示范区，宜兴生态保护引领区要建立具有地方特色的绿色产业体系，实行生态优先的差异化考核。要通过产业结构调整，充分发展生态经济，使其生态环境质量领先全省。故绿色信贷政策能帮助宜兴市调节产业结构，优先发展有利于生态环境质量的产业，符合宜兴市经济发展战略。

是否与宜兴市的环境保护政策吻合方面，由于绿色信贷政策投向污水处理、光伏和固废处理等环境友好型产业，有利于调整当地的产业结构，从而促进其生态环境的逐步改善，符合宜兴市的环境保护战略目标。绿色信贷政策与排污许可证制度和环境影响评价制度相关联，从而与生态引领区其余环境经济政策相融合，共同推动宜兴市环境保护工作，与宜兴市的环境保护政策相适宜。

与财政金融的配合程度方面，绿色信贷政策作为财政金融政策的一部分，宜兴农商银行加快绿色金融发展，成立环科园绿色金融支行、高塍环保支行、杨巷大米支行 3 家特色支行，并结合宜兴市产业特点，创新推出了绿色工厂贷、美丽乡居贷、环保贷等 8 款绿色信贷产品，减少财政补贴压力，融合程度相对较高。

2）政策执行。

是否根据客户的环境与社会风险进行分类管理方面，根据赤道原则，将客户分为 ABC 类（高中低风险），但是当前对于风险分类的管理还不到位，只停留在分类，管理方面侧重于高风险的管理，而忽略了低中风险的管理。在对高风险的管理中，主要是承包给第三方环境评估机构，但是对贷后的追踪尚不到位。

是否积极发展与绿色、低碳、循环经济有关的金融产品和服务方面，银行有专门的产品体系，但是在投放项目上仍有取舍。例如，针对特定的技术含量较高的行业，如光伏、危险废物处置项目等设计相对标准化的产品，引导基层的营销人员积极参与。此外，在具有特色的产品上采取贴息等风险分担措施。银行还积极推出绿色创新组合贷来完善绿色金融产品和服务。

是否建立跨部门绿色信贷协调机制方面，在协调机制方面涉及银行的几个部门，例如，业务部门中设立绿色金融部，在总部设立相关一级部门。此外，银行设立授信部门对于环境社会风险进行专职管理。

是否加强员工队伍建设，持续开展绿色信贷培训方面，银行总行设立专门部门、设置固定的业务经理进行培训，在支行会采取线上培训等，培训内容主要包括行业知识、产品实操以及环境社会风险管理要求。通常大的培训一年一次，小培训一年不限次数，根据业务需求而定。此外，还会对支行制定专门的绿色市场考核办法，对其绿色业务占比进行考核。

是否发布本机构的绿色信贷报告/社会责任报告/可持续发展报告方面，每个银行的社会责任报告都要进行年度的披露，披露的内容包括绿色金融的整体情况、绿色办公、公益活动以及战略规划等。加入赤道原则的银行还需披露中英版本的赤道原则报告。

3）政策效果。

绿色信贷余额同比增速方面，截至 2020 年 9 月末，宜兴市全市绿色信贷余额同比增速达到 40%，高于各项贷款增速 32.5 个百分点，说明宜兴市绿色信贷政策发展进展良好。

绿色信贷不良贷款率方面，约为 0.4%。由于绿色信贷政策投向的项目资产是比较优质、政策驱动、有稳定现金流的，例如，污水处理工业、光伏发电和垃圾焚烧项目，风险相对较低，绿色信贷的质量较高。同时，全市金融机构不良贷款率 1.57%，是近 3 年来最好水平。可见，绿色信贷的不良贷款率远低于全市金融机构的总体不良贷款率，说明宜兴市绿色信贷政策发展进展良好。

8.2　推动绿色发展的环境经济政策体系研究

8.2.1　国家和生态引领区环境经济政策改革需求分析

8.2.1.1　国家环境经济政策的改革要求

“十三五”以来，围绕健全和完善环境经济政策体系，我国开展了一系列根本性、长远性工作，对生态文明建设作出了一系列重大决策部署，加快推进生态文明顶层设计和制度体系建设，生态文明理念日益深入人心，环境质量得到持续改善。美丽中国和生态文明建设对环境经济政策改革创新提出新需求。现阶段我国环境经济政策体系仍不够完善，依旧不能完全适应和满足新时代生态文明建设的需要，需要积极推进和创新运用环境经济政策，为环境质量持续改善、生态文明建设深入推进提供长效政策机制，开启美丽中国建设新篇章。

环境经济政策体系建设尚需要通过政策全链条改革创新再上新台阶。目前我国生态环境保护管理工作以行政手段为主，市场机制不健全，造成环境外部成本不具有经济性，生态补偿、绿色金融等环境经济政策不健全，需要继续推进建立行政手段引导、市场手段为主的长效环境经济政策机制，强化政策手段的组合调控，打通包括环境税费、生态环境补偿、绿色信贷等在内的面向企业的环境经济政策，形成政策合力，强化政策协同与技术支持，更好地发挥政策的作用。

环境质量持续改善对环境经济政策精细化、可操作化改革创新提出新挑战。我国生态环境质量持续好转，呈现稳中向好趋势，但成效并不稳固。同时高质量发展动力转换、绿色发展结构转型等对政策实践也提出了新的时代需求。我国将进入生态环境质量提升的爬坡期，环境经济政策需要紧密结合环境质量改善做进一步调整，需要更加科学化、精细化、能够支撑环境质量目标管理，需要坚持以提高环境质量和促进高质量发展为核心，解决水、大气、土壤、固体废物、生态等领域的存量问题，推进提升生态环境质量。

环境经济政策改革要坚持处理好“存量”、“增量”与“变量”。用好“存量”，重在完善优化现有环境经济政策；要继续深化“增量”改革，推动区域流域、结构调整、空间管控等新问题、新领域环境经济政策创新。

8.2.1.2 生态引领区环境经济政策改革需求分析

宜兴市作为经济大市、工业大市，正处于新型工业化和城镇化加速推进阶段，为全面建成高水平小康社会、实现“高质量发展领跑者”和“生态保护引领区”的目标，生态环境保护刻不容缓，生态文明建设任重道远。

绿色发展尚需推进。从产业结构来看，虽然宜兴市是制造业大市和经济大市，但总体上产业结构尚不平衡。“十三五”期间，相比于无锡市以及全省“三二一”的产业结构，宜兴市产业结构呈现“二三一”态势，且第二产业的 GDP 占比呈上升趋势，2018 年达 51.8%，高于“十二五”期末的 51.3%，也高于全省和无锡市平均水平（图 8-1）。

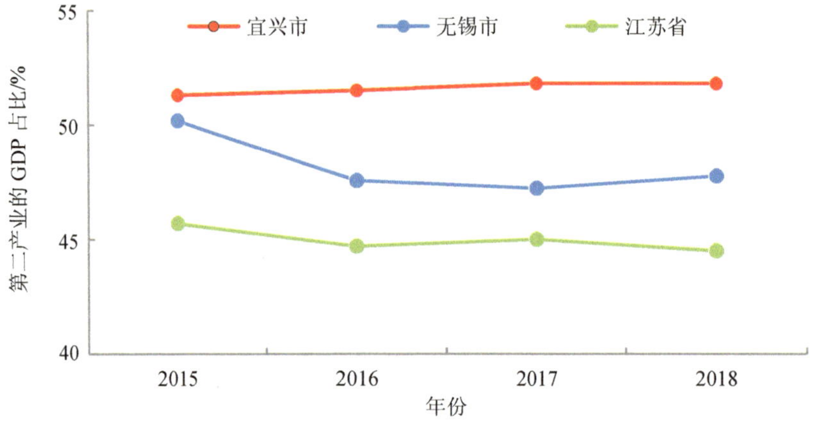

图 8-1 2015—2018 年宜兴市及无锡市、江苏省第二产业的 GDP 占比变化情况

为建立全国首个生态保护引领区，宜兴市集中打造“一圈、一带、一区”生态格局，即太湖生态保护圈、江阴长江生态安全带、宜兴生态保护引领区。打造太湖生态保护圈，就是要实施保护优先战略，推进污染企业加快退出，加强环湖地区生态修复与治理；打造江阴长江生态安全带，就是要合理有序利用岸线资源，岸线开发利用率逐步降至省定目标以下，保护和修复沿江生态系统；建设宜兴市生态引领区，就是要构建具有地方特色的绿色产业体系，实行生态优先的差异化考核。

1）资源环境承载力接近上限，山水资源保护需要政策支持。资源要素制约是宜兴市可持续发展的最大“瓶颈”。“人口密度高、资源缺乏、环境脆弱、国土空间承载负荷大”是区域的基本特征。宜兴市地处太湖流域下游，所承载的武进、金坛、溧阳等湖西地区过境客水占总入湖总量的 78.5%左右，上游来水水质不稳定。同时，市部分地区，特别是农村地区，河道淤积、水流不畅，水污染问题仍然突出。治源保太任务艰巨。全市一次能源消耗仍以燃煤为主，各类废气排放总量高，多种大气污染问题集中出现，以臭氧、细颗粒物、酸雨为特征的复合型大气污染较为突出，大气污染防治任务较重。重金属、持久性有机物和土壤污染等环境问题逐步显现。随着工业化、城市化进程的不断推进，工业源和生活源污染物排放量短期内仍处在高位，农业面源污染尚未得到有效控制，污染负荷仍然较重。总体而言，“十三五”时期，宜兴市的经济仍保持在中高速增长水平，城市化进程仍进一步加速，环境容量、土地开发强度等接近上限，经济社会快速发展与资源环境承载力不足的矛盾仍然是社会、经济、环境协调可持续发展面临的主要挑战。

2）产业转型进入攻坚阶段，绿色产业发展需要政策支持。近年来宜兴经济发展成效显著，但以高投入、高消耗的传统经济增长为主的模式仍然占据主导地位，新兴产业的壮大有待时日，生态文化旅游资源尚未得到深度挖掘和整合，没有充分转化为现实生产力和产业竞争力。化工、非金属矿物制品、纺织等高能耗、高排放行业在短期内仍占相当比重，传统产业的“关、停、并、转、迁”难度加大，需要坚定转型，着力打一场持久战。提升传统产业，化解过剩产能。提高节能环保标准“倒逼”过剩产能退出，制定财税、土地、金融等扶持政策，支持鼓励产能过剩行业企业退出、转型发展。

3）完善生态环境经济政策，打好政策“组合拳”。宜兴市生态保护引领区要建立具有地方特色的绿色产业体系，实行生态优先的差异化考核。要通过产业结构调整，充分发展生态经济，使其生态环境质量领先全省。当前宜兴市经济政策以行政手段为主，而当前财政压力过大，需要引入市场手段缓解财政压力，打好政策“组合拳”，共同推进宜兴市生态环境保护，打通包括排污权有偿使用、环境费、生态补偿、绿色信贷等在内的面向企业的环境经济政策，形成政策合力，强化政策协同与技术支持，更好地发挥政策的作用。

4）完善政策实施方案，使政策实施更为透明化和精细化。当前宜兴市的环境经济政策多为沿用无锡市相关政策，但在实际操作层面还有理解偏差和操作不明确的部分，需要更加完善和细化宜兴市的实施方案，使其更为符合宜兴市当地实际情况以及其建立生态引领区的目标。

5）与新形势相适应的体制机制改革仍在进行中。转型发展需要与之相适应的制度保障，引领区的建设需要制度创新和保障。引领区建设需要进一步探索打通“绿水青山”转化为“金山银山”的制度通道，一方面探索创新宜兴市绿色发展制度，另一方面也有赖于更高层面的制度改革的推进。需要加强制度创新研究，如在特定区域探索试行“开化模式”为代表的突破性政策，并积极争取上级支持，用制度改革破解转型发展难题，为全面实现绿色发展保驾护航，为更多地区提供样板。

8.2.2 生态引领区环境经济政策的支撑作用

（1）环境税政策

通过征收环境税，将环境成本内部化，有助于减少经济发展对环境的不利影响。从国际经验来看，环境税也是保护生态环境，遏制和扭转生态环境恶化趋势的重要环境管理手段。在我国大力推进生态文明建设战略的背景下，环境税的出台可以为生态文明建设提供必要的制度保障。本研究进一步完善了环境保护税应税污染物排放量的计算方法，使得环境保护税政策适用的确定性进一步提高，提高环境税收征收的规范性和透明度，更有利于按照机制设计意图向排放企业释放减排信号，使税收手段调控污染行为成为可能。

（2）转移支付政策

政策的最终目标是改善生态环境，但关键是要发挥引导地方政府加强生态环境保护的制度激励功能，转移支付政策并非单纯作为一项环保支出用于生态资金补偿，而是要以该项转移支付制度为杠杆撬动地方政府积极主动地保护生态环境。享受转移支付的基层政府要将资金重点用于环境保护以及涉及民生的基本公共服务领域，提高转移支付资金使用效益。

（3）生态补偿政策

生态保护补偿机制是综合运用行政和市场手段，调整生态环境保护各相关方利益关系的环境经济政策，有助于促进生态保护者和受益者良性互动，调动全社会保护生态环境的积极性。“绿水青山”既是自然财富、生态财富，又是社会财富、经济财富，但当前“绿水青山”向“金山银山”转化的通道尚不畅通，生态保护补偿的目的就是要保护好绿水青山，让受益者付费、保护者得到合理补偿，可有效增加生态产品和服务，是一种可持续的生态产品价值实现路径，有助于实现“金山银山”和“绿水青山”的有机统一。

（4）损害赔偿政策

损害赔偿政策以民事法律手段推动生态环境损害赔偿和修复，是对以行政手段为主的管理方式的有效补充。整合各方力量共同推动生态环境质量改善，必将形成行政部门、司法机关密切配合，非政府组织、人民群众共同参与的良好格局。损害赔偿政策明确了违法者修复受损生态环境的义务，强化了对修复过程和结果的监督，增强了受损生态环境的修复实效，切实保障了公众生态环境权益。

（5）绿色信贷政策

通过将企业的环境行为信息纳入银行征信系统，使金融部门对申请贷款企业的环境行为了如指掌，对那些在征信系统中“挂上号”的环境违法企业和项目进行信贷控制。这些硬政策在目前形成了较强的约束力。绿色金融债券的核心在于通过政府引导和市场化约束相结合的方式，形成既有政策引导和激励，又有社会声誉和市场约束的绿色金融发展机制，将有效激发银行增强绿色发展的意愿和能力，实现银行自身经营能动性与国家战略层面的良好结合，使绿色信贷资产的商业优势更加明显。

8.2.3　生态引领区环境经济政策体系设计

宜兴市位于苏浙皖三省交界，东濒太湖，南部为丘陵山区，兼具丰富的山、水、林、田、湖资源，具有良好的自然禀赋。近年来，宜兴市委、市政府坚持生态立市，以保障太湖安全为主题，以转变经济发展方式为主线，以生态文明建设为载体，统筹推进社会经济发展和生态环境保护工作，为探索经济建设与环境保护相得益彰的发展奠定了坚实基础。但是，当前区域环境质量进一步改善已进入爬坡过坎的攻坚阶段，工业化、城镇化格局仍在推进，资源环境约束愈加明显，推进生态引领区建设任务重大。

区域规划方面，围绕引领区建设目标，按照整体提升思路，把引领区指标领先作为引领区建设的核心要义，选取生态保护引领区建设指标并提出量化要求。从绿色经济、优美环境、生态宜居、生态制度四大方面设置了 31 类 57 项指标。以全面改善环境质量为目标，以保障太湖水环境安全为核心，深入实施水、大气、土壤污染防治，加强环境基础设施建设，全面提升治污效率，构建高效的风险防范体系，打造环境治理的样板区。

太湖保护目标方面，生态引领区建设全面融入经济建设、政治建设、文化建设、社会建设各方面和全过程，生态保护与经济发展协调推进。绿色发展水平显著提升，污染排放总量显著下降，生态环境质量显著改善，优质资源得到更大力度的保护，主要包括：①区域生态环境质量明显改善；②地方特色绿色产业体系基本确立；③生态格局安全、生态环境优美宜居；④率先开展生态文明制度创新示范。

生态引领区建设目标方面，宜兴努力建成环境治理样板区、绿色发展示范区、生态宜居典范区、制度创新先行区，以最大决心、最强力度、最快速度把宜兴打造成生态优先、治理当先、成效领先、全省率先的生态引领区，成为引领全省乃至全国的美丽中国示范区，推动人与自然和谐发展现代化建设新格局。

宜兴作为太湖西线第一城，经济位列全国百强县前十，生态禀赋优越。宜兴市委、市政府在加快推进经济转型发展的过程中，高度重视生态文明建设，通过铁腕治污，发展新兴产业，近年来生态环境质量指数一直保持全省领先，节能环保产业位居全国前列。资源禀赋主要包括：①地处宁杭经济带中心位置，区位优势推动新一轮经济升级；②山水林田湖草浑然一体，是宜兴市重要的生态宝库；③文化遗产丰富多样、扬名中外，构成了宜兴深厚的人文底蕴；④社会经济发展水平高，创新能力不断增强。

基于国家环境经济政策改革要求、引领区自身特点和建设目标、引领区改革需求等特点，本研究基于以下原则构建适合生态引领区的环境经济政策体系：

1）坚持激励与约束并举，突出环境质量持续改善激励。在环境保护中，不仅要对环境保护行为进行奖励（生态补偿），也要对环境破坏行为进行惩罚（损害赔偿），还可以通过对企业的排污行为进行收税“倒逼”企业转型升级（环境税），本研究扩大生态补偿的补偿范围，突出损害赔偿政策的重要性。

2）合理搭配政府+市场手段。建立市级生态环保投资基金，发挥财政资金的“种子”作用，引导更多金融和社会资本进入生态环保领域。推动构建更多运用市场经济进行环境治理和生态保护的市场经济政策体系。

3）突出经济过程全链条调控。当前宜兴市经济政策以行政手段为主，而当前财政压力过大，需要引入市场手段缓解财政压力，打好政策“组合拳”，打通包括排污权有偿使用、环境费、生态补偿、绿色信贷等在内的面向企业的环境经济政策，形成政策合力，强化政策协同与技术支持，更好地发挥政策的作用。

4）突出政策执行能力保障。完善多部门联防联控机制、政绩考核和责任追究等配套机制。完善政绩考核和责任追究制度，并制定政策实施的监督管理与激励机制，例如，全市生态文明建设占党政实绩考核比例不低于30%。

5）突出政策对象的差异化调整。政策的对象由于自身禀赋不同，故需要经过区域调整、行业调整、结构调整、空间管控等。例如，生态补偿政策，由于各个生态功能区的资源禀赋和环境质量目标不同，故本研究根据生态功能区进行调整，形成差异化、动态化的生态补偿系数。

生态引领区重点环境经济政策体系设计如图8-2所示。

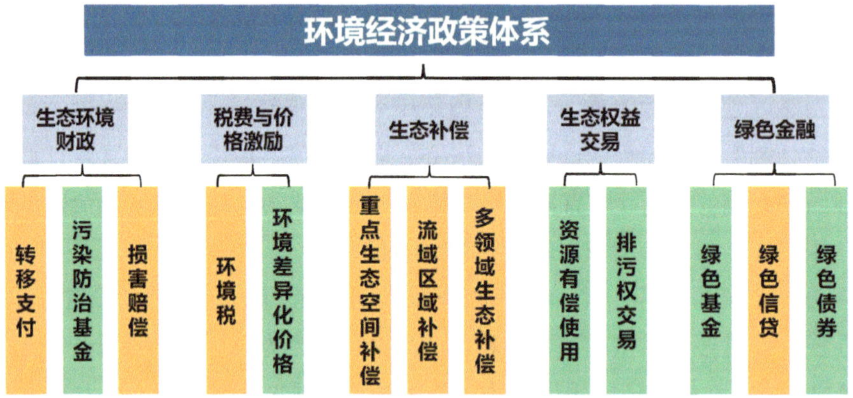

图8-2 生态引领区重点环境经济政策体系设计

当前的环境经济政策中既需要政府的调控作用，也需要市场的补充调节作用，两者力量的结合才能更好地发挥环境经济政策的作用。基于政府和市场的力量，以及环境经济政策中千丝万缕的融合关系，结合宜兴市当地的生态环境现状及其改革需求，提出以下宜兴市的生态引领区环境经济政策制度框架体系。

一方面基于政府对于资源保护的高要求，对保护生态环境的行为进行奖励，对损害生态环境的行为进行惩戒。在奖励生态保护行为中涉及的生态补偿政策，生态补偿政策的资金来源涉及政府资金和社会资本两个方面，即与转移支付政策和绿色信贷政策有一定的融合衔接关系。此外，生态补偿还需尝试产业转移、人才培训以及共建园区等多样化的补偿方式，用于建立市环保项目储备库。在惩戒生态损害行为中涉及的损害赔偿政策，其补偿资金需要上缴到国库，赔偿义务人的生态修复行为可以选择自行修复和第三方修复，若选择第三方修复则通过国库拨款建立市环保项目储备库。总结而言，生态补偿和损害赔偿政策基于政府对资源环境保护的高要求，最后达成推动山水资源保护和促进旅游经济发展的目的。

另一方面是基于环保高要求对企业的约束产生的环境经济政策。首先是基于生态环境自身可承载的环境质量底线制定总量控制制度，完成规划总量和管控限制的目的；其次通过排污许可证制度进行环境排污总量的分配，对各企业的排污总量进行约束；将企业对其排污许可的执行情况作为企业环境信用评价的一大评价内容，从而作为绿色信贷放贷的一个主要参考依据；利用排污许可平台上公示的企业实排数据计算企业应纳环境税税额，以此来“倒逼”企业提高清洁生产能力；以排污许可证中各企业的排污权蓄容量来确定企业排污权有偿使用的初始额度，企业可根据其实排量和有偿使用的初始量进行市场交易，即排污权交易。总结而言，环境税政策和排污权有偿使用政策基于环保高要求对企业的约束，最后达成“倒逼”过剩产能退出和激励绿色产业发展的目的。

结合以上分析，生态引领区环境经济政策存在融合和衔接的关系。国家已经出台了相关政策推动环境经济政策和管理制度的衔接与融合，并已取得初步成效，但仍未能提供系统性的环境管理制度衔接与融合方案，仍存在以下几个问题：①顶层设计亟须优化。各项环境经济政策表现得较为独立和分散，缺乏核心政策的顶层设计，导致整个环境保护体系臃肿而且缺乏有机联系，影响整体管理效能。②政策实施过程中缺乏联动。环境管理部门的相关人员未能在实际操作中有效结合考虑多项环境经济政策，例如，多项经济政策皆涉及财政资金的使用，却未明确划定各项经济政策的资金的来源、去向以及如何相互服务。③多部门合作紊乱。由于环境经济政策涉及多部门，如生态补偿政策涉及市财政局、市农业农村局、市水利局、市生态环境局，而与其紧密相关并且融合的转移支付政策主要涉及上下级财政局，各部门之间的联系较为紊乱，尚没有较好的综合信息平台及详细的分工指导其工作。④仍以行政手段为主，市场机制不健全。目前涉及环保项目的资金来源中，多使用财政转移，绿色金融等市场化经济政策融合程度仍较低，造成环境外部成本具有不经济性。

8.2.4 引领区重点环境经济政策

8.2.4.1 环境税政策

（1）环境税的概念和作用

环境税也称为生态税和绿色税，是以税收的形式将环境污染和生态破坏的社会成本内化到生产成本和市场价格中去，再通过市场机制来交易和分配环境资源，因而具有较高的经济效率。一般认为，经济学家庇古在其著作《福利经济学》中最早提到了环境税这个概念，庇古提出政府可以通过征税来调节环境资源的负外部性，庇古税的征收规模应该等于自然资源的边际环境损害。庇古税是环境规制政策的最早也是最基本的方法，目标是对造成污染的企业征收与其污染所带来损失相等的税，以期控制企业的排污水平，达到社会福利的最优化。

由于税收的强制性、无偿性和稳定性，完善环境税费体系有利于环境治理的长期资金保障，有利于降低环境治理的行政成本，有利于给企业等市场主体稳定的预期，有利于对生产和消费行为进行有效引导和激励。与命令控制型环境政策和排放权交易制度相比，环境税具有更强的灵活性，也让企业有更多的选择空间，企业可以根据自身边际减排成本的大小，选择是继续进行排放并缴纳环境税还是通过采取环境治理措施来避免交税，在技术方面也可以选择是安装环境治理设备还是开发环境技术来改善产品等，而这种技术创新往往还可以为企业创造额外的经济利益。环境税使企业能够以自己更熟悉的成本收益分析方式对市场信号和环境政策做出反应。

（2）环境税在中国的实践

环境保护税顺利开征。《中华人民共和国环境保护税法》于2018年1月1日正式实施，为了保障排污费改税平稳过渡，财政部、国家发展改革委、环境保护部等于2018年1月7日发布了《关于停征排污费等行政事业性收费有关事项的通知》，自2018年1月1日起在全国范围内停征排污费和海洋工程污水排污费。为保证环境保护税顺利征收，财政部、国家税务总局和生态环境部于2018年3月30日发布了《关于环境保护税有关问题的通知》（财税〔2018〕23号），明确了应税污染物的计算问题，其中包括大气污染物与水污染物排放量的监测计算、应税水污染物污染当量的计算、应税固体废物排放量计算及纳税申报问题和应税噪声应纳税额的计算。为保障《中华人民共和国环境保护税法》及其实施条例有效实施，财政部、国家税务总局、生态环境部于2018年10月25日发布了《关于明确环境保护税应税污染物适用等有关问题的通知》（财税〔2018〕117号），进一步明确了应税污染物适用问题、税收减免的适用范围、应税污染物排放量的监测计算问题，并提出各级税务、生态环境主管部门要加快建设和完善涉税信息共享平台，进一步规范涉税信息交换的及时性、准确性，保障环境保护税征管工作运转顺畅。

积极推进环境保护税征管。截至 2020 年，环境保护税征收总额为 579 亿元。其中，2018 年环境保护税总额为 151 亿元，2019 年环境保护税总额为 221 亿元，2020 年环境保护税总额为 207 亿元，同比下降 6.4%。2020 年第一、第二、第三、第四季度的环境保护税总额分别是 55 亿元、46 亿元、53 亿元、53 亿元。据统计，2020 年黄河流域省（区、市）纳税人申报的主要大气污染物二氧化硫、氮氧化物排放量分别下降 9.0%、16.2%，主要水污染物化学需氧量、氨氮排放量分别下降 18.1%、16.2%，有近 700 家企业由直接向外排放污染物改为接入管网集中处理。

资源税改革稳步推进。自 2020 年 9 月 1 日起，《中华人民共和国资源税法》正式实施，在我国实施近 27 年之久的《中华人民共和国资源税暂行条例》随之废止。《中华人民共和国资源税法》吸收了《中华人民共和国资源税暂行条例》实施以来长期践行有效的做法，以纳税人为中心，进一步深化“放管服”要求，落实税收法定原则，完善地方税体系，构建绿色税制。新税法规定由纳税人选择按月或按季申报缴纳，并将申报期限由 10 日内改为 15 日内。据统计，2020 年资源税为 1 755 亿元，同比下降 3.7%。

其他环境相关税收政策继续调整优化。2020 年 4 月财政部、国家税务总局、国家发展改革委发布《关于延续西部大开发企业所得税政策的公告》，规定自 2021 年 1 月 1 日至 2030 年 12 月 31 日，对设在西部地区的鼓励类产业企业减按 15%的税率征收企业所得税。2020 年 11 月生态环境部、商务部、国家发展改革委、海关总署联合发布《关于全面禁止进口固体废物有关事项的公告》，规定自 2021 年 1 月 1 日起禁止以任何方式进口固体废物。在环境政策和绿色关税的双重作用下，我国“洋垃圾”进口大幅缩减，截至 2020 年 11 月 15 日，全国固体废物进口总量仅为 718 万 t，同比减少 41%，较 2016 年减少近 6 倍。2020 年 5 月 7 日，《关于稳定和扩大汽车消费若干措施的通知》提出要完善新能源汽车购置相关财税支持政策，除了免征新能源汽车车辆购置税延至 2022 年年底，还要求将新能源汽车购置补贴政策延续至 2022 年年底，并平缓 2020—2022 年补贴退坡力度和节奏，加快补贴资金清算速度。

（3）环境保护税对企业的影响

环保税减税措施促使企业继续提升环保技术。《中华人民共和国环境保护税法》第十三条规定，纳税人排放应税大气污染物或者水污染物的浓度值低于国家和地方规定的污染物排放标准百分之三十的，减按百分之七十五征收环境保护税。纳税人排放应税大气污染物或者水污染物的浓度值低于国家和地方规定的污染物排放标准百分之五十的，减按百分之五十征收环境保护税。这一规定对于经济效应的最大化发挥着重要的作用。环境保护税的减税措施，使企业更关注污染物的排放量，通过减少污染物的排放量来降低对环境保护税的缴纳额。促使企业为了减税去更新生产技术，使用更为清洁的能源来投入生产。这一规定表现出国家对低污染企业的鼓励，可以刺激低污染企业为寻求更低的环境保护税费继续加大环境保护措施，更新环保技术，从而推动环境、企业各方经济利益的最大化。

开征环保税提高企业治污效率。通过对城乡生活污水集中处理场所实行达标排放免税政策，促进企业由过去直接向环境排放水污染物改为入城市管网排放，提高污水集中处理效率。2018 年前三季度数据显示，享受达标排放免税优惠的城乡污水处理厂、垃圾处理厂累计免税 27.3 亿元，占减免税总额的 40%。

开征环保税鼓励企业节能减排。开征环保税后，企业自觉地采取清洁能源、节约能源等方式减少污染物的排放，对资源采取充分的利用，形成资源循环利用方式，把污染物的数量降低到最少，以实现污染的减量化。福建省某热电有限公司大气污染物经超低排放环保设施处理后，所排放的 SO_2、NO_x 和烟尘在一年内分别下降 21.05%、4.98%和 29.38%，减免环境税 62.74 万元，税负下降 7.83%。

开征环保税激励企业转型升级。环境保护税自身具有一定的导向功能，不仅能激励企业创新，还能提高企业的竞争力和影响力。企业为了降低税负增加盈利而努力研发新技术，优化产品结构，甚至寻找环保替代品。这些举动都会使创新、技术、环保等因素被调动起来，减少税负相当于在一定程度上降低了产品的生产成本，同时增强了企业的社会责任，提高了社会影响力。

（4）环境税实施现存问题分析

1）环境税实际征收对象少，政府部门重视程度低，减排效果不佳。

由于宜兴市的特殊地理位置，宜兴市对于太湖流域有高度的保护要求，因此宜兴市的排污企业基本全部接管，包括农村。具体流程为企业在生产过程中产生的废水通过管网接入污水处理厂，污水由处理厂统一处理达标后排放，管网由市住建局等部门负责，企业根据排放量向污水处理厂缴纳污水处理费。因此，宜兴市的企业基本不涉及缴纳水污染物环境税，只有污水处理厂涉及。而污水处理厂达到国家有关环境税的减免标准后，几乎可免交水污染物环境税。总体来看，宜兴市需要缴纳环境税的实际对象很少，税费产生量不大，仅占宜兴市税收很小的一部分，导致相关部门对环境税征收工作的重视程度不高。另外，宜兴市在“税务征收，环保协同”的模式背景下，生态环境局对环境税的责任大幅减弱，主要负责环境税的复核。由于环境税实行企业自主申报，税务局在环境税征收过程中的参与感也不高。税务局和生态环境局对环境税征收工作的非及时反馈，使得环境税对企业排污行为的约束作用减弱。

2）制度融合度不高导致环境税少征、漏征。

宜兴市自 2017 年开始开展排污许可证的全覆盖工作，按照行业分批次进行，重点行业如水泥、印染、电力等属于第一批次，截至目前，接近工作尾声。因此在这一段时间范围内，一些非重点行业的环境税的征收，包括“税费平移”，并没有按照国家规定执行，即从 2018 年 1 月 1 日开始，既没有征收排污费，也没有征收环境税，出现了环境税少征、漏征的现象。具体原因是企业的环境许可证没有办好，环境税的征收没有征收标准，企业与政府部门都处于所谓的“过渡期”，没有明确的工作机制进行环境税征收管理，也缺乏了正确有效的企业征税引导。

3）征税信息化水平不高，部门协作机制不完善。

环境保护税征管的信息化水平不高主要体现在 4 个方面：一是“存量数据”尚处于沉睡状态。这里的“存量数据”主要是指在原征收排污费时企业的征缴数据。目前，宜兴市尚没有建立系统的数据整理、调用、分析软件，以满足环境保护税征管在风险预警分析、税收预测等方面的需求。二是涉税信息共享平台开发尚不完善。从宜兴市目前的建设和应用情况来看，生态环境局和税务局之间缺少信息共享平台，生态环境局所需由税务局提供的数据存在不充分、不全面的现象，导致生态环境局无法对环境税征收中出现的问题进行及时的判断和反馈。此外，税务局、生态环境局与环境税征收其他政府参与部门，如住建部门、工业部门之间也没有建立良好的协作机制，因此在实际应用中会存在和排污费征收全程信息化系统信息不统一，以及因监测数据未能全部覆盖纳税人造成的共享数据不全等问题。三是信息交互方式不安全。税收征管数据涉及纳税人商业秘密，因此生态环境局和税务局在信息交互时应以内网专线传输为主。但是由于目前生态环境局和税务局专线传输系统建设不完善、部分工作人员保密意识淡薄，存在大量使用 QQ、微信传递征管数据的情况，造成税收征管数据存在泄露的风险。四是申报信息比对质效不高。申报信息比对复核为环境保护税征管工作的重要环节，但是目前，生态环境局执法检查监测主要针对全国重点污染企业和省级重点污染企业，覆盖范围小，且部分执法检查只有定性数据，再加上金税三期工程查询功能不完善，无法自动提取分类汇总查询信息，信息比对复核时只能通过手工导出申报表进行人工比对，效率低且风险识别能力弱，不能很好地满足税收征管的需要，因此比对质效不高将会直接影响环境税征收工作的有效性。

4）征纳双方信息不对称，减免审核机制缺失导致监管乏力。

征纳双方信息不对称会严重降低税收征管效率，增加执法成本，给信息占优者带来博弈决策优势，从而引发道德风险，造成税款流失。目前，在宜兴市环境保护税征管工作中，征纳双方信息不对称主要表现在两个方面：一是申报信息核实难。由于废水污染物排放具有瞬时性、不可复制性，税务机关很难通过传统的调账检查、实地检查等手段进行申报信息的核实和调查取证。二是获取涉税信息质效低。具体表现为税务人员对各行业环保业务知识掌握不足，不能及时有效地识别纳税人申报信息中的风险点；生态环境主管部门在排污费改环境保护税后，主要负责对应税污染物进行监测管理，由于手段升级滞后等问题的存在，还不能很好地发现适应《中华人民共和国环境保护税法》要求的税收征管风险。

此外，针对环境税征税主体污水处理厂，政策规定当污水处理厂处理工业污水量占比低于 30%的情况下可免收环境税。但是在实际申报的过程中，仅由污水处理厂自行申报，并没有对其处理的水源进行具体核查。因此，污水处理厂是否真的满足减免要求还有待核实。可见宜兴市目前缺乏污水处理厂减免审核机制，暴露了环境税监管体系不完善的缺陷。

8.2.4.2 转移支付政策

（1）转移支付的概念和作用

财政转移支付制度是最主要的区域补偿政策，也是世界缩小区域经济发展差距实践中最普遍使用的一种政策工具。它在促进区域经济的协调发展上能够转移和调节区域收入，从而直接调整区域间经济发展的不协调、不平衡状况。转移支付是政府把以税收形式筹集上来的一部分财政资金转移到社会福利和财政补贴等费用的支付上，以便缩小区域经济发展差距。

合理的财政转移支付制度可以有效地抑制日趋扩大的区域经济发展差距，缓解“公平与效率”之间的矛盾。合理的转移支付制度是实现社会公平的重要手段。实现社会公平是财政分配的重要职能。公平不仅指个人收入方面的公平，还包括在享受政府提供的各项公共服务方面的平等权利，如义务教育、公共交通服务、基础设施等。这些服务如果只靠当地政府来解决，或者在财政体制中缺乏这种社会公平的机制，就必然出现区域之间经济发展的巨大差距。要很好地解决社会公平的问题，必须有合理的转移支付制度，建立一种富裕地区援助贫困地区的长期稳定的机制，实现我国各区域人民在享受公共服务方面的大体平等。

通过建立合理的财政转移支付制度，更可以使中央财政从与各省（区、市）的博弈中解脱出来，集中精力提高管理水平，加强宏观调控。对于地方财政来说，可以在划清各级政府的财权和事权的基础上，通过分级财政的转移支付，弥补贫穷地区由于财力不足所带来的财政功能不足的缺陷，并使经济相对发达的地方得到更多的发展空间和更好的发展环境。如果没有这样的转移支付，落后区域永远是发展不起来的。

能够正确调动地方政府增收节支的积极性，促使地方经济走向良性循环。由于缺乏规范的转移支付的办法，地方政府往往将精力和时间放在同中央财政的讨价还价以及在“关键时候”采取不正当手段如突击支出或突击收税等方面，而懒于发展区域经济。这些不正常的增收和多支，不仅造成中央有限的财政资源的极大浪费，而且导致了政府行为的错位，给市场发出错误的信息，使供求平衡产生波动。在税收方面长期存在的政出多门、随意减免、乱开税法口子的混乱现象，与此有着密切的关系。有些区域将相当一部分精力用在与其他区域攀比，以及“跑部向钱”上面，而且确实得到了实惠。这种现象很不利于调动地方政府发展区域经济的积极性。合理的转移支付制度可以有效地克服以上弊端，使地方政府能够更好地发挥自己应有的职能，优化财政支出结构，提高财政资金的使用效益，有利于严肃税法，提高税收的征收管理水平，真正为企业创造公平竞争的良好环境，从而配合中央政府缩小区域经济发展差距。

（2）转移支付政策在我国和江苏省的实践

1）转移支付政策在我国的进展。

在两型社会发展战略之后，我国进一步加快了生态资源环境管理制度及财政转移支付的建设。为推进落实主体功能区规划和促进环境友好型社会建设，国家财政逐步将生态环境因素纳入转移支付制度设计中。首先，在政策支持和生态功能区认定步伐上，2002 年国家发展改革委提出了主体功能区构想，2008 年财政部建立对地方重点生态功能区的转移支付制度，2010 年国务院印发了《全国主体功能区规划》，2011 年中央财政正式设立国家重点生态功能区转移支付。这意味着我国将通过建立主体功能区及相应的转移支付制度实现生态资源环境管理。

在转移支付方式方面，我国转移支付政策主要基于“谁损害、谁补偿”及“谁受益、谁补偿”的两大原则分为纵向转移支付与横向转移支付。转移支付资金由中央进行主导，以省级政府作为环境治理的主要负责方，对其辖区内的环境治理进行宏观调控。具体来说，纵向转移支付政策主要通过配套财政补助和一般财力补助来缓解相关地区由于保护环境而放弃的经济发展。横向转移支付政策以政府作为单位，通过国家扣缴污染地区地方财政，形成转移支付资金。

目前我国转移支付规模不断加大，结构也趋于优化，一般性转移支付占比不断提高。财政部自然资源和生态环境司负责人凡科军指出，“十三五”期间中央财政累计转移支付资金 8 779 亿元用于生态保护修复，主要支持以下工作：

①支持生态功能重要地区政府提高基本公共服务保障能力，引导地方政府加强生态环境的保护，推进生态文明建设。

②用于实施山水林田湖草生态保护修复工程试点。

③支持海洋生态保护修复，开展“蓝色海湾”整治行动，支持打好渤海综合治理攻坚战，推进红树林保护修复，实施海岸带保护修复工程，改善海洋生态环境质量。

④支持京津冀周边、汾渭平原、长江经济带、黄河流域等国家战略涵盖的重点地区开展历史遗留废弃矿山环境修复治理。

⑤深入推进大规模国土绿化行动，加强防沙治沙，扩大退耕还林还草，支持全面停止天然林商业性采伐，加快推进国有林区林场改革，落实天然林保护全覆盖政策；加强森林资源的管护，加强草原生态修复治理，强化湿地保护修复，构建以国家公园为主体的自然保护地体系，促进生物多样性的保护。

2）转移支付政策在江苏省的进展。

为落实党的十八大“五位一体”大力推进生态文明建设的要求，江苏省积极优化环境保护事权财权划分机制，在财政转移支付中强化生态环境保护因素影响，在生态补偿多元化中提升转移支付的作用。

2012 年，江苏省财政首次设立规模为 3 300 万元的生态保护和补偿转移支付，支持和推进主体功能区建设，鼓励各地重视和加大生态环境保护力度，促进全省生态环保和经济社会协调发展。2013 年 12 月 26 日，江苏省省级财政建立生态补偿转移支付制度，江苏省人民政府办公厅颁布《江苏省生态补偿转移支付暂行办法》（苏政办发〔2013〕193 号）。该办法指出，生态补偿转移支付的具体范围是以市、县（市）为单位，将具有重要生态功能作用、提供重要生态产品的生态保护红线区域列入转移支付测算范围，具体包括《江苏省生态保护红线区域保护规划》所列 15 类生态保护红线区域。并且规定，省级财政每年根据年度财力情况安排一定额度的生态补偿转移支付资金。属于一般性转移支付，可分为补助和奖励两部分。其中，补助部分为生态补偿转移支付的主体部分。

具体计算方法为：省财政厅根据各市、县（市）列入转移支付测算范围的生态保护红线区域的级别、类型、面积以及地区财政保障能力等因素，综合计算各地标准生态保护红线区域面积，并据此计算各地生态补偿转移支付补助资金。奖励部分为生态补偿转移支付的激励性部分。省财政厅、生态环境厅每年会同有关部门根据《江苏省生态保护红线区域保护监督管理考核暂行办法》，对上一年度各市、县（市）生态保护红线区域保护任务完成情况进行综合考核，依据考核结果，分配奖励资金。如发生重大污染事件，导致本地区生态环境受到严重影响或考核不合格的，取消该地区年度考核奖励资格。省级生态补偿转移支付资金全部用于生态保护红线区域内的环境保护、生态修复和生态补偿。各市、县（市）要按照集中财力办大事的要求，整合相关专项资金，进一步加大生态保护红线区域保护和修复力度。

随后 2016 年，江苏省财政厅又针对专项转移支付进行规范化管理，印发《江苏省省对市县专项转移支付管理办法》，其中提到的 5 类专项转移支付用途为：

①委托类专项是指按照事权和支出责任划分属于省级事权，省级委托市县实施而相应设立的专项转移支付。

②共担类专项是指按照事权和支出责任划分属于省级与市县共同事权，省级将应分担部分委托市县实施而设立的专项转移支付。

③引导类专项是指按照事权和支出责任划分属于市县事权，省级为鼓励和引导市县按照省级的政策意图办理事务而设立的专项转移支付。

④救济类专项是指按照事权和支出责任划分属于市县事权，省级为帮助市县应对因自然灾害等发生的增支而设立的专项转移支付。

⑤应急类专项是指按照事权和支出责任划分属于市县事权，省级为帮助市县应对和

处理影响区域大、影响面广的突发事件而设立的专项转移支付。

在行政管理体系方面，江苏省财政厅也做出明确划分。省财政厅是专项转移支付的归口管理部门，负责拟定专项转移支付总体管理制度，制定或会同省级业务主管部门制定具体专项转移支付的资金管理办法；审核专项转移支付设立、调整事项，并按程序报省人民政府审批；组织实施专项转移支付预算编制及执行；组织开展专项转移支付绩效管理和监督等工作。省级业务主管部门协同省财政厅制定具体专项转移支付的资金管理办法；协同省财政厅具体管理专项转移支付。

（3）宜兴市转移支付案例

地方政府转移支付的资金源于两个方面：一是中央对省级的均等化转移支付；二是地方政府安排的资金。无锡市财政局接受江苏省财政转移支付资金的比例并不算高，2019 年仅占全省 4.4%（表 8-18）。据无锡市财政局统计，2019 年无锡市本级安排对下转移支付支出 75.24 亿元，其中一般性转移支付支出 45.24 亿元，专项转移支付支出 30 亿元。2020 年无锡市本级年初预算拟安排对下转移支付支出 73.87 亿元，其中一般性转移支付 45.75 亿元，专项转移支付 28.12 亿元。

表 8-18　2019 年江苏省财政转移支付与税收返还情况

地区	金额/亿元	占全省比重/%
徐州	324.19	15.6
盐城	252.50	12.2
南京	240.49	11.6
淮安	195.28	9.4
南通	191.16	9.2
连云港	190.90	9.2
宿迁	162.67	7.8
扬州	108.11	5.2
无锡	92.22	4.4
苏州	90.83	4.4
泰州	88.16	4.3
常州	68.49	3.3
镇江	68.35	3.3

根据宜兴市人民政府信息公示平台中财政信息的公示情况，目前宜兴市财政转移支付的主要类型是专项转移支付，主要形式是纵向财政转移支付，即接受财政部的专项拨款，资金主要用于民生方面，具体见表 8-19。

表 8-19　宜兴市财政转移支付主要运用去向

宜兴市专项转移支付资金来源	宜兴市专项转移支付资金去向	宜兴市专项转移支付类型
中央—省级—地方	江苏省 400 总吨以下货运船舶生活污水、防污改造补助资金	财力性转移支付（纵向）
	帮扶经济薄弱村发展专项资金	
	村级公益事业建设财政奖补资金	
	“十三五”老旧机动车淘汰补贴	
	农村客运出租车等行业成品油价格补助资金	
	年度城乡低保专项资金	
	年度医疗救助专项资金	

由此可知，宜兴市目前还暂无一般转移支付资金用于生态环境保护建设方面的相关尝试，与生态性转移支付制度相关的配套文件和资金信息也处于缺失中。

在上层设计方面，宜兴市人民政府于 2016 年 3 月 23 日发布的文件《市政府关于深入推进预算管理制度改革的实施意见》（宜政发〔2016〕29 号）中明确指出：加强上级一般性转移支付安排项目和市本级财力安排项目的统筹，原则上市本级财力已经安排的项目，上级一般性转移支付资金不再下达。对上级下达的专项转移支付，可在不改变资金类科目用途的基础上，发挥贴近基层的优势，结合本级安排的相关专项情况，逐步加大整合力度。

同时，江苏省人民政府办公厅印发的《关于进一步推进生态保护引领区和生态保护特区建设的指导意见》首次明确，2017 年，在太湖上游宜兴、武进开展生态引领区建设试点。该意见指出，针对生态保护特区，具体有明确创新推进资源统一管理、严格实施正面清单制度、不断强化生态修复治理、着力打造开放科研平台、统筹兼顾生态产业转型 5 项任务。此外，针对“两区”建设，江苏省将强化政策支持，具体体现在强调省级生态补偿转移支付资金、污染物排放统筹资金省级集中部分重点向“两区”倾斜；省级现有经济发展、环境保护、城乡建设、水利交通、农业农村、太湖治理等专项资金对“两区”相关项目予以重点支持；针对相关市、县（市、区）的经济考核指标，充分考虑“两区”建设的要求，合理调整和平衡；涉及生态保护特区建设的相关市、县，土地指标计算、分配口径保持不变；同时，还将优化评估考核，对生态引领区实施生态优先的差异化考核，增加生态环境保护内容考核权重，对生态特区重点考核生态保护指标。

综上，针对宜兴市的实际情况，基于生态引领区财政转移支付政策问题诊断结果和国家深化财政转移支付改革的具体要求，结合产业结构优化升级的现实需求，合理优化生态引领区水环境保护事权财权划分机制，强化生态环境保护因素影响，形成一套可持续的财政转移优先支付方案，为实现生态引领区绿色发展、产业结构优化升级提供财政保障是十分必要的，这有助于生态引领区生态环保工程项目优化资金来源结构，改善宜兴市乡镇的生态状况和民生状况。

（4）生态引领区转移支付政策现存问题

法律体系不完善，制度施行缺乏相关规范性文件约束。由调研可知，宜兴市生态引领区建设转移支付所需的资金体量巨大，牵涉的范围也很广，如果没有有效的激励制度以及可靠的保障制度，乡镇（街道）政府很难毫无顾忌地投入资本进行生态保护，生态受益地区也不会顺利地付出补偿资金和资源。例如，水生态补偿工作需要的是持续、充分的后续投入，如果投入中断或没能达到标准，就无法取得应有的效果。因此宜兴市需要完善转移支付的相关条文规定，对补偿方和受偿方进行利益均衡，对资金的使用进行约束监督，提高资金使用率，从而形成一个规范性和长效性的生态转移支付制度运行机制。

转移支付资金分配机制不完善，奖惩制度的导向作用有待提升。宜兴市目前财政转移支付以专项转移支付为主，资金多向民生方面倾斜，关于生态性转移支付的举措甚少，因此宜兴市需要得到上级政府财政资金向财力较弱的重点生态环境建设地区倾斜的实际支持，开展宜兴市生态转移支付的具体尝试。生态转移支付作为对提供生态产品地区的一种价值补偿机制，需要以生态产品价值的科学评估测算为依据，目前宜兴市转移支付资金分配标准和测算方式的科学性有待提升，同时还需要建立转移支付绩效考核机制，完善监督管理体系，以此支撑宜兴市生态引领区内大量生态环境保护工程项目的顺利实施。

政府财权与事权的划分有待完善，财源充足性有待提高。实施生态补偿政策，必须有充足的财政作保证。目前，我国现行财政体制最突出的问题就是地方政府的财力与事权不匹配，地方财力有限，承担的建设发展任务过重。因此，适度放权，使各级地方政府均能设立自己的主体税种和稳定的税收来源是当务之急。同时，在财源充足的基础上仍然还需要进一步完善生态转移支付制度，重点支持生态保护特区和生态引领区发展。具体应将环境因素纳入财政转移支付体系中，依靠生态引领区因限制产业发展造成的损失由省级财政转移支付、生态保护特区实行全额财政转移支付，加大生态保护红线区域生态补偿力度，支持设区市、县（市）域内开展多种形式生态补偿工作。建议通过增加补偿断面，提高水环境区域补偿标准等创新财政转移支付制度，加大转移支付力度，科学处理地区间环保能力差异。

横向转移支付实践中，难以界定上下游责任。在实际的操作中，由于水资源属于公共产品，具有外部性，优质水资源的受益者往往无须付出额外代价，这就会导致“搭便车”的现象。位于流域下游的水资源消费者期待不用付出成本即可获取足量达标的水资源。同时，水资源具有非排他性，任何使用者特别是流域上游的使用者无法阻止其他使用者对水资源的消费，导致下游的使用者不愿意为上游使用者的付出以及获得的生态资源提供补偿，上游也不愿意为下游的使用放弃潜在的经济利益。在这种利益的冲突之下，很多有需求的地方之间的谈判陷入僵局，无法就补偿的标准以及补偿的方式达成一致，阻碍了转移支付制度的形成。

转移支付管理多头、使用分散、效率不高。在转移支付中，通常专项支付占比大，资金分配权分别掌握在发改、财政、生态环境、农业、水利、扶贫等多个政府部门，这些政府部门各自为政、部门分割，在项目安排和资金分配使用上交叉重叠。在项目安排上，设立项目通常是中央各部门与地方政府博弈妥协的结果，随机性、应急性项目多，金额少，持续时间短；在资金配置使用上，中央将资金按“条条”分配给省直相关部门，省主管部门通常再进行二次分配，最终往往“撒胡椒面”，无法形成资金合力，预期政策效果难以实现。专项转移支付项目大部分都要求地方配套，由于生态保护地区的经济发展水平较低，财政无法配套，最终使得项目难以落地，地区生态环境治理保护进程受阻。

8.2.4.3 损害赔偿政策

（1）全国损害赔偿政策库和研究综述

1）损害赔偿政策成效。

2017 年 12 月，中共中央办公厅、国务院办公厅印发《生态环境损害赔偿制度改革方案》，要求从 2018 年起在全国推行生态环境损害赔偿制度。截至 2020 年 1 月，以破解“企业污染、群众受害、政府买单”为根本初衷的生态环境损害赔偿制度从试点到全面推开已近 5 年，全国共办理生态环境损害赔偿案件 945 件，涉及赔偿金额超 29 亿元。推动修复受损生态环境，包括超过 1 150 万 m^3 土壤、2 000 万 m^2 林地、600 万 m^2 草地、4 200 万 m^3 地表水体、46 万 m^3 地下水体等。

一是国家层面统筹推进的力度在不断加大。生态环境部推动将生态环境损害赔偿纳入了中共中央办公厅、国务院办公厅 2019 年印发的《中央生态环境督察工作规定》；会同有关部门制定了改革重点任务分工方案，积极配合最高法、财政部、司法部等部门制定了相关司法解释、损害赔偿资金管理、生态环境损害司法鉴定评估管理等方面的指导性文件；对工作推进相对缓慢的部分省（区、市）开展帮扶督导；组织开展生态环境损害赔偿磋商十大典型案件评选，公众积极参与评选。

二是立法取得新进展。在各地积极实践的同时，生态环境部全力推进环境损害赔偿制度入法。①积极推动在《中华人民共和国土壤污染防治法》中增加了生态环境损害赔偿的规定。②在《中华人民共和国固体废物污染环境防治法》、《中华人民共和国长江保护法》和《中华人民共和国民法典》（侵权责任编）的制修订过程中提出立法建议。2020 年刚通过的《中华人民共和国民法典》以专章规定生态环境损害赔偿责任，明确国家规定的机关和法律规定组织的生态环境损害的索赔权。生态环境部也在积极推动将生态环境损害赔偿制度纳入相关专项法律，现在涉及的法律有《中华人民共和国土壤污染防治法》《中华人民共和国森林法》《中华人民共和国固体废物污染环境防治法》。

三是各地案例实践不断丰富。各地方以典型案例为抓手，办理了一批有影响力的生态环境损害赔偿案件，产生了良好的社会效果、法律效果和生态效应。据统计，全国共办理生态环境损害赔偿案件 945 件，涉及的赔付金额超过 29 亿元，有效推动大量受到损害的土壤、林地、草地、地表水、地下水的修复以及固体废物的清理，取得了良好的综合效果。

四是地方的相关工作机制基本形成。各地方印发了省级生态环境损害赔偿改革实施方案，有 157 个地级市印发了地市一级的实施方案，确定了分工，各地共制定磋商、调查、鉴定评估、资金管理等相关的配套文件 200 余个。

五是生态环境赔偿所需要的技术规范在持续完善。生态环境部已经印发了生态环境损害鉴定评估系列技术方法，涉及地表水、地下水、土壤等方面，基本实现了生态环境损害赔偿鉴定评估技术的各环节要素的全覆盖。同时与国家市场监管总局联合发布了危险废物鉴别通则等规范，完善物质属性鉴别的程序和方法。

六是将生态环境损害赔偿工作纳入中央生态环境保护督察。《中央生态环境保护督察工作规定》明确规定：对督察发现需要开展生态环境损害赔偿工作的，移送省、自治区、直辖市政府依照有关规定索赔。

2）损害赔偿案例。

本研究以“损害赔偿”为关键词，在“北大法宝”中找到 394 起案例形成案例库，统计的内容包括时间，地点，上诉基本信息，原告、被告的性质和数量，判决结果，赔偿金额及计算方法和相关其余信息。本研究将从时间空间分析、涉及领域分析、被告人性质、赔偿结果和其他 5 个方面进行统计分析。

从时间空间方面来看，“十三五”以来，损害赔偿案例数量逐年递增，2020 年高达 158 件。这个损害赔偿案例数量的增加并不意味着环境损害事件与日俱增，而是在立法愈加完善以及国民日益重视的背景下，损害赔偿案件的管理逐渐走向常规化，当前有更为严谨的程序去界定损害赔偿案件，这将对环境损害行为产生强有力的约束效应。同时，损害赔偿案例多集中于东部地区，其中江苏、浙江相关案件数量最多，分别为46起、38起案件。这与江苏省、浙江省作为生态环境损害赔偿试点城市，并积极响应国家号召，开展损害赔偿鉴定评估有密不可分的联系。

从涉及领域方面来看，从大方向上损害赔偿的范围可以认定为对环境造成损害或对资源造成浪费和损害。涉及的环境领域，主要集中在土壤和水方面，其中土壤方面占比27%，地下水、地表水和水环境合计占比42%，主要系案件发生原因多为将超标的废水、废渣交给无相关许可证的人处理，无证填埋造成土壤和水环境的损害，严重破坏了民众的日常生活环境。涉及的资源领域，主要集中在林地、矿产和渔业资源方面，三者分别占比31%、22%和22%，三者合计占比75%，需要打击相关恶性产业链。

从被告人性质方面来看，在394起损害赔偿诉讼案例中，据统计，被告人多为自然人，占比高达73%，私营企业和国有企业分别占比26%和1%。可见自然人的环境保护意识相对于私营企业、国有企业等组织机构较低，其中自然人多为无证排放废水、废渣，从而造成了生态环境损害，可见存在相关利益驱使的恶性产业链，需要加强管理和打击犯罪行为。国有企业占比仅为1%，说明其管理模式较为严格，环境保护意识较强。由此可知仍需加强公众环保宣传和理念落实。

从赔偿结果角度来看，损害赔偿案件判决结果成功率极高，仅有1起败诉，2起中立，也从侧面反映出当前损害赔偿立法的加强以及民众环保意识的强化。赔偿方式多为赔偿货币，由于被告人不具备环境修复能力，仅有2%选择自行修复，多数选择委托当地政府或是第三方进行环境修复。损害赔偿案件涉及的金额较高，案件的平均赔偿金额为157.85万元，可能存在赔偿人无法承受支付金额的情况，由此造成当地政府的财政压力。赔偿金额计算方法多为虚拟成本治理法，也存在使用资源等值分析法、垂直断面法和水平投影地址地块法等计算的案例。

从统计结果来看，磋商程序灵活便捷，对于磋商的次数、期限等，目前没有严格的限制规定，各地往往自行考量。同时，394起案例中较为缺乏宣传和公众参与，仅有44起案例被告人在县级、市级等通过报刊、电视台、媒体等途径进行公开赔礼道歉。

3）损害赔偿资金管理。

据统计，在当前相关损害赔偿著名案件中，资金管理主要包括以下归属：①生态环境局；②国库；③法院指定账户；④专项账户。其中大部分资金都归属至当地国库账户中的专用账户，进一步促进了资金管理的高效化和透明化，此乃资金管理的大势所趋（表8-20）。同时，当前几起损害赔偿案例涉及的金额较高，加大了地方政府财政压力，需要探索拓展赔偿义务人多样化的赔偿方式。

表 8-20 生态环境损害赔偿资金归属梳理

案例	金额/万元	赔偿金归属	裁判	年份	地点
广州检察机关诉水塘承包人和管理者污染	1 050	上缴国库	判决	2017	广东广州
绍兴生态文明促进会诉新昌某公司水污染	8.075	绍兴市生态环境损害赔偿金专户	调解	2017	浙江绍兴
环保基金会诉电镀水直排河污染	41.64	上缴国库	判决	2017	广东广州
环保联合会诉王某等倾倒垃圾污染	52.54	作为环境污染治理的基金	判决	2017	安徽淮南
自然之友诉泰州市沃爱特化工有限公司	174.96	泰州市环保公益金专用账户	判决	2016	江苏泰州
泰州市环保联合会诉泰兴锦汇等 6 家企业	16 000	泰州市环保公益金专用账户	判决	2014	江苏泰州
江阴市环保局诉王某等人倾倒焦油废液	58.99	无锡市环保公益金专项账户	判决	2013	江苏江阴

（2）江苏省损害赔偿政策政策库和研究综述

1）政策配套体系不断完善。

生态环境损害赔偿制度是生态文明制度体系的重要组成部分。党中央、国务院高度重视生态环境损害赔偿工作，党的十八届三中全会明确提出对造成生态环境损害的责任者严格实行赔偿制度。自 2015 年中共中央办公厅、国务院办公厅印发《生态环境损害赔偿制度改革试点方案》，要求在江苏等 7 个省（市）开展改革试点后，江苏省的损害赔偿政策不断完善。江苏省损害赔偿政策体系见表 8-21。

表 8-21 江苏省损害赔偿政策体系

文件名称	解决的关键问题
《江苏省生态环境损害赔偿改革实施方案》	生态环境损害赔偿改革工作的顶层设计
《江苏省生态环境损害事件报告办法》	明确生态环境损害赔偿事件报告的内容、形式等
《江苏省生态环境损害鉴定评估管理办法》	明确鉴定评估启动条件、委托主体、费用组成、评估结论采信等内容
《江苏省生态环境损害赔偿磋商办法》	明确磋商程序及组织形式
《江苏省生态环境损害赔偿起诉规则》	明确生态环境损害赔偿案件起诉规则
《江苏省高级人民法院关于生态环境损害赔偿诉讼案件的审理指南》	明确赔偿权利人提起诉讼的先后次序问题，明确诉前证据保全、先予执行等要求
《江苏省生态环境损害赔偿资金管理办法》	明确资金来源、使用及管理要求

文件名称	解决的关键问题
《江苏省生态环境损害修复管理办法》	明确生态修复项目实施及修复绩效评估的监督管理要求
《江苏省生态环境损害赔偿信息公开办法》	明确生态环境损害赔偿全流程信息公开的内容、形式等

2）损害赔偿处理逐渐规范。

随着江苏省生态环境损害赔偿政策的实行，目前省内存在“回头看”的现象，回头审阅或是重新审判当年的典型案例，可见江苏省的损害赔偿处理越来越规范化。回顾江苏省 3 起具有典型意义的案件（表 8-22），当前正在探索创新修复费用支付方式、多要素核定赔偿金额等创新手段，为江苏省较为科学有效地处理损害赔偿案件以及推进损害赔偿案件“回头看”行动奠定较为坚实的基础。

表 8-22 江苏省典型案例处理

案例	典型意义
江苏省泰州市环保联合会诉泰兴锦汇化工有限公司等水污染民事公益诉讼案	最高人民法院肯定了二审法院创新修复费用支付方式的做法，鼓励企业积极开展技术创新和改造，促进区域生态环境质量改善。同时明确了危险化学品和化工产品生产企业在生产经营过程中应具有较高的注意义务，应承担更多的社会责任。对于河水这种具有流动性和自净能力的环境介质，确立了水污染环境修复责任的处理原则，即污染行为一旦发生，不因水环境的自净改善而影响污染者承担修复义务
江苏省镇江市生态环境公益保护协会诉江苏优立光学眼镜公司固体废物污染民事公益诉讼案	对该类废物属性的确定和管理，将影响当地眼镜产业数百家企业的生产模式，以及区域危险废物处置能力的调整，破解了治理固体废物污染的难题，促进了清洁生产和循环经济发展，对于充分发挥环境公益诉讼、推动公共政策形成的功能，具有较好的示范意义
江苏省徐州市人民检察院诉徐州市鸿顺造纸有限公司水污染民事公益诉讼案	该案尝试根据被告违法排污的主观过错程度、排污行为的隐蔽性以及环境损害后果等因素，合理确定带有一定惩罚性质的生态环境修复费用，增加污染企业违法成本，有助于从源头上遏制企业违法排污。二审法院依据《中华人民共和国民事诉讼法》《全国人民代表大会常务委员会关于授权最高人民检察院在部分地区开展公益诉讼试点工作的决定》审理检察机关提起公益诉讼的二审案件，对于完善该类案件二审程序规则起到了示范作用

3）损害赔偿鉴定机构和专业人才队伍逐渐完善。

试点期间，全省共有 10 家环境损害鉴定评估机构纳入江苏省高级人民法院委托鉴定平台。其中，江苏省环境科学学会于 2004 年由最高人民法院发布公告批准为环境司法鉴定单位，环境保护部南京环境科学研究所（现生态环境部南京环境科学研究所）、江苏省环境科学研究院于 2016 年纳入《环境损害鉴定评估推荐机构名录（第二批）》。江苏省域范围内有 10 家司法鉴定机构（其中生态环境部指定的 2 家），数量在 7 个试点省（市）位列第一。江苏省损害赔偿鉴定专家库见表 8-23。

表 8-23　江苏省损害赔偿鉴定专家库

编号	类别	人数/人	单位
1	污染物性质组	4	生态环境部南京环境科学研究所
2	地表水环境组	3	南京大学环境学院
3	土壤与地下水环境组	5	生态环境部南京环境科学研究所
4	生态系统组	1	生态环境部南京环境科学研究所

4）江苏省启动案例位居全国前列。

全国试点期间，7 省（市）共启动了 27 个案例，江苏省占 6 例，也是试点省（市）中最多的。2018 年，全省新增案例实践数 50 起。其中，由政府相关部门主导签署赔偿协议的 44 起、启动磋商的 6 起。案例实践数量位居全国前列。一方面说明了江苏省人民政府办事效率高，具有相关先进技术；另一方面也说明了当前江苏省损害赔偿的隐患较多，仍需要引起重视和关注，持续推进江苏省损害赔偿的“回头看”行动。

（3）宜兴市损害赔偿案例

2019 年 8 月，经举报并查明，宜兴某精细化工有限公司于 2019 年年初未采取相应防范措施，将生产 2-乙基蒽醌过程中产生的精馏残渣，填埋在位于该公司西北角的车槽内，上面用混凝土浇平。宜兴生态环境局立即对其进行立案调查，并采取相应应急措施，将填埋物从车槽内挖出，经称重为 2 150 kg。经江苏中宜金大分析检测有限公司对该填埋物质进行危险特性鉴别，判定其属于危险废物。根据相关法律法规，宜兴生态环境局责令该公司立即进行整改，并处以 9 万元的行政处罚。同时，依照规定向无锡市生态文明建设领导小组办公室报告，申请追究该公司生态环境损害赔偿责任。无锡市生态文明建设领导小组办公室指定由宜兴生态环境局办理本次生态环境损害赔偿磋商事项，以报价比选的方式委托江苏环保产业技术研究院股份公司进行本次生态环境损害赔偿事项的鉴定评估等工作。

在此次生态环境损害赔偿工作中，相关部门和单位在就鉴定评估程序和结论，赔偿工作的合法性、合规性等方面进行论证的同时，无锡市生态环境局，宜兴市司法局、市人民法院、市人民检察院等相关部门，也对本案赔偿权利人主体资格、鉴定评估程序、赔偿金额组成范围、赔偿资金收缴账户及使用等赔偿工作进行了指导和监督。最终，赔偿义务人签署了生态环境损害赔偿协议。

损害赔偿案件中有 3 个关键环节：选聘鉴定评估机构、开展损害赔偿调查以及启动环境损害磋商。

1）选聘鉴定评估机构环节。如果鉴定评估费用低于 30 万元，便交予报价比选，报价比选的范围包括调查费用、鉴定评估报告、生态环境修复方案的编制与选取以及生态环境修复评估；同时，宜兴生态环境局有权邀请相关机构参与报价比选，机构包含江苏省环境科学研究院、江苏环保技术产业研究院、南京大学环境规划研究院和江苏中宜金大监测分析有限公司 4 家。如果鉴定评估费用大于 30 万元，便开展公开招投标。

2）开展损害赔偿调查环节。鉴定评估机构出具最终的鉴定评估报告，呈现是否造成生态环境损害以及是否需要生态环境修复的结果，并将结果报送给赔偿义务人以及检察院、司法局、法院和上级生态环境部门等监管部门，由以上监管部门对鉴定评估机构呈现的评估结果进行监督，确保其科学性和可行性。

3）启动环境损害磋商环节。首先由赔偿权利人、赔偿义务人、专家小组、评估机构、司法局以及检察院组成环境损害磋商小组进行磋商，磋商的内容主要包括赔偿费用和如何开展生态环境修复；若接受磋商，则签订磋商协议，协议内容包括生态修复的内容以及期限；若拒绝磋商，则申请法院诉讼，由无锡市人民政府作为赔偿义务人起诉。

8.2.4.4 生态补偿政策

（1）生态补偿的概念和作用

生态补偿是指通过对损害（或保护）环境资源的行为进行收费（或补偿）以提高该行为的成本（或收益），从而刺激损害（或保护）行为的主体减少（或增加）因其行为带来的外部不经济性（或外部经济性），达到保护资源的目的。生态补偿政策是环境经济政策的重要组成部分。目前生态补偿的实施主体主要是以政府为代表的公共部门，生态补偿资金大部分源于公共财政资金。

生态补偿最初源于自然生态补偿，是指自然生态系统对外界干扰的敏感性和恢复能力，后来才逐渐演变为促进环境保护和生态修复的经济手段。生态补偿机制的经济学基础是公共产品理论和外部性理论，通过生态补偿可以有效防止生态资源配置的扭曲和低效率，促进实现外部成本内部化。生态补偿的对象是损失性境遇，包括宏观的损失性境遇和具体的损失性境遇，具体来看包括所有权的行使被限制、剥夺所造成的经济损失以及生态效益没有从受益者那里得到补偿的部分。利益相关者及与其相互作用的环境共同构成了生态补偿的关系域。

生态补偿可以分为对物的补偿和对人的补偿两大类。对物的补偿既包括直接对已经遭受破坏的生态环境的治理、修复、整治行为进行的补偿，也包括间接补偿，即对减少污染和破坏环境的活动进行补偿。对人的补偿是指对在生态环境产生贡献的行为主体和利益损失者所进行的经济补偿。

（2）生态补偿政策在中国的实践

生态补偿政策体系进一步完善。国家发展改革委牵头推动《生态保护补偿条例》研究编制。国务院办公厅于 2020 年 6 月 30 日发布《关于印发自然资源领域中央与地方财政事权和支出责任划分改革方案的通知》，明确指出将受全国性国土空间用途管制影响而实施的生态补偿，确认为中央与地方共同财政事权，由中央与地方共同承担支出责任。

重点生态功能区财政转移支付持续推进。财政部发布《财政部关于下达 2020 年中央对地方重点生态功能区转移支付预算的通知》，按照中央对地方重点生态功能区转移支付办法，将 2020 年重点生态功能区转移支付分配下达各省（自治区、直辖市），总计下达 794.50 亿元，其中，对甘肃省的补助最多，为 66.81 亿元。就用途而言，在 2020 年重点生态功能区转移支付金额中，用于重点补助的数额最大，为 625.92 亿元。我国不断扩大国家重点生态功能区范围，在纳入国家重点生态功能区后，各地将获得相关财政、投资等政策支持，但必须严格执行产业准入负面清单制度。

流域生态补偿政策日趋深化。一是推进实施大江大河流域生态补偿。2020 年 12 月 26 日，《中华人民共和国长江保护法》明确国家建立长江流域生态保护补偿制度。推进完善黄河流域生态补偿机制。2020 年 4 月 20 日，财政部、生态环境部、水利部、国家林业和草原局联合发布了《支持引导黄河全流域建立横向生态补偿机制试点实施方案》，提出通过逐步建立黄河流域生态补偿机制，建立健全生态产品价值实现机制，增强自我造血功能和自身发展能力。2020 年，中央财政生态环境保护专项资金为沿黄九省区安排 234.3 亿元，重点支持大气、水、土壤等污染防治和农村环境整治，安排生态补偿资金 10 亿元，引导黄河流域建立全流域生态补偿机制。二是进一步实施新安江流域横向生态补偿。浙皖两省正式实施新安江流域横向生态补偿第三轮试点，浙江、安徽每年各出资 2 亿元，并积极争取中央资金支持。三是财政部再次奖补汀江—韩江流域横向生态补偿机制。2020 年财政部再次下达福建省 2020 年汀江—韩江流域上下游横向生态补偿机制奖励资金 2 亿元，确认给予第二轮奖补政策支持。

地方因地制宜开展了多样化生态补偿探索。探索推进建立生态保护红线、海洋、湿地、矿产资源、环境空气质量等生态补偿机制。2019 年 1 月，《宁夏回族自治区生态保护红线管理条例》正式实施，要求加强生态保护红线管理，对依据相关规定划定的生态保护红线进行生态补偿。2019 年 1 月，江西省林业局制定出台《江西省鄱阳湖国家重要湿地生态效益补偿资金管理办法》，细化了鄱阳湖国家重要湿地生态效益补偿范围、补偿对象和补偿标准等内容，有利于完善江西省湿地生态补偿机制。2019 年 8 月，河北省自然资源厅印发《关于统筹推进自然资源资产产权制度改革的实施意见》，推进建立健全依法建设占用各类自然生态空间和压覆矿产的占用补偿制度。山东、四川、湖北、江苏等多地积极推进实施环境空气质量生态补偿，按照“将生态环境质量逐年改善作为区域发展的约束性要求”和“谁改善、谁受益，谁污染、谁付费”的原则，建立考核奖惩和生态补偿机制。

（3）宜兴市生态补偿案例

宜兴市的生态补偿包括横向和纵向两个部分，纵向生态补偿涉及生态保护红线、生态公益林、重要湿地、基本农田和县级以上集中式饮用水水源保护区等，在横向生态补偿中主要指的是水环境区域补偿，即跨界流域补偿。

宜兴市纵向生态补偿。在相关政策文件中，宜兴的生态补偿涉及以上多个方面，但由于财政压力，真正实行的只有饮用水水源保护区生态补偿。宜兴市太华镇作为水源涵养地每年获得两三百万元生态补偿基金。宜兴市太华镇与浙江省长兴县、安徽省广德市、江苏省溧阳市毗邻，浙江省天目山余脉绵延境内，属宜南低山丘陵区。太华镇内有横山水库，横山水库以防洪、灌溉、供水为主，是无锡地区唯一的大（Ⅱ）型水库，且水质长年在Ⅰ～Ⅱ类，是江苏省六大水库之一，是宜兴市著名的水源涵养地，获得生态补偿资金资助。

宜兴市横向流域生态补偿。自 2014 年 10 月试行《江苏省水环境区域补偿实施办法（试行）》以来，江苏省的水环境生态补偿工作开始陆续开展。各地级市纷纷探索因地制宜的生态补偿办法，无锡市 2014 年发布了《无锡市水环境区域补偿工作方案（试行）》，在试行的过程中不断摸索修订。无锡市人民代表大会常务委员会宣布自 2019 年 6 月 1 日起实行《无锡市生态补偿条例》。

2020 年 2 月，在武进和宜兴的交界处，河流的断面附近有一股黑水在来回流动。在第一时间武进和宜兴双方都发现了问题，武进优先系统性上报，把责任推到宜兴，双方发生纠纷。一方面，在黑水潭附近，武进只有一两家企业，而宜兴有十几家企业，企业可能存在偷排的情况，由于调监控的工作量太大而无从考证。另一方面，宜兴在附近还布局有污水处理厂，存在管网破裂的情况。但由于武进和宜兴有各自监测数据，各执一词，最终没有达成统一意见。

2020 年 4 月，水质仍没有好转，双方的纠纷进一步升级。武进采用无人机拍宜兴的闸站，并派出几十个人，最多一天派出六七十人，同时发动了管道机器人。在这种情况下，双方仍没有能证明是对方责任的压倒性的证据，纠纷仍然没有得到解决。

（4）生态补偿标准制定研究

纵向生态补偿标准。生态补偿标准的确定是建立生态补偿机制的关键问题。考虑到生态系统的多样性以及保护者、受益者之间的复杂利益关系，在补偿标准的核算上，主要有机会成本法、支付意愿法、费用分析法等。例如，李晓光等[97]将生态补偿标准确定的理论基础分为生态服务价值理论、市场理论和半市场理论。目前生态补偿的相关实践中普遍采用的是基于受偿方所承担成本确定的补偿标准。受偿方所承担的成本大致可以划分为生态环境保护的直接投入成本和因为生态环境保护而产生的发展机会成本。许多学者强调了补偿标准确定过程中补偿主体的支付意愿、支付能力以及补偿客体的受偿意愿的作用。秦艳红等[98]将补偿标准分为两方面考虑，对受偿方的补偿标准应该以机会成本为基础，对受益方的征收标准则应该综合考虑受益程度、支付意愿和支付能力。总体来看，生态补偿的标准仍没有统一的核算标准。常用的生态补偿标准制定方法见表 8-24。

表 8-24　常用的生态补偿标准制定方法

确定依据	生态补偿的方法	优点	缺点
按生态系统服务的价值计算	主要计算方法有直接市场价格法、影子工程法、模拟实验法、碳税法、造林成本法	能充分体现流域的生态系统服务功能，更好地激励人们的生态环境保护行为	采用的指标、价值的估算方面缺乏统一的标准，无法体现不同水质状况下的水生态系统服务功能价值差异
按生态保护者的直接投入和机会成本计算	主要根据生态恢复地区的产业产值、当地生产净收益率以及物价指数计算出损失受益	充分考虑流域上游生态建设者的付出成本，具有较好的现实可行性	计算结果为生态补偿的最低标准，没有考虑后期产业经营和管理
按生态破坏恢复或修复成本计算	在生态补偿研究中，可以根据生态环境污染物的治理或恢复成本计算生态补偿，一些修复或恢复数据，一般需要实验方法确定	补偿依据明晰，已被多省（区、市）实践	若上游经济发展落后，缺乏污染赔偿能力，可能导致补偿机制无法进行
按支付意愿和受偿意愿确定补偿标准	根据生态保护贡献者的接受补偿意愿确定生态补偿的标准，主要采用问卷调查统计法	充分考虑受益方支付意愿	缺乏客观性，容易受到人为因素影响
按生态足迹确定的生态补偿标准	主要构建模型计算不同国家或区域之间消费的生态赤字/盈余来确定生态补偿	计算简便、可操作性强、易与其他指标结合、结论易懂。将生态足迹思想引入标准核算中，可以扩大标准的核算范围，提高结果的准确性	成果较少见，关于生态足迹的各种改进方法在构建大型库区生态补偿标准评价模型中的适用性有待进一步研究
按上下游博弈、协商确定补偿标准	运用完全信息动态博弈和演化博弈方法研究生态补偿利益相关方的得失权衡、策略选择和博弈结果	从流域生态补偿参与者的角度出发探索补偿标准问题，也是未来的发展方向	国内研究起步较晚，目前还处于探索阶段，主要关注的是流域内政府及上级政府之间的博弈机制

横向（流域）生态补偿标准。郑海霞[99]认为流域生态补偿的标准从成本估算、生态系统服务价值增量、支付意愿和支付能力 4 个方面考虑。刘桂环等[100]指出，在当前我国的断面水质财政激励实践中，补偿标准基于污染物超标排放通量和基于跨界水质超标程度确定。

当前绝大多数流域生态补偿标准的测算依据是基于投入和效益两方面进行。在投入方面主要核算流域水资源和生态保护的各项投入，主要包括上游地区对于涵养水源、环境污染综合整治、农业非点源污染治理等项目的投资。在效益方面主要估算保护的投入在经济、社会、生态等方面产生的外部效益，以及因水源地保护而限制发展造成的损失。近年来，有学者提出流域生态补偿标准的核算还应考虑支付意愿及支付能力。支付意愿是下游地区愿意为流域生态服务的改善可能支付的经济补偿的数值，它与下游利益相关者的利益性质、利益密切程度相关。

截至2019年年底，有广东、陕西、山西、北京等22个省（区、市）出台了与流域生态补偿相关的政策，实现了行政区内全流域生态补偿。贵州、内蒙古、黑龙江等省（区）主要针对辖区内的重点流域开展了流域生态补偿。广西、甘肃、上海、青海等省（区、市）虽然未实现行政区内全流域生态补偿，但部分地市自主开展了流域生态补偿。据统计，各地实施的流域生态补偿主要分为双向补偿类、赔偿类、扣缴类和奖励类4种类型，其中双向补偿类和赔偿类是在按照跨界断面水质明确上下游补偿关系的基础上开展的补偿活动；扣缴类和奖励类是按照行政区出境断面水质开展的水质下降的扣缴和水质改善的奖励活动。

（5）生态补偿机制现存问题

对生态补偿的概念和内涵没有形成统一的认识，理论研究与实践脱节，虽然目前的生态补偿逐渐走向多元化补偿，如对口协作、园区合作等，但基本上局限在纵向补偿方面。横向补偿仍然以资金补助为主，单一的资金补偿方式难以对区域协调发展起全面推动作用，降低了上游生态补偿的边际收益。

生态补偿存在时间和空间上的“一刀切”现状。各项生态补偿政策对于补偿标准的设定鲜有考虑空间差异与时间变化，存在“一刀切”的现象。同一套补助标准适用于具有不同生态环境特点的地区，则使得相关政策并不能因地制宜解决当地的环境问题。应结合不同的生态系统服务功能、产业结构特点、生态资源禀赋和工作实施进展分类施策，建立分层次、分领域的梯度补偿模式。

补偿资金来源有限。目前，生态保护补偿的资金来源以中央财政和投资的投入为主，地方政府的投入为辅，对于社会资金的使用较为有限。一些补偿政策通过相关行政手段强制地方政府支出，例如，国家水土保持重点建设工程的相关法规规定，中央财政补助比例不超过全省项目投资总额的70%。而一些生态政策考虑到地方政府的财政状况等因素，全部由中央出资。

生态补偿的方式较为单一，市场条件仍欠缺。建议推进多领域多层次合作，创新用水权、排污权、碳排放权的分配制度和交易方式，鼓励多方资本融入，建立起拥有公允生态补偿条件和补偿价格的生态补偿市场化体系。

8.2.4.5 绿色金融政策

（1）绿色信贷的概念和作用

绿色信贷是指金融机构依据国家环境经济政策和产业政策导向，对环境技术和设施研发、绿色制造、清洁能源、环境治理服务、循环经济等项目和企业提供信贷扶持，并实施优惠利率政策，对可能造成环境污染和大量资源能源损害的项目和企业进行贷款额度限制，并实施惩罚性高利率。绿色信贷是重要的环境经济手段之一，是按照价值规律的要求，运用信贷手段来调节或影响市场主体行为的政策。

绿色信贷政策从两个方面引导市场主体与环境保护相关的行为。一是发挥刺激作用。当市场主体的行为符合环境经济发展的目标要求时，行为人将获得相应的经济利益，反之则会收到相应的经济处罚。二是发挥筹集资金作用，保证金融作为经济血液对健康经济循环的促进作用，使信贷资金主要支持有利于环境保护和可持续发展的市场行为。

（2）绿色金融发展态势强劲

绿色金融是推动绿色低碳发展和生态文明建设的重要力量。2020 年，我国在绿色金融领域取得了诸多进展，绿色金融在各领域实现稳步增长。绿色金融的市场需求、实践创新和政策支撑、绿色金融产品与服务创新发展、国际合作等方面取得了积极的进展，总体发展态势强劲。

宏观政策为绿色金融的持久性发展提供了强有力的保障。中国人民银行、证券基金业协会分别出台政策支持绿色信贷评价制度和借贷担保制度的完善，为绿色信贷业务的扩大和绿色资产的担保提供了政策保障。五大绿色金融改革创新试验区全力推进绿色金融的创新实践，采取各类灵活有效的措施形成特色鲜明、成效显著的绿色金融实践“样板”。生态建设和环境保护类 PPP 项目总体发展态势向好，更多项目实现理性落地。全国碳排放权交易市场启动，在制度设计上不断创新发展，各试点地区依然保持良好的发展态势。

（3）绿色金融与产品日益丰富

绿色信贷规模保持较快增长。我国绿色信贷余额已居世界第一位。2020 年第三季度末，本外币绿色贷款余额 11.55 万亿元，比年初增长 16.3%，高于同期整体贷款增速，其中单位绿色贷款余额 11.51 万亿元，占同期企事业单位贷款的 10.5%。基础设施绿色升级产业贷款和清洁能源产业贷款余额分别为 5.56 万亿元和 3.08 万亿元，比年初分别增长 17.1%和 9.3%。

加快推进完善绿色债券。一是绿色债券发行主体更为广泛。2020 年，我国境内外发行绿色债券规模达 2 786.62 亿元，累计发行规模已突破 1.4 万亿元。其中，境内市场全年发行普通贴标绿色债券 192 只，发行规模 1 961.5 亿元；发行绿色资产支持证券 29 只，规模 329.17 亿元；中资主体赴海外发行绿色债券 18 只，规模约合人民币 495.95 亿元。

二是蓝色债券首次发行。蓝色债券的发行是2020年绿色金融发展的亮点。2020年9月，中国银行发行中资及全球商业机构首只蓝色债券，包括3年期5亿美元和2年期30亿元人民币两个品种，分别由中行巴黎分行和澳门分行发行，募集资金用于支持中国银行已投放及未来将投放的海洋相关污水处理项目及海上风电项目等，项目主要位于中国、英国及法国。三是推动国内绿色债券市场统一标准。2020年7月8日，中国人民银行、国家发展改革委、证监会共同发布《绿色债券支持项目目录（2020年版）》（征求意见稿），将《绿色债券支持项目目录（2015年版）》、《绿色债券发行指引》和《绿色产业指导目录（2019年版）》的适用范围衔接起来，对部分项目的界定标准更加严格，并结合中国经济社会发展阶段、产业状况和生态环境特点等因素，细化了绿色项目的范畴和类型，建立了绿色项目的分类标准体系，实现了国内绿色债券市场在支持项目和领域上的统一。

推进设立国家绿色发展基金。2020年7月，由财政部、生态环境部、上海市人民政府三方发起成立的首个国家级绿色投资基金"国家绿色发展基金"在上海成立，首期总规模达到885亿元，重点聚焦长江经济带沿线的绿色发展，采取市场化运行方式，发挥财政资金的带动作用，引导社会资本支持环保产业。基金出资方包括财政部、长江经济带11个省（市）、金融机构和大型企业，主要服务于国家重大战略，以期把促进生态文明建设、推动长江经济带发展等战略有机结合起来，聚焦长江经济带沿线的绿色发展，适当辐射国家其他重大战略区域，着力探索可复制、可推广的经验。

积极推进气候投融资政策发展。2020年10月26日，生态环境部、国家发展改革委、中国人民银行、银保监会、证监会五部门联合发布《关于促进应对气候变化投融资的指导意见》，为气候变化领域的建设投资、资金筹措和风险管控进行了全面部署。

强化绿色金融业绩评价。2020年7月21日，中国人民银行印发《银行业存款类金融机构绿色金融业绩评价方案》（征求意见稿），对2018年7月发布的《关于开展银行业存款类金融机构绿色信贷业绩评价的通知》进行更新。对银行绿色金融的考核范围由绿色信贷延伸到绿色债券，并将绿色金融业绩评价结果纳入央行金融机构评级。

（4）宜兴市绿色信贷政策案例

截至2018年9月末，宜兴农商银行各项贷款比年初增加30.33亿元，增幅达9.12%。其中，在完成既定小微贷款"两增两控"目标任务的同时，绿色金融贷款余额达2.7亿元，创新推出5个绿色金融产品，涉及环保、生态旅游等348家小微企业，在以绿色金融理念带动小微金融服务方面走出了一条特色化道路。

1）宜兴农商银行绿色信贷案例。

为了助推绿色发展，宜兴农商银行以客户需求为导向，不断完善特色支行的保障机制和创新支撑。宜兴农商银行以低利率向瑞盛环境股份有限公司发放收益权质押贷款

1 100 万元。该公司与某水务有限公司签订一体化污水处理委托运营服务合同，用于购买该项工程建设的设备。“绿色环保支行”针对传统产业，创新推出“环保贷”等产品，满足企业在技术改造、转型升级方面的融资需求。

2）以绿色金融引导理念创新，确保服务“小微”有规划、明方向。

组织管理方面。为了发展绿色金融，让绿色金融成为宜兴农商银行转型发展的引擎，宜兴农商银行不仅在董事会战略发展专业委员会下设绿色金融工作领导小组，在经营管理层下设绿色金融服务推进工作小组，还在公司二部下设立绿色金融服务中心，专司绿色金融的规划、协调、考核和实施工作。同时，针对产业分布特点设立了绿色金融、绿色环保等 3 家绿色支行，以提升对环保、绿色农业、绿色科技小微企业的精准扶持。

3）推出“收益权质押贷”将信贷资源向绿色环保领域倾斜。

在国家大力倡导“绿水青山就是金山银山”的发展理念背景下，走绿色发展之路已成为社会各界共识。江苏宜兴农商银行作为地方金融主力军，积极探索“绿色金融”创新发展，将信贷资源逐渐向绿色环保领域倾斜，推出了一系列创新型信贷产品，“收益权质押贷”便是其中之一。“收益权质押贷”是以收益权质押担保的融资方式。

（5）宜兴市绿色信贷政策在实施过程中存在的问题

绿色信贷投向比较单一、集中。当前绿色信贷的投向中由于不同的项目回报率和现金流皆有不同，一般绿色金融投向现金流充裕、耗时较短、回报率较为可观的企业，从而导致了绿色信贷投向比较单一和集中。主要表现在以下两个方面：一是绿色信贷受益企业集中。金融机构出于经营风险考虑，绿色信贷投放主要集中少数几家还款能力强、资质高、抵（质）押物充足的环保企业。二是承办绿色信贷的金融机构集中。

绿色信贷信息沟通不顺畅。一是生态环境部门与银行间信息交流平台还未真正投入使用，环评信息与信贷投放联动机制不畅。二是金融机构获得的绿色产业信息有限，银行还不足以判断贷款企业环保资质。同时，数据信息更新相对滞后，金融机构无法及时准确掌握贷款企业环保信息情况，对企业环保资质评定存在偏差。

重环境风险轻绿色发展，绿色信贷政策执行标准软化。国内关于绿色信贷相关政策在设计上具有一定的强制性，在执行上却呈现出自愿性特征，并没有明确规定银行的绿色发展责任，导致银行机构在绿色信贷管理方面，仅仅把生态风险作为信贷准入的前置条件，对绿色生产、绿色产品、绿色服务缺乏明确的准入条件和支持策略。

绿色信贷政策可操作性不强。目前我国绿色信贷尚处于初级起步阶段，绿色信贷法律法规体系缺失，亟待进一步完善。随着绿色信贷相关政策的陆续颁布，国内主要银行业金融机构大力践行绿色信贷，均逐渐在信贷管理流程中加入环境风险因素。但是目前我国绿色信贷政策多为原则性、建议性条款，在具体操作和标准方面缺乏系统指导。应该在相应政策指导的基础上，建立统一的信贷风险评估体系，完善配套的规章制度，形成具体的绿色金融体系规范，为绿色信贷的发展营造氛围。

绿色金融和金融科技领域的专业能力不足。金融科技在绿色金融的有效运用，要求使用者有集中的、可管理的大数据应用能力，并且具备完善的数据治理机制和具有较强能力的金融科技与环境科学的复合型人才。识别绿色金融项目或产品，目前采用的手段往往是由第三方专业环境机构提供服务。而第三方环境机构人员，一般对金融应用场景不熟悉、不了解；服务模式也是线下，成本比较高，时效性较差。

绿色信贷产品创新不足，绿色市场匹配性较差。绿色产业主要集中于绿色农业、高新技术产业、文化旅游等行业，轻固定资产特性明显。环保改造、清洁生产等绿色项目前期投入大，投资回报周期长，导致绿色信贷需求呈现金额大、期限长、轻抵押物等特征。面对绿色产业和项目的融资需求特征，金融机构缺乏产品创新，基本没有与绿色发展相对应的标准化信贷产品，绿色信贷产品处于“空白期”。

8.2.5 其他创新型环境经济政策

8.2.5.1 环境资源价格政策

环境资源价格政策改革进一步深化。2018 年 6 月 21 日，国家发展改革委发布《关于创新和完善促进绿色发展价格机制的意见》（发改价格规〔2018〕943 号）（以下简称《意见》），从完善污水处理收费政策、健全固体废物处理收费机制、建立有利于节约用水的价格机制、健全促进节能环保的电价机制 4 个方面提出了新政措施。多地在污水处理费、固体废物处理费、水价、电价、天然气价格等收费政策推动上有所进展。2020 年 7 月 31 日，国家发展改革委、财政部、水利部、农业农村部联合印发《关于持续推进农业水价综合改革工作的通知》，截至 2020 年年底，多个省（区、市）已总结部分地区推进农业水价综合改革的典型经验，形成了可复制、易推广的改革模式。

（1）水资源价格政策

◆ 阶梯水价

继续深化水价改革。国家发展改革委《意见》中提出了完善城镇供水价格形成机制，逐步将居民用水价格调整至不低于成本水平，非居民用水价格调整至补偿成本并合理盈利水平；进一步拉大特种用水与非居民用水的价差，缺水地区二者比价原则上不低于 3∶1；适时完善居民阶梯水价制度。进一步明确全面推行城镇非居民用水超定额累进加价制度，合理确定分档水量和加价标准。

地方居民阶梯水价制度进一步完善。2018 年全国主要城市平均居民生活不同阶梯和非居民的自来水单价仍差异明显，在 36 个大中城市里，天津、北京、长春等地区水价相对较高，武汉、南昌等地区水价较低，最大差距达 2.63 元/m^3。西宁实行无阶梯水价，为 1.83 元/m^3。2017 年 7 月 26 日深圳市发展改革委、水务局发布《深圳市水价改革实施方案》（深发改〔2017〕897 号）的通知，提出完善居民阶梯水价制度，拉大各阶梯价差，更好地发挥价格杠杆促进节约用水的作用，将第一、第二、第三阶梯水价比例由 1∶1.5∶2 调整为 1∶1.5∶3。第一、第二、第三阶梯水价分别从 2.3 元/m^3 调整为 2.67 元/m^3、3.45 元/m^3 调整为 4.01 元/m^3 和 4.6 元/m^3 调整为 8.01 元/m^3，非居民水价从 3.30(3.35)元/m^3 调整为统一的 3.77 元/m^3。银川市发展改革委发布《关于调整银川市居民生活用水价格的通知》（银价发〔2017〕19 号），提出自 2018 年 1 月 1 日起执行新的价格调整方案，进一步完善城镇居民生活用水阶梯价格制度。

完善城镇非居民用水超定额累进加价制度。为贯彻落实国家发展和改革委员会、住房和城乡建设部印发的《关于加快建立健全城镇非居民用水超定额累进加价制度的指导意见》（发改价格〔2017〕1792 号），天津、河南、福建、四川等多个地区在 2018 年陆续建立城镇非居民用水超定额累进加价制度的实施方案，分别从实施范围、用水定额、分档水量和加价标准等方面提出具体的实施措施，发挥价格机制在水资源配置中的调节作用和用水定额的引导作用。

（2）再生水价格政策

再生水价格改革关键在规范标准。全国范围的再生水利用增长迅速，2005—2015 年我国再生水利用量由 10.9 亿 m^3 增长至 52.57 亿 m^3，广泛用于北方缺水地区景观与生态环境和工业等。但是目前再生水利用率普遍较低，与政府要求 2020 年前达到 30%仍存在一定差距，需要采取包括再生水价格支持政策在内的各项措施，推动再生水的利用。2018 年国家发展改革委提出，建立有利于再生水利用的价格政策，按照与自来水保持竞争优势的原则确定再生水价格；建立灵活的定价政策具备条件的可以协商定价，并可探索实行累退价格机制，从而大幅提高再生水的价格优势。各地方对于再生水价格相关政策的出台相对较少、缺乏细致的规定和办法，再生水回用并没有得到国家强力支持。未来应在政策上特别是在标准上对再生水价格进行明确，制定专门的再生水管理法律法规并完善配套措施，通过强有力的行政手段来促进再生水的合理利用。

合肥市推进再生水价格改革。合肥市 2017 年城市污水处理后的再生水量为 5 亿 m^3，按 50%的再生水可以再次循环使用计算，可以在现有供水量不变的情况下，使城市的可用水量至少增加 2.5 亿 m^3。目前合肥市再生水利用率仅 4%，与政府要求 2020 年前达到 30%存在一定差距。因此，合肥市物价局印发了《关于印发〈合肥市再生水价格管理暂行规定〉的通知》（合价商〔2018〕62 号），明确了再生水的概念、再生水价格定价权限和再生水价格管理原则，并对再生水价格构成和定价程序做了明确规定，自 2018 年 9 月 1 日起执行。拟规划建设 18 座再生水厂，预计 2020 年全市再生水利用率有望达到 30%以上。

烟台市调整市区再生水价格。2018 年 10 月，烟台市物价局印发《关于调整市区再生水价格的通知》（烟价〔2018〕110 号），要求自 2018 年 11 月 1 日起，市区再生水由最高销售价格管理改为基准销售价格管理，将再生水现行最高销售价格 3.80 元/m^3 调整为基准销售价格 3.80 元/m^3，供需双方可在上浮不超过 20%、下浮不限的范围内协商确定具体销售价格，特殊行业用水价格由双方协商确定。这一举措可降低烟台市再生水用户的生产成本，对于烟台市实现水资源的合理有效利用、改善水生态环境、实现经济的可持续发展意义重大，有助于实现经济效益和社会效益的“双赢”。

（3）电价政策

电价政策改革进一步完善。一是各地完善居民阶梯电价政策。多省（区、市）发布关于居民阶梯电价政策的通知和相关措施，进一步加大实施力度。二是优化峰谷分时电价。2020 年 11 月 25 日，国家发展改革委、国家能源局印发《关于做好 2021 年电力中长期合同签订工作的通知》，明确峰谷差价作为购售电双方电力交易合同的约定条款，在发用电两侧共同施行，拉大峰谷差价。浙江、湖北等地也陆续发布最新峰谷电价规则，在峰谷价差拉大的同时，峰谷电价时段都有调整。三是健全差别电价和惩罚性电价机制。2020 年 12 月 23 日，国务院办公厅转发国家发展改革委等部门《关于清理规范城镇供水供电供气供暖行业收费 促进行业高质量发展意见》，提出健全差别电价机制、完善峰谷分时电价政策、深入研究并逐步解决电价政策性交叉补贴问题等。四是光伏发电电价政策调整。2020 年 3 月 31 日，国家发展改革委发布《关于 2020 年光伏发电上网电价政策有关事项的通知》，提出自 2020 年 6 月 1 日起，纳入国家财政补贴范围的 I～III类资源区新增集中式光伏电站指导价，分别确定为每千瓦时 0.35 元（含税）、0.4 元（含税）、0.49 元（含税）。2020 年 7 月 31 日，国家发展改革委办公厅、国家能源局综合司发布《关于公布 2020 年风电、光伏发电平价上网项目的通知》，明确 2020 年光伏发电平价上网项目装机规模 3 305.06 万 kW。

（4）环境收费政策

1）污水处理费。

国家层面进一步完善污水处理收费政策。污水处理收费是环保收费机制最成熟的领域，国家发展改革委《意见》明确了行业争议多年的污水处理全成本边界；按照补偿污水处理和污泥处置设施运营成本（不含污水收集和输送管网建设运营成本）并合理盈利的原则，制定污水处理费标准。这一规定界定了成本的分担机制，符合市场化原则。提出建立城镇污水处理费动态调整机制、建立企业污水排放差别化收费机制、建立与污水处理标准相协调的收费机制、探索建立污水处理农户付费制度、健全城镇污水处理服务费市场化形成机制 5 个方面的完善措施。

地区层面分档分类制定污水处理收费标准。自 2015 年《关于制定和调整污水处理收费标准等有关问题的通知》发布以来，各地纷纷启动开展污水处理收费标准调整工作。

截至 2018 年年末，全国大部分设市城市和部分县城、重点建制镇按照国家要求的最低标准将污水处理收费标准调整到位。全国 36 个大城市中，居民污水处理收费标准绝大多数处于 0.5～1.42 元/m^3，非居民污水处理收费标准在 0.5～3 元/m^3，最高的是北京，最低的是乌鲁木齐。仍有部分城市在陆续调整污水处理费标准，例如，2018 年 1 月 3 日，江西省发展改革委、财政厅、住房和城乡建设厅印发《关于做好污水处理费收费标准调整工作的通知》，提出各地按照国家要求调整污水处理费收费标准，可根据超标排放污水中主要污染物排放情况，制定差别化的污水处理费收费标准。该通知发布后，各市陆续出台污水处理费调整方案，例如，南昌市提出自 2018 年 7 月 1 日起，南昌市污水处理费执行新的收费标准；居民用水收费标准由 0.8 元/m^3 调整至 0.95 元/m^3；非居民和特种用水收费标准由 1 元/m^3 调整至 1.4 元/m^3。

污泥处理处置费用征收水平仍较低。2015 年 3 月 1 日实施的《污水处理费征收使用管理办法》中明确规定污水处理费的征收标准，按照覆盖污水处理设施正常运营和污泥处理处置成本并合理盈利的原则制定，并可据实际情况进行调整。这项规定不仅正式将污泥处理费用纳入污水处理费中，也为污水处理厂污泥处置运营提供了条件，使污水处理中污泥处置资金可以正常运行。目前将污泥处置费添加到污水处理费中的城市仍较少，一些先行试点地区将污水处理费用中的部分用于污泥处理，大部分省（区、市）对污泥处置的费用尚无规定。例如，江苏太湖地区，要求从污水处理费中提取不低于 0.2 元/t 的资金用于污泥处理，后再次要求从污水处理费中提取一定比例资金专项用于污泥处置；而广州市每吨污水处理费中仅有 0.04 元用于支付污泥处置的费用，广州市政府称：目前每吨污水的处理费中只有约 0.04 元用于支付污泥处理处置费用，标准比较低，有待进一步提高。随着价格体制改革，有大量地区将大幅提升污水处理费，污泥处置有效市场有望逐步打开。

2）垃圾处理费。

垃圾收费标准仍需“量化”。国家发展改革委《意见》指出，要健全固体废物处理收费机制。2020 年年底前，全国城市及建制镇全面建立生活垃圾处理收费制度。完善城镇生活垃圾分类和减量化激励机制，同时，探索建立农村垃圾处理收费制度，对于我国大部分地区长达数十年未改变的垃圾处理费提供了及时、合理的调整思路。国家发展改革委《意见》从国家层面首次明确提出的垃圾计量收费模式，对生活垃圾的计量收费和差别化收费融入了生活垃圾分类理念，明确了“污染者付费”原则，是推动生活垃圾分类的有效、有力、强制手段，是推动生活垃圾分类的有效、有力、强制手段，是促进垃圾减量化、资源化、无害化处理的激励约束机制。2018 年 10 月 18 日山西省发展改革委、财政厅等五厅委联合下发《关于完善固废处理收费机制的通知》，对非居民用户和具备条件的居民用户，实行分类垃圾与混合垃圾差别化收费政策。这是出台的首个省级垃圾分类收费指导文件，明确到 2020 年年底，各市、县（市、区）要全面建立覆盖到所有建制镇的固体废物处理收费制度。

各地垃圾处理收费标准差异化。西藏、广西、广东、浙江、青海、北京、上海、湖南、福建等多省（区、市）均已实行生活垃圾处理收费。国内垃圾收费基本采用费用固定、按户计征的模式，或者多按量收取。上海市公布的《浦东新区单位生活垃圾的处理费征收和收运管理的实施意见》提出，收费标准以按量收费为基础，采取基数内外不同收费标准，并按不同行业实行分类计费；单位生活垃圾计量单位为标准桶，每桶容量为 240 L，按不同行业价格从 36～144 元/桶不等。黑龙江省住建厅指出，2018 年起黑龙江全面开征垃圾处理费。2018 年 7 月 25 日，哈尔滨市人民政府办公厅发布《关于进一步做好城镇垃圾处理费征收工作的通知》（哈政办规〔2018〕24 号），实行新的城镇垃圾处理费征收标准（自 2015 年 1 月 1 日起，哈尔滨市城市生活垃圾处理费更名为城镇垃圾处理费），对于居民个人的征收标准为每人每月 15 元，按户征收，最高按 2 人计费。河北省石家庄市制定《石家庄市城镇垃圾处理费征收管理办法》，规定了城镇垃圾处理费的收费标准，自 2018 年 1 月 1 日起，城市居民每户每月 3 元，办理暂住户口的外地进城人员每人每月 2 元。全面建立垃圾处理收费制度，可能带来的巨大利益“蛋糕”将会吸引更多社会资本入局竞争，必将极大地推动生活垃圾处理整个市场规模的扩大和技术的持续提升。

3）危险废物处置收费。

危险废物处置收费机制有待完善。目前，我国收费性质行为分为行政事业性收费和经营服务性收费两种，环境公共服务类（如生活垃圾处理）多以政府管理为主，而商业领域（如危险废物）则偏向市场机制调节，政府角色相对弱化，因此在城市固体废物管理中，危险废物与生活垃圾的价费机制存在显著区别。按照国家《关于实行危险废物处置收费制度促进危险废物处置产业化的通知》要求，危险废物处置收费标准应按照补偿危险废物处置成本、合理盈利的原则核定。国家发展改革委《意见》再次重申这一基本原则，明确提出，按照补偿危险废物收集、运输、贮存和处置各环节成本并合理盈利的原则，制定和调整危险废物处置收费标准，提高危险废物处置能力。山西省提出完善危险废物处置收费机制，已放开实行市场调节价，引导市场主体按照补偿危险废物收集、运输、贮存和处置成本并合理盈利的原则，科学制定收费标准。为进一步完善危险废物处置收费管理工作，2017 年 12 月 29 日，内蒙古发展改革委印发《关于规范危险废物处置收费有关问题的通知》（内发改费字〔2017〕1626 号），提出自 2018 年 1 月 1 起开始执行新的危险废物收费标准。

4）其他环境收费。

海域、无居民海岛使用金征收标准调整。2018 年 3 月 13 日，财政部、国家海洋局印发《关于调整海域、无居民海岛使用金征收标准的通知》，要求自通知施行之日起，征收海域使用金和无居民海岛使用金统一按照国家标准执行。《海域使用金征收标准》调整了全国海域等别，共分为 6 等，界定了 59 种用海方式。《无居民海岛使用金征收标准》将无居民海岛划分为 6 等，将用岛类型划分为 9 类，将无居民海岛用岛方式划分为 6 种。这是时隔 11 年后，以生态文明理念为核心，对海域使用金征收标准首次进行全面调整。其中，填海造地用海的征收标准调整较大：城镇建设填海造地用海征收标准大幅提高，由原填海最高标准的 180 万元/hm^2 提高到 2 700 万元/hm^2。此次调整，重新设计了无居民海岛使用金征收标准。主要调整了 3 部分内容：调整最低标准定价体系；重新测算最低标准；进一步明确动态调整机制和最低价限制制度。

8.2.5.2　环境权益交易政策

（1）排污权交易进展

鼓励发展排污权交易二级市场。2018 年 1 月 3 日，环境保护部办公厅印发《2018 年生态环境保护总体思路和总体工作安排的初步考虑》（环办厅〔2018〕1 号），在“深化环保领域改革”部分提出要进一步开展排污权交易试点工作，同时要全面停止政府预留和出让排污权，鼓励发展二级市场，即由过去的总量控制下的排污权有偿使用和交易试点，转向固定污染源排污许可制下的政府无偿出让排污权交易试点。

多地推进盘活污染物排污权二级交易市场。2020 年 9 月，陕西省启动排污权交易二级市场，进一步优化了排污权交易的规则和核算方式，并已于 7 月在全国率先实现固定污染源排污许可全覆盖，为排污权二级市场交易工作奠定了坚实基础。2020 年 10 月，湖北襄阳市启动排污权二级市场交易试点，首批纳入排污权二级市场交易试点的企业共有 80 家，主要集中在火电、钢铁、水泥、造纸、化工、20 蒸吨以上燃煤锅炉等重点行业，其排放量约占襄阳全市工业源排放二氧化硫的 61%、氮氧化物的 96%。首场排污权交易在武汉光谷联合交易所线上举办，完成 6.1 t 涉气排污指标的拍卖，交易额超 21 万元。我国排污权有偿使用和交易探索的不断深化，尚需打通二级市场顺畅运行的政策“瓶颈”，更好地发挥排污权交易的政策作用。

江苏省发文规范主要污染物排放权有偿使用和交易行为。2018 年 8 月 3 日，江苏省生态环境厅发布《江苏省排污权有偿使用和交易实施细则（试行）（征求意见稿）》，按照实施细则，2019 年江苏省全面实行排污权交易，各个设区市不仅可以在本市进行排污权交易，还可以跨市买卖排污权，在排污权交易中，跨市交易必须由省生态环境厅指导，重点排污企业和重点管控区域的交易还将戴上“紧箍咒”——未完成上年度总量减排任务、上年度环境质量达不到改善要求的县（市、区），当年度不得受让本行政区域外的相应污染因子排污权；火电企业（包括其他行业自备电厂，不含热电联产机组供热部分）、钢铁企业原则上不得与其他行业企业进行涉及大气污染物的排污权交易；生活污水集中处理、工业废水集中处理不纳入排污权有偿使用和交易范围；禁止从太湖流域外向流域内转让水污染物排污权。江苏省设立排污权交易平台，所有参加交易的企业在平台完成登记，企业产生的富余排污权将被省生态环境厅立即冻结，在交易前不得再使用。

（2）碳排放权交易进展

建立全国碳排放权交易市场是用市场机制控制温室气体排放的重大的制度创新。2010 年，我国正式提出实行碳排放权交易制度；2011 年 11 月确认了 7 个试点省（市）；2013 年 6 月，国内首个碳排放权交易平台在深圳启动；2017 年 12 月，正式印发《全国碳排放权交易市场建设方案（发电行业）》，标志着全国统一碳排放交易市场建立。总体来看，试点工作情况较好，截至 2018 年 12 月，成交量达到 2.7 亿 t CO_2，成交金额超过了 60 亿元。2018 年，碳排放权交易试点工作情况较好，在开展碳交易试点的地区，试点范围内碳排放总量和强度实现了双降，碳市场确实发挥了控制温室气体排放、促进地方低碳发展的作用。

全国推开碳排放权交易市场。2020 年，我国试点碳市场年成交额 21.5 亿元，较 2019 年增长 3%，碳交易年平均成交价格为 28.6 元/t。尤其是国家核证自愿减排量（Chinese Certified Emission Reduction，CCER）市场在 2020 年交易活跃，累计成交 2.68 亿 t。2021 年 1 月 5 日，生态环境部印发了《碳排放权交易管理办法（试行）》，并印发了配套的配额分配方案和重点排放单位名单，全国碳排放权交易体系正式投入运行。

国内多地开始尝试林业碳汇交易。把林业生态产品商品化、货币化、市场化，通过市场交易实现生态建设产业化是林业生态建设的发展方向，是林业生态建设增强自身造血功能，实现健康、可持续发展的重要途径。国家高度重视林业在应对气候变化中的特殊地位和作用，明确提出要“大力增加森林碳汇”，到 2030 年森林蓄积量要增加到 45 亿 m^3。2018 年 11 月 21 日，《国家林业和草原局办公室关于印发〈2017 年林业和草原应对气候变化政策与行动白皮书〉的通知》（办生字〔2018〕186 号）提出积极组织培训指导，有效助推林业碳汇项目建设。目前，国内多地已经开始尝试林业碳汇交易项目开发。在现有碳交易试点中，广东、重庆、北京和福建都鼓励林业碳汇自愿减排项目，2013 年 10 月以来，我国林业碳汇备案项目就有 100 多个，分布在吉林、广东、黑龙江、湖南等 10 多个省（区、市），具体包括广西的全球首个清洁发展机制（CDM）林业碳汇项目、广东长隆的全国首个 CCER 碳汇造林项目、浙江安吉的全国首个竹林精英碳汇项目等。

（3）水权交易

落实中央水权改革有关决策部署，水利部于 2014 年在宁夏、内蒙古、广东、河南、甘肃、江西、湖北 7 个省（区）部署开展了水权试点工作。截至 2019 年，7 个试点地区按照批复的水权试点方案要求，总体上完成了水权改革的目标和任务，积累了宝贵经验。

基本探明了可交易水权的范围和类型。一是区域水权交易方面，可交易水权应当限定在区域用水总量控制指标、江河水量分配或跨流域调水水量分配完成后，行政区域之间节约或结余的水量。例如，河南省已开展的省内南水北调水权交易就是基于平顶山市等地区结余的水量。二是取水权交易方面，可交易水权的确定需要根据取水权取得方式的不同而有所区别。其中，对于直接向政府申请取水许可无偿取得的取水权，可交易水权应当严格按照国务院第 460 号令的规定，限定在通过节水措施节约的水资源，如内蒙古自治区转让给工业企业的取水权，就是灌区通过节水改造节约出的水资源；通过水权交易有偿取得的取水权，则没有此类限制。三是灌溉用水户水权交易方面，可交易水权的确定需要根据交易对象而有所区别。其中，将农业水权跨行业转让给工业的，可交易水权需要限定于通过节水措施节约的水资源，如宁夏中宁县转让给中宁电厂的 219 万 m^3 水权，就是将舟塔乡通过农业节水改造和种植结构调整节约出的水资源；而灌区内农业用水户之间的水权交易，则没有此类限制。

建立政府建议价与市场协议价相结合的水权交易定价机制。例如，河南省开展水权试点交易初期，平顶山市和新密市对交易价格反复协商，但由于缺少参考，新密市担心交易价格过高，而平顶山市则担心交易价格过低，在这种情况下，河南省水利厅及时制定出台了《关于南水北调水量交易价格的指导意见》，明确了水权交易建议参考价，为双方顺利达成意向协议奠定了基础；后来的几宗交易也均以该建议参考价为基础进行协商。

水权交易探索逐步深化。2019 年全国 7 个地区水权改革试点基本完成，初步建立水权确权、交易、监管等制度体系，2020 年各地不断完善水权交易相关政策制度，加强技术能力建设，持续创新水权交易模式，推进探索形成流域间、流域上下游、区域间、行业间和用水户间等多种水权交易模式。

江苏省发文规范水权交易管理行为。2020 年，经省政府同意，省水利厅印发了《关于加快推进水权改革工作的意见》，并且开展了宿迁洋河、南京汤山地下水权交易等试点。2021 年 12 月 1 日，江苏省水利厅印发的《江苏省水权交易管理办法（试行）》提出，在美丽江苏建设和区域协调发展新机制工作中对水权改革进行了总体部署。该管理办法共分 7 章 36 条，分别对水权交易原则、交易类型、交易流程、交易价格和期限、水权交割、监督管理等内容进行了规定。主要包括：①总则。实行市场调节和政府调控相结合、控制总量和盘活存量相统筹的交易等总体原则。②交易类型。依据水利部《江苏省水权交易管理暂行办法（试行）》（苏水规〔2021〕4 号），明确江苏省 4 种水权交易类型，主要包括区域水权交易、取水权交易、灌溉用水户水权交易和水权收储。针对取水许可用户间交易节约结余的取水权交易，交易涵盖不同水源、不同行业和不同区域。灌溉用水户水权交易则是灌区内部用水户或者用水组织间水权证的交易。水权收储主要是政府机构对认定过的用水指标进行回购的行为。③交易流程。水权交易主要采取平台交易和自主交易两种方式进行。采用平台交易时，当同一水权交易标的只有一个符合条件的受让方或转让方时，平台组织交易双方协议交易；当同一水权交易标的有多个符合条件的受让方或者转让方时，平台组织进行竞价交易。同时，对交易主体提交材料、资格核验、交易公告、交易受理、交易协议、费用缴纳、成交公示等平台交易流程进行了详细的规定。④交易价格和期限。水权交易价格实行市场定价的原则，同时要参考成本投入、市场供求关系等因素。采取自主或协商交易时，交易价格由交易双方自行协商确定；采取平台竞价交易时，交易价格由竞价成交价格确定。⑤水权交割。水权交易协议签订后，区域水权、取水权、灌溉水权交易主体应依法办理相关变更手续。在交易期限内，按照区域水权交易转让方转让水量占用本行政区域用水总量控制指标和河湖水量分配指标，受让方实收水量不占用本行政区域用水总量控制指标和河湖水量分配指标的原则。水权交易平台应依法向社会公示水权交易信息，违约情况时按照责任认定和争议处置原则。⑥监督管理。水行政主管部门加强对水权交易实施情况的监督检查、适时组织水权交易后评估工作，取水权受让方不得擅自改变水资源的使用用途。

8.2.5.3 环境市场政策

（1）环境污染第三方治理

疫情防控下深入推进环境污染第三方治理。2020 年 3 月和 6 月，生态环境部先后发布《关于统筹做好疫情防控和经济社会发展生态环保工作的指导意见》和《关于在疫情防控常态化前提下积极服务落实“六保”任务 坚决打赢打好污染防治攻坚战的意见》，要求积极培育生态环保产业新增长点，落实有利于生态环境保护的价格政策和税收优惠政策，继续深入推进园区环境污染第三方治理，加大技术帮扶力度，协助企业解决治污难题，探索开展环境综合治理托管、环境医院、环保管家、环境顾问等服务模式。

环境污染治理第三方模式仍有待完善。第一，法规体系有待进一步完善。第三方治污企业的市场法律准入机制不健全，市场监管法律规制不足，排污企业和治污企业责任承担不均。由于缺乏相关配套法规，相关方的责任边界、处罚对象、处罚措施等缺乏法律依据，易导致排污企业和第三方治理企业相互推诿责任。第二，利用税收优惠政策可以有力地促进第三方治理市场更好地发展，提高第三方治理企业的积极性。现有涉环保企业所得税抵免政策主要针对节能环保专用设备和节能环保项目。对于从事委托运营服务的环境污染治理第三方企业，收入来源主要是委托方的支出，尚未有专门针对此类企业实行税收优惠的政策。现有税收政策有待进一步调整。第三，融资渠道有待进一步拓宽。环境服务公司要负责治理设施的投资建设，这就涉及项目融资问题。由于治理设施附着于工业企业的主体设施之中，其所占土地的使用权也属于企业，作为第三方的环境服务公司不能将设施及土地作为抵押品进行贷款。同时，企业项目能否将企业间签订服务合同中的收费权作为质押品获得银行贷款，尚不明确。环境服务公司的融资障碍也是推行第三方治理模式需要重点解决的问题。目前我国仅对国家鼓励发展的第三方治理重大项目，在贷款额度、贷款利率、还贷条件等方面给予优惠，但数量众多的小规模环境污染第三方治理项目享受不到贷款优惠政策。同时，节能减排收益权和排污权质押融资模式难以落地，未给企业带来更大的融资空间。第四，运营服务有待进一步规范。目前从事环境污染第三方治理的企业仍以中小企业为主，总体规模小、技术实力和研发创新能力不强、服务水平和专业技术能力参差不齐，大型企业尤其是综合实力较强、治污能力突出的龙头型企业比较缺乏，主要原因是环境污染治理的运营服务没有明确的技术标准，对第三方治理企业的选择和管理缺乏相关依据。未来环境污染第三方治理仍需在健全法律法规体系、完善配套支持政策、加强技术支撑能力建设、加大第三方治理模式推广力度等方面予以加强和完善。

（2）PPP 项目推广

继续推进 PPP 法制化、规范化发展。习近平总书记在全国生态环境保护大会上指出，“要充分运用市场化手段，完善资源环境价格机制，采取多种方式支持 PPP 项目”。中共中央、国务院《关于全面加强生态环境保护 坚决打好污染防治攻坚战的意见》提出，“采用直接投资、投资补助、运营补贴等方式，规范支持政府和社会资本合作项目”。2018 年 2 月，财政部在前三批示范项目取得积极成效的基础上，公布第四批 PPP 示范项目，涉及投资额 7 588 亿元，开展项目示范、打造样板工程，在规范中引领 PPP 稳步发展。2018 年 6 月，云南省财政厅下发《云南省政府和社会资本合作（PPP）工作综合考评暂行办法》，对省级行业主管部门和州（市）、省直管县 PPP 工作进行综合考评，推进全省 PPP 项目规范运作。同一时间段，深圳市发展改革委、财政委联合印发 PPP 项目实施细则，进一步规范 PPP 项目实施细则，促进了 PPP 范式有序发展。2018 年 11 月，文化和旅游部、财政部联合下发《关于在文化领域推广政府和社会资本合作模式的指导意见》，明确提出鼓励社会需求稳定、具有可经营性、能够实现按效付费、公共属性较强的文化项目采用 PPP 模式。

地方政府全面推进 PPP 项目，激发发展新活力。各地充分贯彻落实国务院办公厅《关于进一步激发民间有效投资活力促进经济持续健康发展的指导意见》，该意见要求，积极鼓励民间资本规范有序参与基础设施项目建设，促进政府和社会资本合作（PPP）模式发展。2018 年 7 月，陕西省政府和社会资本合作（PPP）网络平台上线运行，主要面向社会公众宣传政府和社会资本合作中的有关政策、法规和工作动态，介绍 PPP 项目操作流程、经典案例和示范项目先进经验，提供政府和社会资本合作项目、专家、咨询机构、社会资本机构 4 类数据库。2018 年 10 月，青海省组建传统基础设施 PPP 中心，先后举办 PPP 实务、PPP 项目资产证券化、存量资产 PPP 模式盘活等培训班，累计培训 3 000 余人次，有效服务指导项目单位提升政策执行能力水平。2018 年 12 月，江苏省在全国率先推出 PPP 项目全生命周期法律顾问制度，以规范财政部门 PPP 项目全生命周期管理，防范、化解 PPP 项目全生命周期各类现实和潜在风险。根据制度要求，法律顾问应当就 PPP 项目识别阶段、准备阶段、采购阶段、执行阶段、移交阶段的 43 条重点事项发表建议和法律意见。

生态环保政府和社会资本合作（PPP）政策逐渐健全。2020 年 10 月，生态环境部牵头出台《关于促进应对气候变化投融资的指导意见》，鼓励和引导民间投资与外资进入气候投融资领域，激发社会资本的动力和活力，支持在气候投融资中通过多种形式有效拉动和撬动社会资本，规范推进 PPP 项目。据财政部 PPP 中心统计，截至 2021 年 1 月 28 日，全国 PPP 综合信息平台项目管理库中共有生态建设和环境保护类项目 942 个，投资额 19 482 亿元，分别占总项目数和投资额的 9.51%和 12.80%，均排名第三位。其中，2020 年（1—11 月数据）全国新入库项目 998 个，投资额 15 678 亿元，同比减少 5 120 亿元、下降 24.6%；净入库项目 514 个、投资额 8 995 亿元，同比减少 2 497 亿元、下降 21.7%；生态建设和环境保护类项目投资额共 528 亿元，为在库项目投资额净增量第四位，占 3.37%。从生态环保 PPP 项目面临的问题来看，需要明确政府与企业在管理 PPP 项目的角色与参与情况，减少因角色混乱而导致的效率低下，健全信息沟通机制，提高项目执行的信息披露水平，降低沟通成本。

污水、垃圾处理 PPP 项目存在投资回报机制不明晰、入库要求不全面等问题。PPP 项目的投资回报情况是政府研究策划 PPP 项目和制定相关投融资政策的重要内容和依据，是政府与社会资本方谈判博弈的焦点，同时也是社会资本进入该领域的首要条件，是决定 PPP 项目能否顺利实施的关键。但是从实践情况来看，污水、垃圾处理 PPP 项目由于合理投资回报不明晰，导致市场公平竞争方面不同程度地产生了一些问题，影响了行业的健康有序发展。第一，在缺乏投资回报指标控制的情况下，污水处理项目水价（或是特许经营转让价或服务费）难以科学、客观地核定，从而备受争议的污水处理 PPP 项目低价或天价中标的报道屡见不鲜。第二，近年来发生的恶意低价竞标中标行为，势必为项目后续的实施留下隐患，影响污水、垃圾处理项目的建设、运营水平，破坏市场秩序。第三，环保 PPP 项目对社会资金的吸引力较弱。污水、垃圾处理 PPP 项目，都是一些公益性或需要政府以及相关部门扶持才能进行的项目，对于社会资本来讲，没有稳定的现金流的支撑作用，势必对社会资本所依托的企业与单位造成不利的影响，而且在社会大背景下，人们普遍对投资少、见效快的项目内容更加感兴趣，进而导致社会资本投入没有吸引力，相关项目建设很难突破资金的难题。第四，对于生态环境 PPP 项目的入库，尽管有了“两评一案”的要求，但并未要求办理建设用地规划许可证、建设工程规划许可证。环保企业投标拿到项目后，需要花费至少一年的时间办理这两个许可证。在这个过程中，由于证照不齐全，银行无法对项目放贷，环保企业被迫通过短期融资过渡，从而对资金链造成较大压力。

（3）生态环境导向的开发模式（EOD）的探索

启动生态环境导向的开发模式（EOD 模式）试点，拓展生态环境治理资金渠道。2020 年，全国正式开展 EOD 模式试点，增强生态环境治理的资金支持。2020 年 9 月，生态环境部发布《关于推荐生态环境导向的开发模式试点项目的通知》，创新环境治理模式，推动生态环保产业发展，于 2020 年 11 月底前征集 EOD 模式备选项目，探索将生态环境治理项目与资源、产业开发项目有效融合，探索 PPP 等多种投融资模式，推进试点项目实施，推动建立多元化生态环境治理投融资机制，解决生态环境治理缺乏资金来源渠道等“瓶颈”问题，促进生态环境高水平保护和区域经济高质量发展。

8.3　环境经济政策优化建议

8.3.1　环境税优化建议

1）实行税额标准差异化，落实税收减排效果。根据数据分析结果，企业的排污成本在政府实施征税政策后更高，因而减排对企业而言收益更大，所以征税比免费许可证制度（限制排放）产生更强的减排推动力，也比补贴更能激励创新。因此，环境税的目的并不是立足于“收钱”，而应该以差异化的税率来激励“绿色创新”，具体来说就是用税收杠杆来影响企业的环境保护行为，这才是“绿色税法”所要承担的长远使命，这也是国际通行的做法。宜兴市可以根据自身行业特点、地区水污染物排放特点，在江苏省环境税税额标准调整幅度内选择适合地区发展的具体税率。这可激励企业“绿色创新”，同时“多排多税，少排少税”的实际现状对环境改善也有正面影响，积极治理，达到减税免税要求的可获得相应税收优惠，从而为企业绿色发展提供创新的内在动力，真正让环境保护税的征收起到应有的作用。

2）优化税务填报流程，提高纳税服务工作效率。宜兴市税务局应持续推进办税缴费便利化举措，推动改革不断向纵深发展、向一线扎根，努力打造负担更轻、办税更快、服务更好的税收营商环境，积极转变传统纳税服务理念，聚焦信息化建设，紧密围绕“互联网+税务”，持续推广网上办税，进一步推进办税服务厅从实体向互联网延伸，税务人员从前台走进幕后，云端解答、后台受理已经成为日常工作的主旋律。同时，宜兴市还应努力打通环境税征收流程中相关利益主体之间的沟通渠道，推动财政局、税务局、生态环境局三方部门之间构建信息共享平台，完善金税三期工程有关环境保护税的分类、汇总、查询等功能模块建设，满足各业务、职能部门税收征管的需要。制定互惠互利且高效便捷的工作机制，提高数据信息获取便捷度和工作效率，对环境税日常征收管理工作提供保障，全力将宜兴市生态引领区打造为税收营商环境最佳体验区。

3）做好政策衔接，理顺征管流程，完善监督体系和奖惩机制。全面梳理环境保护税在污染源监测、税收优惠政策享受等环节存续的以及新公布的政策，及时消除冲突性规定，完善现行有关污染物排放监测标准、申报信息比对“异常”界定等方面的政策漏洞，并根据征管实际及时升级有关政策规定。做好环境保护税征管政策与现有征管规范、纳税服务规范的顺畅衔接。同时，要建立健全污水处理厂监管审核机制，针对污水处理厂申请减免资格进行实际情况核查，避免存在污水处理厂违规排放、税费漏征和少征的情况。另外，排污收费有明确的年度指标，有奖惩机制，可激励排污企业通过提升技术、降低污染物总量来提高自己的经济效益。环境税可借鉴这种激励机制，提高排污企业和污水处理厂的积极性。

4）深入开展“放管服”，解决征纳双方信息不对称的问题。一是加强对排污企业监管能力建设。宜兴市人民政府应进一步转变发展理念，充分发挥其在环境保护税征管中的领导和协调作用，组织生态环境局、税务局等多部门联动开展污染源排放专项监督检查活动，畅通群众监督举报机制，织密监督网，尽可能多地掌握排污企业的排污信息。二是提高企业污染物排放在线监测系统安装覆盖率。污染物排放在线监测系统可以最大限度地帮助生态环境主管部门实时掌握排污企业排污口的污染物排放数量、浓度等信息，但是由于其购置成本较高，企业安装率仍比较低，因此，应研究相关优惠政策，鼓励企业安装污染物排放在线监测系统。三是加强业务部门环境保护税征管业务培训。根据生态环境局、税务局的职能分工，对生态环境局重点开展税收征管等相关业务知识培训，对税务局重点开展环保税收风险识别等相关业务知识培训，促进各部门快速转换角色，提升业务技能，尽快适应新的征管要求。四是加强对纳税人的业务宣传辅导。重点开展应税污染物监测、应纳税额计算以及申报等业务技能培训，以提高纳税人申报信息的规范性和准确性。

8.3.2 转移支付政策优化建议

2021 年江苏省财政厅下达至宜兴市 405 万元，该项资金通过 2021 年年终财政结算办理，列“一般性转移支付收入——重点生态功能区转移支付收入”结算项目，重点生态功能区转移支付资金主要用于保护生态环境和改善民生。但从目前宜兴市生态引领区建设规划来看，该笔政府下达的财政转移支付资金严重不足，针对宜兴市的实际情况，对其转移支付资金的具体措施提出如下建议：

1）优化专项资金使用结构，争取上级资金支持。宜兴市应快速建立以政府财政转移支付为主、向上争取和市场运作相结合的责权利相一致的生态补偿机制，探索多元化生态补偿方式。积极申请江苏省、无锡市财政向宜兴倾斜，给予宜兴生态补偿工作资金支持。另外，引领区建设重点项目，应优先纳入国民经济和社会发展计划，统筹安排，认真组织实施。引领区建设公益性部分建设经费应列入财政预算，确保引领区建设工作正常开展。积极将宜兴市生态引领区建设的重点工程分别纳入省、市生态文明建设的重点工程和“263”建设重点工程，争取省、市的专项资金支持。

2）完善转移支付资金管理体系，实行专款专用、绩效考核。调整优化宜兴市现有相关专项资金的使用结构，在符合项目资金使用用途和管理办法前提下，通过整合、切块、转移支付等方式对引领区建设给予倾斜支持。在积极争取省、市两级生态补偿资金的基础上，建立市、乡镇（街道）地方补偿资金分配测算机制，逐步提高生态补偿标准。同时，针对已获得的生态补偿资金实行专款专用制度，建立完善绩效考核机制并纳为转移支付资金分配的依据之一，使得二者共同约束转移支付资金的使用过程，保障转移支付资金政策实现“促进环境改善，推动生态项目工程”的效果。

3）增强转移支付政策与其他环境经济政策的联系，实现征管多样化。进一步完善环境设施使用和服务收费制度，依法征收城镇污水、垃圾、废物等收集和处置费，拓宽转移支付资金来源，实行统一收集、专项使用，将转移支付资金用于推动生态产业发展、污染防治、环境保护和生态建设等重点示范项目。同时，部分转移支付资金可用以支持宜兴市生态引领区建立绿色基金，由此支持生态引领区水环境治理工作，拓宽转移支付资金使用途径，实现征管多样化。

8.3.3　损害赔偿政策优化建议

1）推进赔偿义务人多样化责任承担方式探索。由于赔偿义务人赔偿能力较为低下，可能给地方财政加大财政压力，故需要探索赔偿义务人多样化责任承担方式，如根据赔偿义务人主观过错、经营状况等因素试行分期赔付。

2）规范化磋商程序、组织形式和磋商次数、时间等。由于宜兴市磋商小组成员较多，时间较难统一，故当前的磋商程序较为灵活。磋商程序的灵活不代表随意，建议可以依据生态环境损害事件的危害或紧迫性程度，划分不同的磋商时限或次数，并规定需要延长时限或增加次数的法定条件，既为赔偿双方提供充分的磋商机会，也避免了过度磋商的问题。拓宽基层磋商与公益诉讼的常态化衔接路径，建立政府与检察机关之间生态环境损害案件的信息共享协作平台，对符合启动条件的案件，检察机关征求相关政府及职能部门意见，督促其启动生态环境损害赔偿程序。

3）强化生态环境损害赔偿资金管理。赔偿义务人造成的生态环境损害无法修复的，其赔偿资金作为政府非税收入，全额上缴地方国库，纳入地方预算管理。需要进一步明确上缴地方国库的账户，抑或是建立宜兴市生态环境损害赔偿金专户，加强生态环境赔偿的资金管理。

4）积极推进“回头看”工作，实行跟踪管理。赔偿权利人及其指定的部门或机构应当定期组织筛查生态环境损害赔偿案件线索，形成案例数据库，并建立案件办理台账，实行跟踪管理，积极推进生态环境损害索赔工作。重点围绕以下 7 个方面进行线索排查：一是中央和省级生态环境保护督察发现需要开展生态环境损害赔偿工作的；二是突发生态环境事件；三是发生生态环境损害的资源与环境行政处罚案件；四是涉嫌构成破坏环境资源保护犯罪的案件；五是在国土空间规划中确定的重点生态功能区和禁止开发区发生的环境污染、生态破坏事件；六是各项资源与环境专项行动、执法巡查发现的案件线索；七是信访投诉、举报和媒体曝光涉及的案件线索。

5）加大宣传力度，挖掘宣传亮点。通过多渠道加强宣传，使“环境有价，损害担责，应赔尽赔”的观念深入人心。一方面，明确公众参与的具体阶段、参与的主体类型、公开的具体程序与方式等，完善相关制度。另一方面，拓宽基层磋商与公益诉讼的常态化衔接路径，建立政府与检察机关之间生态环境损害案件的信息共享协作平台，对符合启动条件的案件，检察机关征求相关政府及职能部门意见，督促对其启动生态环境损害赔偿程序。

6）创新赔偿方式。多数责任人进行的是金钱赔偿，极少数案件的责任人通过直接进行环境修复治理的方式承担责任，会导致已经被损害的生态环境并未尽快尽早地得到修复治理，未产生实际损害的生态环境无法得到有效的风险预防。

8.3.4 生态补偿政策优化建议

1）规范化生态补偿标准，加强补偿技术层面的工作。一方面，宜兴市的生态补偿标准由省生态环境厅水处制定，制定依据参考财政资金情况，却忽视了生态环境内在的环境价值，存在计算依据不够科学的问题。另一方面，当前的生态补偿标准普遍存在着低估了生态环境价值的情况，需要适当提高补偿标准。

2）加强对地方生态环境局的培训。生态补偿计算方法仅由省生态环境厅掌握，宜兴生态环境局并不掌握其计算方法，建议省生态环境厅需对地方生态环境局相关参与人员定期开展培训，促进其工作的顺利开展。

3）加强数据的协同管理，搭建信息共享平台。当前数据的统一和权威性不够：一方面，不是所有河道都列入国家级监测，不具备权威性数据；另一方面，数据过于冗杂，存在自动监测数据和手动监测数据，各地方生态环境局也各自有其数据来源渠道。需依据大数据对污染源进行溯源，通过“一企一管”等途径完善溯源功能。宜兴市需要完善天网工程的布局，便于对当地的水质变化做出相关预警提醒。

4）强化资金的管理和落实监督。当前宜兴市的生态补偿资金统一由财政拨付，尚未组建生态补偿的专项资金；同时需要加强对损害补偿资金落实的监督管理，使其更为公开化和透明化。补偿基金独立化，流域生态补偿基金独立于政府，由私人经营者进行管理，但基金用途与政府规划相统一。

5）创新筹融资模式，强化“造血功能”。一方面，由于当前宜兴市的生态补偿主要靠财政转移支付，而水环境保护事业财政支持能力不足，故需要进一步增强财政资金在生态补偿中的撬动效应。另一方面，鼓励成立生态补偿资金池，扩大财政资金支持力度，充分利用受益者付费、水权交易等手段，探索创新筹融资模式，增强“造血功能”，推动建立流域生态补偿的市场化、多元化补偿格局。

6）补偿方式多样化，对生态服务保护者和贡献者提供资金补偿、政策补偿以及技术补偿。

8.3.5　绿色金融政策优化建议

1）政府完善机制和加强引导。一是建立链长制，政府机构与金融机构加强产业链联系。一方面，在政府机构中设置长期或临时的组织机构，由地方党政主要领导人或管理部门主要负责人担任“链长”，加强对绿色信贷投向的引导。另一方面，金融机构可围绕宜兴的高端线缆产业、化工产业、印染产业、节能环保产业和陶瓷产业等重点产业集群开展产业链金融服务，金融机构需要加深对产业链及相关政策的研究，提高自身的综合服务能力，精准帮扶产业链协同发展。二是完善绿色金融手段，建立长期低成本资金供给渠道。筛选出符合条件的绿色项目，并根据其项目建设内容和资金需求匹配相应的绿色金融工具。在绿色债券方面，绿色债券相较于普通债券具有一些优势，可以适当放宽绿色债券的期限。在绿色信贷方面，政府给予银行财政贴息补贴，银行给予企业信贷利率优惠。三是加强完善金融机构的激励机制。宜兴市地方政府应加强对绿色项目担保、贴息等措施，给予金融机构更低的融资成本、更长的融资期限，同时要安排风险分散机制，甚至要给予一定的补贴。这些激励制度的完善，能够引导金融机构更好地、可持续性地投入绿色领域中去。

2）提高银行参与积极性和安全性。一是明确信贷风险等级界限以及绿色信贷的支持方向和重点领域，推动绿色信贷创新，实行有差别、动态的授信政策。在银行层面的绿色信贷评估标准方面，探索绿色信贷风险评估方法，从银行业的制度建设、主要措施、信息披露、支持对资源环境有利项目的贷款、退出对资源环境不利项目的贷款、专责机构设置、绿色金融产品开发等方面制定绿色信贷的评估标准，制定具有可操作性的定量和定性相结合的分析判断标准。企业层面的绿色信贷评估标准，借鉴目前对我国商业银行信贷风险预警研究所采用的指标体系基础上，结合绿色信贷特点，尝试在已有的信贷风险预警指标体系中加入环境风险指标，最终形成我国商业银行绿色信贷风险预警指标体系框架。二是筑牢绿色信贷风险底线。积极研究环境和社会风险压力测试技术方法，实现对环境和社会风险的系统化、智能化管控，做到早预判、早部署、早安排。首先，要深化系统化管控。整合外部环境监测信息和自身资产组合信息，紧盯污染严重、环境违法违规问题突出的区域和行业，精准定位环保问题“黑天鹅”。其次，要优化主动化管控。主动调整信贷结构，对不符合环保要求的信贷项目，严格实行“一票否决制”。最后，要强化智能化管控。充分利用大数据工具，通过风险预警平台提前识别风险隐患、定向推送风险信息、分级预警分类管理，确保守牢风险底线。三是健全机制，加快创新绿色信贷产品和服务。鼓励从供给端发力，加大绿色金融产品创新力度，满足绿色企业差异化的融资需求。一方面，发挥绿色银行在发展绿色金融中的主力作用，鼓励大型国有银行设立专门从事绿色金融业务的事业部，将更多中小银行打造成为绿色银行。另一方面，创新绿色信贷项目，更好地服务各地需求，使其满足因地制宜的需求。四是高度重视绿色金融人才队伍及配套机构建设。绿色金融涉及经济、金融、环保、化工、工程、法律等多学科领域，亟待强化专业人才队伍和配套机构建设。壮大绿色金融专业人才队伍。各金融机构可以在总部层面设立绿色金融专营部门，加快专业人才队伍建设，实现绿色金融业务的专职管理和全面覆盖。优化绿色金融人才培养环境，以高等院校、科研院所和专业化研究机构为主体，培养应用型绿色金融人才。完善绿色金融市场中介体系。搭建绿色金融中外合作交流平台，传播推广绿色金融理念。

3）提高企业参与便利性。深入推进绿色金融信息共享，促使企业参与便利化。建议由市级地方政府牵头，银保监局、宜兴市生态环境局和宜兴市金融办等部门共同搭建绿色信贷信息平台，完善企业征信系统，扩充企业环保信息，采取“定期更新、实时公布”方式，既为银行提供及时、有效、全面的企业环境行为信息，又可以让企业了解宜兴市所有地方银行机构的绿色信贷产品信息，解决绿色信贷发展中银企信息不对称问题。

第9章

绿色发展考核与责任追究制度研究

9.1 乡镇绿色发展差异化考核制度

9.1.1 我国差异化政绩考核制度及案例分析

9.1.1.1 差异化政绩考核推行的背景

1979年11月，中组部印发的《关于实行干部考核制度的意见》，首次提出“考核”概念，要求从德、能、勤、绩4个方面对领导干部进行考核（表9-1）。2013年11月，党的十八届三中全会通过的《中共中央关于全面深化改革若干重大问题的决定》，提出“完善发展成果考核评价体系，纠正单纯以经济增长速度评定政绩的偏向”，为推进差异化绩效考核指明了方向，也对考核方式提出了新的要求。2013年12月，中组部印发的《关于改进地方党政领导班子和领导干部政绩考核工作的通知》，明确提出要从制度层面纠正单纯以经济增速评定政绩的偏向，引导各级领导干部树立正确的政绩观，细化差异化绩效考核内容。

《国民经济和社会发展第十一个五年规划纲要》首次从国家规划层面提出“推进形成主体功能区”，要求按照主体功能定位建立差异化绩效考核机制。《国民经济和社会发展第十二个五年规划纲要》明确提出“实施主体功能区战略”，根据不同区域主体功能定位，实行差别化的考核评价。《国民经济和社会发展第十三个五年规划纲要》提出“加快建设主体功能区”，明确要求实行分类考核的绩效评价（表9-1）。

党的十九大报告提出“坚持严管和厚爱结合、激励和约束并重，完善干部考核评价机制”。中共中央、国务院印发《关于完善主体功能区战略和制度的若干意见》进一步明确，基于不同主体功能定位实施差异化绩效考核评价机制，引导地方政府科学理性开发、利用、保护国土空间，促进空间均衡发展。

2013年12月中组部印发《关于改进地方党政领导班子和领导干部政绩考核工作的

通知》后，湖北、四川、陕西、云南等省份先后施行县域经济社会发展绩效考评新办法。根据县（市、区）的主体功能，增加生态建设、社会发展等方面的评价指标，并力求从考核评价指标设置或指标权重差异化来体现县（市、区）的主体功能。

表 9-1　党政领导班子考核评价制度变化

年份	文件	主要内容
1979	中组部印发的《关于实行干部考核制度的意见》	按照德才兼备的原则，根据各类干部胜任现职应具备的条件，从德、能、勤、绩 4 个方面开展考核
1995	中组部县（市）党委、政府工作实绩考核试行标准	从经济建设、社会发展和精神文明建设、党的建设 3 个方面 16 项内容对县（市）党委、政府领导班子工作实绩进行定性和定量考核
2009	中共中央办公厅印发的《关于建立促进科学发展的党政领导班子和领导干部考核评价机制的意见》	既考核发展速度，更注重考核发展方式和发展质量；既考核经济建设，又考核经济与社会协调发展、人与自然和谐相处；要根据不同区域、不同层级、不同类型，建立各有侧重、特色鲜明的考核评价指标，体现不同区域考核重点差异化
2009	中组部印发的《地方党政领导班子和领导干部综合考核评价办法（试行）》	实绩考核内容包括经济发展水平、经济发展综合效益、城乡居民收入、地区经济发展差异、发展代价、基础教育、城镇就业、医疗卫生、城乡文化生活、社会安全、节能减排与环境保护、生态建设与耕地等资源保护、人口与计划生育、科技投入与创新等
2013	《中共中央关于全面深化改革若干重大问题的决定》	完善发展成果考核评价体系，纠正单纯以经济增长速度评定政绩的偏向，加大资源消耗、环境损害、生态效益、产能过剩、科技创新、安全生产、新增债务等指标的权重，更加重视劳动就业、居民收入、社会保障、人民健康状况。实施主体功能区制度，对限制开发区域和生态脆弱的国家扶贫开发工作重点县取消地区生产总值考核
2013	中组部印发的《关于改进地方党政领导班子和领导干部政绩考核工作的通知》	在考核内容上，包括经济、政治、文化、社会、生态文明建设和党的建设的实际成效，不能仅将地区生产总值及增长率作为考核评价政绩的主要指标，不搞地区生产总值及增长率排名。根据不同地区、不同层级领导班子和领导干部的职责要求，设置各有侧重、各有特色的考核指标，把有质量、有效益、可持续的经济发展和民生改善、社会和谐进步、文化建设、生态文明建设、党的建设等作为考核评价的重要内容。加大资源消耗、环境保护、消化产能过剩、安全生产等指标的权重，强化约束性指标考核。重视科技创新、教育文化、劳动就业、居民收入、社会保障、人民健康状况考核
2016	《国民经济和社会发展第十三个五年规划纲要》	以市县级行政区为单元，建立由空间规划、用途管制、差异化绩效考核等构成的空间治理体系

9.1.1.2 国内差异化政绩考核典型做法

（1）湖北省

2014 年 4 月湖北省委办公厅、省政府办公厅印发的《湖北省县域经济工作考核办法》，明确以主体功能区划分为基础，结合各县（市、区）的产业基础、区位条件和资源禀赋，将全省纳入考核的 80 个县（市、区）分为三类。第一类为国家和省级重点开发区所在的 22 个县（市、区）；第二类为国家农产品主产区所在的 29 个县（市、区）；第三类为国家和省级重点生态功能区所在的 29 个县（市）。分别从经济总量指标、人均指标、结构指标、绿色发展指标、速度指标、后劲指标和社会指标七大类设置 36 项二级考核指标，针对不同类型区域采用指标差异化考核。

（2）四川省

2016 年 1 月四川省委办公厅、省政府办公厅印发了《关于完善县域经济发展工作推进机制的意见》《四川省县域经济发展考核办法》，将全省 183 个县（市、区）分为重点开发区和市辖区、农产品主产区、重点生态功能区、扶贫开发区四大类实行分类考核。对属前三大类的县（市、区），从经济发展、民生改善、生态环境、风险防控 4 个方面，按照“指标一样、权重不同”的原则，设置差异化的指标权重。

（3）重庆市

党的十八大以来，重庆市把全市 38 个区县划分为都市功能核心区、都市功能拓展区、城市发展新区、渝东北生态涵养发展区、渝东南生态保护发展区 5 个功能区域，实行差异化发展。为考准考实区县班子和领导干部，重庆市配套建立健全符合五大功能区域发展战略的干部考核评价体系，引导各功能区域干部围绕定位抓发展、围绕发展干事业。

对应五大功能区域重新调整考核分组，主体功能定位什么，考核就突出什么。同时遵循“做减法、促优化”，对一般性考核项目按照“五个一律”进行控制规范，即凡中央部委文件没有明确规定的一律取消、凡不符合五大功能区建设要求的一律取消、凡纳入综合考核的其单项考核一律取消、凡属于部门常规工作范畴的一律取消、凡不能反映实实在在工作成效的一律取消，并加强对考核项目和指标的严格管理，坚决防止反弹，从根本上解决基层迎考迎评负担重等问题。对都市功能核心区、都市功能拓展区和城市发展新区，重点加强经济发展贡献度考核，并根据发展方向各有侧重，都市功能核心区注重考核第三产业特别是现代服务业，都市功能拓展区加大战略性新兴产业考核力度，城市发展新区突出考核工业化和城镇化，三个区域的区县经济发展任务明显加重，发展压力明显加大。对渝东北生态涵养发展区、渝东南生态保护发展区，相对弱化经济类指标考核，加大特色效益农业、旅游发展、脱贫攻坚、生态环保等指标考核的力度，不再考核 GDP 和工业增加值，通过适当考核人均地区生产总值引导人口向外转移，适当考核工业园区产出强度和集中度，促进“面上保护、点上开发”，两个区域的区县发展任务更加突出转变发展方式、推进绿色发展。

将考核指标分为“功能导向”“基础保障”两大类，分别完善考核工作方式方法，确保如实反映工作业绩。一是量化考核导向。功能导向类侧重体现五大功能区域的定位差异，注重考核能够量化的内容，坚持以事实说话、以实实在在的发展变化说话，尽可能考准考实。二是明白考核保障。基础保障类则体现对所有区县共同的约束性要求，如债务风险、安全生产、社会治安等，严格遵循“有事法则”，列出具体细化的扣分情形，实行“明白考核”，禁止将机构、编制、经费以及开会、发文、报信息等“虚内容”纳入考核。三是拉长考核日常。统一要求承担具体考核任务的相关市级部门，建立完善统计渠道，健全统计台账，加大日常考核力度，防止实际考核内容与考核指标错位、防止年终考核与平时督查脱节。四是阳光考核发展。考核过程坚持“开卷考试”，年初及早公布考核指标，让区县知道考什么、怎么考，整个考核在阳光下运行。

考核结果形成后，深入开展综合分析，为区县一一出具“年检报告”，切实做到不简单“以分量人”，让干得好的能看到薄弱环节，让那些考核暂时靠后的也能看到希望。每年市委领导亲自向区县委书记一对一反馈考核情况，肯定成绩、指出问题、提出希望和要求，促使区县有针对性地瞄准症结采取措施。坚持根据考核结果选人用人，近年来得到提拔重用的干部，都是从考核优秀和排名比较靠前的干部中产生，同时对 125 名考核排名靠后的市管领导干部进行诫勉，对 18 名基本称职或不称职的及时调整，推动干部能上能下。

9.1.2 江苏省现行差异化考核模式评价

9.1.2.1 考核体系

2017 年 10 月，习近平总书记在党的十九大报告中指出“我国经济已由高速增长阶段转向高质量发展阶段”。江苏省委高度重视高质量发展工作，省委十三届三次全会将中央关于高质量发展的决策部署细化落实为“六个高质量”发展任务。2018 年 5 月 28 日，江苏省委常委会通过了《江苏高质量发展监测评价指标体系与实施办法》《设区市高质量发展年度考核指标与实施办法》，对高质量发展提出了科学细化的指标体系和实施办法，江苏成为全国第一个出台高质量发展监测评价和年度考核指标体系的省份。

《江苏高质量发展监测评价指标体系与实施办法》用于监测评价全省及各设区市、县（市、区）和城区高质量发展水平和总体情况。其中，全省和设区市监测评价指标体系由六大类 40 项指标构成；各县、县级市和成建制转成的区监测评价指标体系由六大类 35 项指标组成；城区监测评价指标体系由六大类 25 项指标组成。这三套监测评价指标体系都另设了人民群众对高质量发展成果的满意度指标。《设区市高质量发展年度考核指标与实施办法》主要考核衡量各设区市年度推动高质量发展进展情况，考核指标由 18 个共性指标和每个市 6 个个性指标两部分组成。此外，出台的两个办法都另设了加减分项。

9.1.2.2 主要经验

江苏坚持考人与考事相结合，综合运用多种考核方式，知事见人考实绩，初步实现绩由事考、人以绩论的良性循环。

一是以季度监测半年评估为载体，推动考核经常化、制度化。细化分解考核指标，明确时限要求，加强跟踪监测，形成平时有监测、年终有印证的闭环链条。季度监测由牵头单位、责任单位负责，依托综合考核管理信息系统，定期汇总、分析、核定各地各单位指标任务推进情况并及时反馈。半年评估由省考核办统一组织，各地各单位对照指标任务进行自查，考核牵头和责任单位评估形成结果，交省考核办研究、考核委审定，逐家反馈，视情通报，评估结果作为年度综合考核等次评定的重要参考。年终考核由省考核办统一组织，按照总结述职、民主测评、个别谈话、了解核实、集中研判等程序进行。2019 年年底，江苏省委组织部组成 11 个综合考核组，开展现场考核，分别形成综合考核报告。各考核牵头单位要求进行现场了解核实的，事先要向省考核办提出申请。列入年度计划、年终需现场查验的业务考核，与年度综合考核合并进行，减少多头、重复考核。省考核办牵头建成全省综合考核管理信息系统，为精准高效开展考核提供了技术支撑。

二是以干部政绩“三个挂钩”为抓手，探索以事考人新机制。首先，领导班子等次与单位等次挂钩。单位年度综合考核评为第一、第二等次的，经综合研判其领导班子可确定为优秀等次。其次，班子成员等次与领导班子等次挂钩。班子等次为优秀、良好、一般、较差的，班子成员年度考核优秀比例分别按 30%、25%、20%、15%确定。班子正职按单位得分和个人测评 8∶2 权重计算。省管班子为“较差”等次的，正职一般不得确定为称职及以上等次。班子其他成员按单位得分、个人测评和个人实绩 3∶2∶5 权重计算。最后，非领导成员公务员等次与单位等次挂钩。对表现突出、年度综合考核评为第一等次的单位，适当提高其公务员年度考核优秀等次比例。一位单位主要负责同志讲：“过去考核看票数说话，现在业绩占了大头，把单位好坏与个人得失拧在一起，也让班子更团结，干部更齐心。”

三是以党建乘数计分法为杠杆，促进党建与高质量发展同频共振。把高质量发展绩效评价的百分制得分作为基础项，把党建考核、满意度评价得分加总与 80 分的比值作为乘数，相乘得出年度综合考核总分，彰显党建工作对高质量发展的引领作用和张力效应。党建考核只有 80 分以上，作为乘数才能不使高质量发展得分“缩水”。考核结果表明，党建考核与高质量发展绩效评价结果的正相关度高于 80%。经济发展相对靠后的宿迁、连云港从抓党建促发展中尝到了甜头，2019 年年度综合考核宿迁首次夺得第一等次，连云港夺得争先进位奖。一些党委书记感慨，抓党建就是抓关键，必须两手抓两促进，用抓党建产生的内生动力，激发高质量发展的内在活力。

四是坚持把考核结果作为实施鼓励激励、容错纠错、能上能下“三项机制”的重要依据，让有为者有位、能干者能上、优秀者优先。首先，加大表彰奖励力度。省委、省政府每年召开全省高质量发展总结表彰大会，既奖“全能冠军”，也奖“单项冠军”，既奖“一直领先”，也奖“进步最快”。对年度考核获得一、二、三等次的单位、个人，分别颁发奖牌或给予一次性奖励。对获得争先进位奖的，适当提高一次性奖励幅度。其次，坚持考得好就要用得好。对考核优秀、符合资格条件的领导干部，及时提拔使用或晋升职级。2019 年以来，19 名考核优秀的省管干部得到提拔，132 名考核优秀者被提拔为省管干部。无锡 2019 年提拔使用的干部，70.9%在上年度考核中获得优秀。最后，强化监督约束。2019 年对年度综合考核排名末位、领导班子被确定为一般及以下等次的 10 家单位，要求其向省委、省政府书面报告，提出整改措施。对考核结果出现异常、波动较大的领导班子和领导干部，省委组织部安排重点约谈、走访调研。对考核等次持续靠后、干部群众认可度较差、确实不胜任不适宜担任现职的，及时组织调整。2019 年以来，全省有 661 名科级以上干部因不适宜担任现职被调整。问卷调查显示，96%的干部对奖惩措施“很认同，很服气”或者“比较认同”，认为“体现了激励干事创业的用人导向”。

五是注重加强结果反馈和宣传引导，让过去对新发展理念“理解不深入”的深化认识，让“行动跟不上”的加快步伐，让“落实缺乏创造性”的打开思路、创新突破。坚持“点对点”向各地各单位一把手发送综合考核结果反馈意见书。各设区市共性指标、个性指标和党建得分，在全省的位次，公众满意度评价、民主测评等情况，在反馈意见书中一目了然，推动各地各单位纵向比较知进退、横向比较知不足，对标先进、加压奋进。先后编发 8 批 106 个依据“三项机制”加强结果运用的典型案例，2020 年 4 月发布年度“统考”榜单后，在《新华日报》头版连续刊发 7 篇综述文章，形成对标找差、竞相发展、争先进位的浓厚氛围。

9.1.2.3 存在问题

对当前关于宜兴市绿色发展考核相关的《江苏省绿色发展指标体系》《江苏省生态文明建设考核目标体系》《高质量发展监测评价指标体系与实施办法》等进行全面梳理与评价，当前针对生态引领区绿色发展考核体系存在如下问题：一是环境质量刚性约束、绿色发展导向性要进一步明确。环境质量权重占比不足 20%，与引领区规划中不低于 30%比例有差距；反映绿色发展水平的资源能源利用指标缺失。二是考核结果未能体现党的十九大“绿水青山就是金山银山”理念，以环境质量指标为主，未能充分体现生态产品经济价值。三是指标数量偏多，技术方法不完善，考核时未体现差异化、精细化导向。指标数量多，数据可得性、真实性差；未能体现不同乡镇主体功能区定位的差异化，难以形成激励机制。四是考核结果未能发挥效应，考核激励机制仍不完善。考核指挥棒作用未能有效发挥，多以问责为主，难以调动治理积极性；指标体系多为状态性指标，难以体现政府工作实际成效。

9.1.3 宜兴市差异化绿色发展考核制度体系研究

9.1.3.1 差异化考核体系框架体系构建

结合国家生态文明体制改革中对环境保护考核和责任追究相关制度的顶层设计，借鉴国内外成功的政策实践案例，研究设计生态引领区在精准化推进环境保护考核绩效评价制度、领导干部自然资源资产离任审计、党政领导干部生态环境损害责任追究等方面的制度创新体系。基于无锡市主体功能区划和太湖流域水生态功能分区，结合宜兴市社会经济及生态环境现状进行赋权叠加，形成宜兴市高压高敏、高压低敏、低压高敏、低压低敏四类功能分区，不同功能区设计差异化考核导向，设置差异化绿色发展考核评价指标体系，利用德尔菲法确定各类考核指标的权重，评价结果主要应用于干部提拔任用、乡镇领导干部自然资源资产离任审计、差异化奖惩机制等方面（图 9-1）。

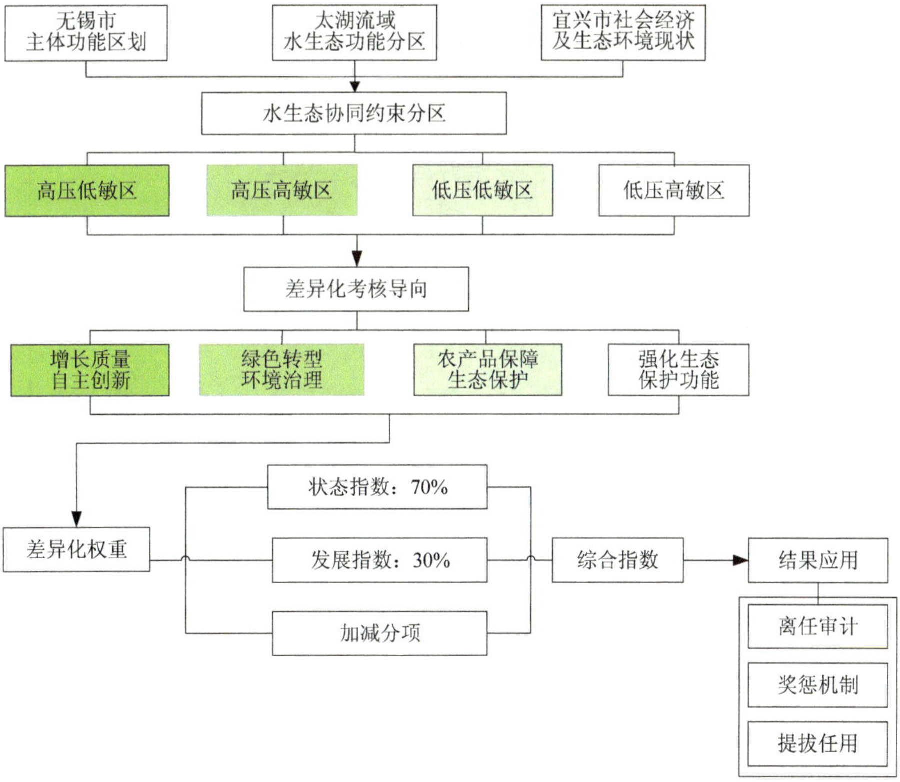

图 9-1　差异化绿色发展考核体系构建

9.1.3.2 绿色发展差异化考核评价指标体系

（1）分区依据

差异化的分乡镇水生态协同约束分区主要依据无锡市主体功能区划和太湖流域水生态功能分区，结合宜兴市社会经济及生态环境现状进行赋权叠加，最终确定宜兴市水生态协同约束分区结果，充分体现宜兴特色和绿色发展导向。

1）主体功能分区。

依据各镇资源环境约束、现有开发强度、未来发展潜力灰色关联投影值分别绘制高、中、低 3 个等级分区，在此基础上，根据资源环境—开发强度—发展潜力组合特征对各镇（街道）进行主体功能区划，将宜兴市划分为优化提升区、适度发展区、重点拓展区、限制发展区 4 个主体功能区，如图 9-2 所示。

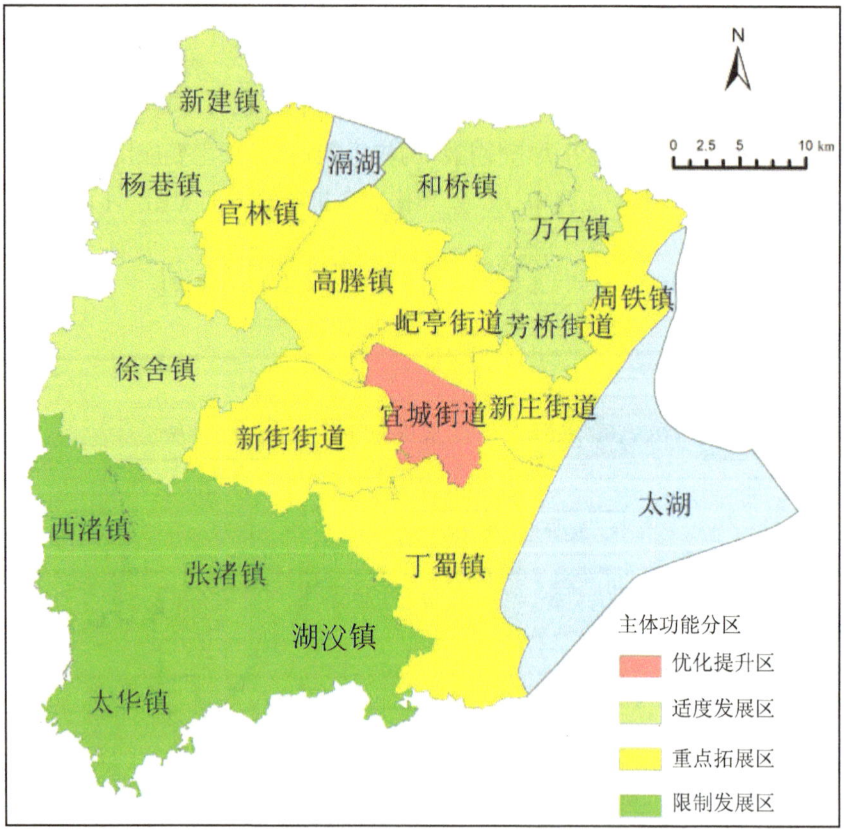

图 9-2 宜兴市主体功能分区

优化提升区：资源环境约束低，现有开发强度高，未来发展潜力较高的区域。主要包括宜城街道。宜城街道是宜兴市的中心城区，它们作为宜兴市的政治、经济、文化中心，需要充分发挥其地区核心作用，强化交通中心地位职能，改善投资环境，促进人口集聚，推进城市化进程，增强中心城区综合实力，从而带动全市社会经济发展，承担区域创新角色。此外，该功能区的发展应该注重现有产业结构的优化与升级：加快现有工业企业整合的步伐，有计划、有步骤地置换、搬迁或改造老城区工业企业，发展高新技术产业与新兴服务业，逐步形成以宜城商业、交通物流业、文化产业、旅游服务业为主体的产业格局。

重点拓展区：指资源环境约束低，现有开发强度较低，未来发展潜力高的地区。从图 9-2 中可以看出，该地区主要集中于官林镇、高塍镇、屺亭街道、新街街道、新庄街道、丁蜀镇、周铁镇。官林镇是宜兴市工业重镇、经济强镇，主要以电线电缆业为重点支柱产业；高塍镇为北部经济发展水平最高的镇之一，主要以环保高新技术产业为主；位于太湖西岸的周铁镇和丁蜀镇是宜兴市东北部的政治、经济、文化中心。这些乡镇有良好的工业发展基础，在发展方向上应进一步提升产业规模，提高工业化水平，推进城市化建设。同时，本区地势平坦，官林镇、高塍镇环绕滆湖，水域比重大，其中高塍镇水域面积超过 50%，应重点加强水产养殖业的发展；周铁镇位于太湖之滨，应大力发展生态农业，带动生态观光旅游业的发展。屺亭镇产业特色不明显，但区位条件良好，土地承载空间大，可依托中心城镇或周边工业强镇加快发展，该镇与中心城区宜城街道毗邻，道路交通和基础设施完善，可承接宜城街道的产业转移，分担宜城街道工业中心的职能。

适度发展区：资源环境约束高或中等，现有开发强度较低，未来发展潜力中等的地区。该区域主要包括新建镇、杨巷镇、徐舍镇、万石镇、芳桥街道、和桥镇。这 6 个镇有一定的资源环境约束，同时具备一定的经济发展基础与潜力，可作为适度发展区，因地制宜发展工业经济，有序推进城镇化进程。新建镇、和桥镇位于北部太滆圩区，芳桥街道、万石镇位于东部太湖渎区，这些区域为全市重要的淡水养殖生产基地，经济发展基础欠缺，第二、第三产业发展优势不明显，农业人口比重大，农林用地比例大，是宜兴市的粮食主产区，应严格保护耕地，鼓励剩余农业人口外出就业，大力发展现代农业，积极创建高效、优质农产品供应基地，促进农业的规模化、产业化、集约化发展，发展农副产品加工业。

限制发展区：指资源环境约束高，现有开发强度、未来发展潜力较低的地区，主要包括西渚镇、张渚镇、太华镇和湖㳇镇。该区地处南部山地丘陵区，林地覆盖面积过半，山林资源丰富，生态重要性强，是全市重要的生态调节区，这 4 个镇应以生态保护为主，逐步减少人口承载量，通过产业结构调整改善区域整体环境，大力发展生态旅游业。

2）水生态功能分区。

水生态功能分区是依据江苏省太湖流域水生态环境功能区划，依据河流生态学中的格局与尺度理论，反映流域水生态系统在不同空间尺度下的分布格局，基于流域水生态系统空间特征差异，结合人类活动影响因素而提出的一种分区方法。主要是为了将水环境管理从水质目标管理向水生态健康管理拓展，是确定流域水生态保护与水质管理目标的基础。

分区原则主要是水质与水生态保护并重、生态保护与生态修复并举、各类环境区划统筹兼顾、区间差异化与区内相似性、流域与行政区界相结合、水生生物资源合理利用、持续发展、管理手段多元化、功能区界动态更新等原则，划定结果如下，梳理出宜兴市共 9 个水生态环境功能区，其中 3 个位于滆湖和太湖湖体，其余 6 个水生态功能区涉及 13 个镇和 5 个街道（图 9-3、表 9-2）

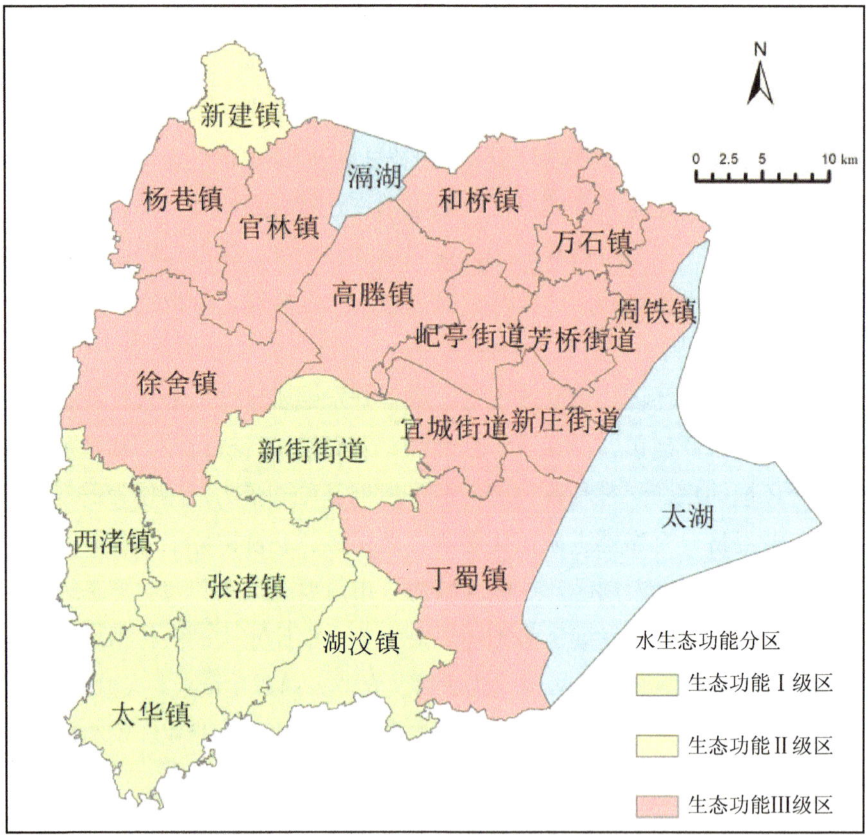

图 9-3 江苏省太湖流域水生态功能分区

表 9-2　宜兴市水生态环境功能分区

分区编号	乡镇	面积/km²
Ⅰ-03	湖汊镇、张渚镇、西渚镇、新街街道（环科园）、太华镇	568.1
Ⅱ-02	新建镇	44.8/226.5（武进）
Ⅱ-03	丁蜀镇（南）	170.2
Ⅲ-07	徐舍镇、杨巷镇、官林镇	375.2
Ⅲ-10	高塍镇、和桥镇	216
Ⅲ-11	宜城街道、新庄街道、芳桥街道、屺亭街道（开发区）、周铁镇、万石镇、丁蜀镇（北）	349.4
Ⅱ-07	滆湖	26.5/115.8（武进）
Ⅲ-20	太湖	202.6/341.3（武进、滨湖、吴中）

生态功能Ⅰ级区：水生态系统保持自然生态状态，具有健全的生态功能，需全面保护的区域。生态功能Ⅱ级区：水生态系统保持较好生态状态，具有较健全的生态功能，需重点保护的区域。生态功能Ⅲ级区：水生态系统保持一般生态状态，部分生态功能受到威胁，需重点修复的区域。生态功能Ⅳ级区：水生态系统保持较低生态状态，能发挥一定程度生态功能，需全面修复的区域。

（2）分区及评价导向

水环境对经济发展的约束作用主要表现在水环境敏感性和水环境压力两个方面，宜兴水环境敏感性主要反映太湖流域水体纳污能力，在太湖流域水生态功能分区的基础上，结合宜兴市环境质量状况，主要选择森林覆盖率、水生态功能分区、水环境质量目标、距太湖湖体距离等表征水环境的敏感性；水环境压力主要反映社会经济发展及人类活动对生态环境的胁迫作用，主要表现在土地利用方式、农业面源污染、工业废水和生活污水排放等方面，水环境压力越大，越要控制人类活动强度，推动产业结构优化升级。本书在无锡市主体功能分区的基础上，参考宜兴市经济社会发展特征，主要选用表征社会经济发展的指标来进行评价，主要包括人口密度、人均 GDP、工业废水排放量、农产品产量等指标。两者的叠加和协同分析结果，作为宜兴市水生态协同约束分区的依据（表 9-3）。

通过赋权叠加，形成宜兴市高压高敏、高压低敏、低压高敏、低压低敏四类水生态协同约束分区，高压低敏区考核导向主要以增长质量、自主创新为主，高压高敏区主要以绿色转型、环境治理为主，低压低敏区主要以农产品保障、生态保护为主，低压高敏区主要以强化生态保护功能为主。

表 9-3　宜兴市水生态协同约束分区指标及权重

分区名称	准则层	指标层	权重
水生态协同约束分区	水环境压力	人口密度	0.24
		人均 GDP	0.30
		工业废水排放量	0.25
		农产品产量	0.21
	水环境敏感性	森林覆盖率	0.22
		水生态功能分区	0.25
		水环境质量目标	0.28
		距太湖湖体的距离	0.25

（3）分区结果

叠加后的分区结果如图 9-4 所示。分区评价导向及考核重点主要反映为以下 4 个方面（表 9-4）。

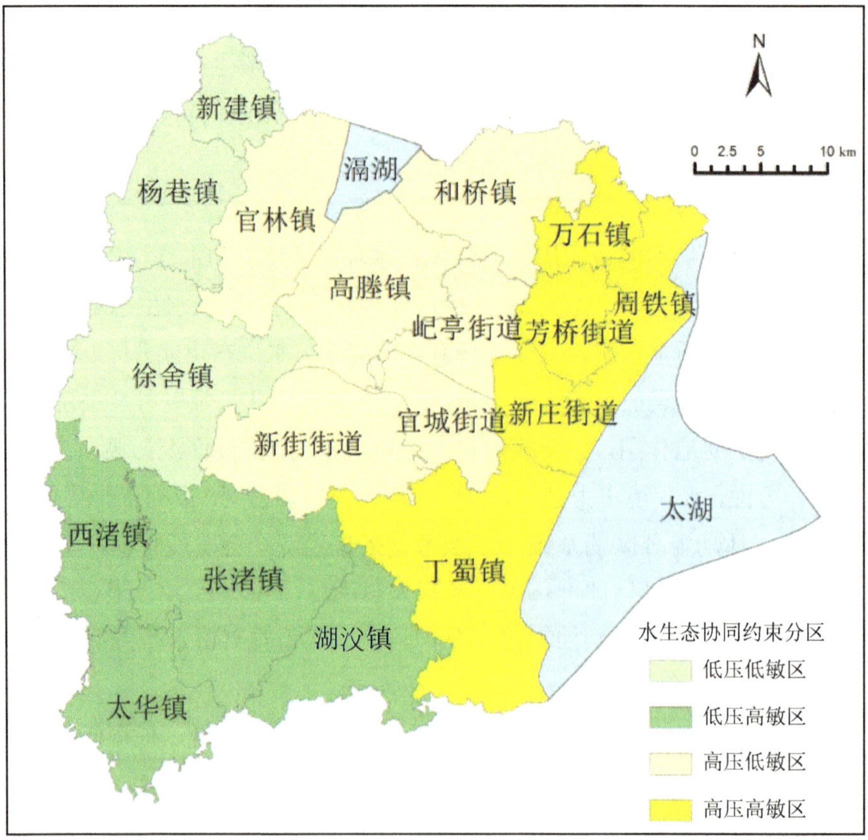

图 9-4　宜兴市水生态协同约束分区

表 9-4　分区差异化考核重点设计

分区类型	区域特征	考核导向	考核重点
高压低敏区	经济基础好，承载力强，属于工业城镇化开发重点地区	质量效益优先	强化对提升环境质量、提高资源利用效率、引进高新技术产业、增强自主创新能力等方面的考核评价
高压高敏区	沿湖水环境敏感性高，人口密集，开发强度较高，属于优先进行工业城镇化开发区域	创新绿色发展优先	推进产业绿色转型升级、加强高新技术产业发展、实施更严格的环境准入和污染排放标准，突出沿湖入湖河流水环境质量评价、注重水生态修复方面的考核
低压低敏区	基本农田较多，农业发展基础较好，限制大规模高强度工业化开发	农业发展优先	强化对农产品保障能力的评价，适度考虑对生态保护能力的评价，弱化对工业化城镇化相关经济指标的评价
低压高敏区	宜南山区生态环境脆弱，经济发展水平较低，属于水生态功能Ⅰ级区	生态优先	强化生态保护功能评价，适度考核农产品保障，弱化工业城镇相关指标

高压低敏区主要包含官林镇、高塍镇、屺亭街道、新街街道、宜城街道、和桥镇，是水环境敏感性相对较低，经济发展水平较高，水环境压力较大地区。强化对提升环境质量、提高资源利用效率、引进高新技术产业、增强自主创新能力等方面的考核评价。

低压低敏区主要包含新建镇、杨巷镇、徐舍镇等乡镇，属于水环境敏感性和压力均相对较低，农业发展基础较好，经济发展水平一般的地区，重点强化对农产品保障能力的评价，适度考虑对生态保护能力的评价，弱化对工业化城镇化相关经济指标的评价。

高压高敏区主要包含万石镇、芳桥街道、周铁镇、新庄街道、丁蜀镇等乡镇，属于沿湖水环境敏感性高、经济发展水平较高、水环境压力大的地区，重点考虑推进产业绿色转型升级、加强高新技术产业发展、实施更严格的环境准入和污染排放标准，突出沿湖入湖河流水环境质量评价、注重水生态修复方面的考核。

低压高敏区包含西渚镇、太华镇、张渚镇、湖㳇镇等乡镇，属于沿湖水环境敏感性高、经济发展水平较低、水环境保护较低的宜南山区，重点要强化生态保护功能评价，适度考核农产品保障，弱化工业城镇相关指标。

根据宜兴市乡镇考核分区结果与差异化考核导向，对每个指标的每类分区均设置不同的评价权重，充分体现各功能分区的差异化和特色化。

9.1.3.3　基于德尔菲法差异化考核权重建立

关键指标的选择及体现发展差异的指标权重的配置是差异化考核的关键内容。关键指标的选择主要体现评价主体的价值取向和考核重点，指标权重大小的确定是差异化考核的基础。因此，指标权重的差异化设计是乡镇差异化考核的关键，对不同的分区设置差异化权重，能够反映不同分区生态作用的发展导向的区别，充分体现考核的精细化和差异化。考虑到各类分区考核导向不同，资源禀赋、服务功能、空间价值等也均存在较大的差异性，在指标权重的系数的设计上，着重引导低压高敏区坚持生态优先的发展导向，不断向绿色、生态、低碳方向发展，彰显“绿水青山就是金山银山”的发展理念和原则；引导高压低敏区坚持质量效益优先的发展导向，更加看重科技创新和绿色经济的引领；引导低压低敏区体现农业发展优先的思想，强化对农产品保障能力的提升；引导高压高敏区创新绿色发展优先，推进产业绿色转型升级、加强高新技术产业发展，同时引导加大对水生态健康的保护力度。

（1）指标权重的确定方法

首先要对指标数据进行标准化处理，然后再根据综合赋权法进行权重的计算，最大限度地提高分区差异化考核的准备性和科学性。

1）数据标准化处理。

由于各指标的含义不同，指标值的计量单位也不同，各指标的量纲各异。为了能使各种指标数据进行综合，必须对指标数据进行标准化处理，因为对原始数据进行加权求和会引起较大误差，且也没有实际意义。根据指标的数据属性，指标数据标准化的方法可归结为直线型、折线型和曲线型 3 种。

直线型方法有极值法、标准差化，折线型方法有三折线法等，曲线型方法有半正态性分布法等。不同标准化处理将会形成不同的结果，而且选择何种标准化，没有通行的准则，所以，一般要根据指标类型综合考虑。

具体的指标标准化方法：

min-max 标准化也称离差标准化，是对原始数据的线性变换，使结果映射到[0，1]区间，主要针对数据序列比较完整，序列的最大值、最小值可以计算出来的数据。具体公式为：

对序列 $x_1,x_2,\cdots,x_n$ 进行变换：

$$y_i=\frac{x_i-\min\left\{x_j\right\}}{\max\left\{x_j\right\}-\min\left\{x_j\right\}} \tag{9-1}$$

则新序列 $y_1,y_2,\cdots,y_n\in\left[0,1\right]$。

2）权重处理。

对权重的计算主要分为主观赋权法、客观赋权法和综合赋权法。本书采用既考虑客观又考虑主观的综合赋权法。

客观赋权法采用基于差异最大化的权重优化法。基于指标值离差最大化原则来确定指标权重，是一种基于原始数据的客观赋权法，它是描述了 n 个被评估对象，在 k 个时间内，最大化表现样本差异的权重估算方法，理论上客观，避免权重受主观影响。可以说，指标体系的有效性是其能准确反映各项指标的实际数据差异，最合理的权重应该是该差异值最大。

标准化处理过程：

$$u_{ij}\left(t_k\right)=x_{ij}\left(t_k\right)-\frac{\overline{x_j\left(t_k\right)}}{s_j\left(t_k\right)}\quad i=1,2,\cdots,M;k=1,2,\cdots,N \tag{9-2}$$

式中，$\overline{x_j\left(t_k\right)}$ 和 $s_j\left(t_k\right)$ 分别表示样本均值和样本方差，原始数据经以上的标准化处理后，可选择线性加权模式，计算出最后的指数值评估对象 i 在 t_k 时期的指数 $y_i\left(t_k\right)$，公式如下：

$$y_i\left(t_k\right)=\sum_{j=1}^{n}w_j u_{ij}\left(t_k\right)\quad i=1,2,\cdots,M;k=1,2,\cdots,N \tag{9-3}$$

可见，对 $y_i\left(t_k\right)$ 值影响最大的是 w_j，即权重系数。为获取 $y_i\left(t_k\right)$ 样本离差最大的最优值，可建立相应的规划模型。

规划模型的基本思路：首先，确定总离差计算公式：

$$\delta=\sqrt{\sum_{k=1}^{N}\sum_{i=1}^{M}\left[y_i\left(t_k\right)-\bar{Y}\right]^2} \tag{9-4}$$

其中，$\bar{Y}=\sum_{i}^{M}u_{ij}\left(t_k\right)/M$。

其次，离差公式的优化：

考虑到样本数据在标准化时，选用了最大化方式，这样经过标准化处理之后，标准化矩阵 $u_{ij}\left(t_k\right)$ 的样本均值就为 0，样本方差为 1。

可计算出：

$$\bar{Y}=\frac{1}{N}\sum_{i=1}^{N}\left[\frac{1}{m}\sum_{i=1}^{m}\sum_{j=1}^{n}w_j u_{ij}\left(t_k\right)\right]=0 \tag{9-5}$$

方差 δ 便可简化为

$$\delta=\sqrt{\sum_{k=1}^{N}\sum_{i=1}^{M}\left[y_i\left(t_k\right)-\bar{Y}\right]^2}=\sqrt{\sum_{k=1}^{N}\sum_{i=1}^{M}\left[y_i\left(t_k\right)\right]^2}=\sqrt{\sum_{k}^{N}\left(w^T H_k w\right)}=\sqrt{w^T\sum_{k}^{N}H_k w}=\sqrt{w^T H_k w} \tag{9-6}$$

式中，$w=\left(w_1,w_2,\cdots,w_n\right)^T$，$H=\sum_{k=1}^{N}H_k$ 为 $M\times N$ 阶对称矩阵，而 $H=U_k^T U_k$（$k=1,2,\cdots,N$）

$$U_k = \begin{bmatrix} x_{11}(t_k) & \cdots & x_{1n}(t_k) \\ \vdots & \ddots & \vdots \\ x_{n1}(t_k) & \cdots & x_{nn}(t_k) \end{bmatrix} (k = 1,2,\cdots,N) \tag{9-7}$$

最后，优化模型。

权重系数 w 的解转化为在 δ 最大值条件下的 w 最优，可通过规划求解得出。

规划求解模式为

$$\max w^T H_k w$$
$$\text{s.t.} \begin{cases} w^T \\ w > 0 \end{cases} \tag{9-8}$$

通过规划求解，得到 w^T，使得 δ 最大。

主观赋权法采用德尔菲法。德尔菲法，具有如下3个特点：第一，资源利用的充分性。由于吸收不同的专家与预测，充分利用了专家的经验和学识。第二，最终结论的可靠性。由于采用匿名或背靠背的方式，能使每一位专家独立地做出自己的判断，不会受到其他繁杂因素的影响。第三，最终结论的统一性。预测过程必须经过几轮的反馈，使专家的意见逐渐趋同。

德尔菲法的运用大致采取如下流程：

1）组成专家小组。按照课题所需要的知识范围，确定专家。专家人数的多少，可根据预测课题的大小和涉及面的宽窄而定，一般不超过5人。

2）各个专家根据他们所收到的调查问卷，对相应的调查项进行权重赋值。

3）将所有专家填报的表格收集起来，逐轮收集意见并为专家反馈信息是德尔菲法的主要环节，直到每一个专家不再改变自己的意见为止。

4）根据专家提供的权重标准，进行量化处理。

然后根据以上公式对初始矩阵进行正规划和归一化处理，得到一个评价指标的相对权重。

$$c_{ij} = \frac{a_{ij}}{\sum_i^k a_{ij}} \tag{9-9}$$

$$w_i = \frac{\sum_j^k c_{ij}}{1} \tag{9-10}$$

最终获得各个指标的权重，然后可求得其平均值、标准差、置信区间上限和置信区间下限。

$$\overline{w}=\frac{\sum_{i}^{k}w_{ij}}{n} \tag{9-11}$$

标准差 $\delta_j=\sqrt{\frac{1}{n-1}\sum_{i}^{n}\left(w_{ij}-w_j\right)^2}$，其中，$n$ 为专家人数。

最后，对主观赋权法和客观赋权法各取权重 0.5 进行结果叠加，得到最终各个指标的综合权重。

（2）分区指标权重的计算结果

根据以上权重确定方法，最终得到一级指标各分区权重结果，见表 9-5，整体上高压低敏区增长质量（0.282 5）和资源利用（0.353 2）权重设置得相对较高，着重引导提高增长质量与资源利用效率，高压高敏区资源利用和生态环境权重最高，主要引导创新绿色发展优先，低压低敏区主要是生态环境与资源利用权重最高，引导绿色农业发展优先，要降低单位耕地面积农药化肥施用量，减少农业面源污染对环境质量的影响，低压高敏区生态环境（0.415 4）权重最高，引导生态优先发展导向。

表 9-5　一级指标分区权重

一级指标	分区权重			
	高压低敏区	高压高敏区	低压低敏区	低压高敏区
	质量效益优先	创新绿色发展优先	农业发展优先	生态优先
增长质量	0.282 5	0.242 5	0.196 6	0.142 5
资源利用	0.353 2	0.313 2	0.298 9	0.223 2
生态环境	0.255 4	0.310 2	0.303 0	0.415 4
环境治理	0.108 9	0.134 1	0.201 5	0.218 9

同样，运用综合赋值法对二级指标各分区权重进行计算，不同指标不同分区权重各不相同，均有所偏重，体现分区发展导向和差异的精细化。具体结果见表 9-6。

表 9-6　二级指标分区差异化权重计算结果

一级指标	序号	二级指标	计量单位	指标权重/%			
				高压低敏区	高压高敏区	低压低敏区	低压高敏区
增长质量	1	人均 GDP	元/人	6.00	5.10	4.70	3.35
	2	居民人均可支配收入	元/人	5.50	5.00	4.35	2.50
	3	第三产业增加值占 GDP 比重	%	4.20	3.60	3.75	3.95

一级指标	序号	二级指标	计量单位	指标权重/%			
				高压低敏区	高压高敏区	低压低敏区	低压高敏区
增长质量	4	高新技术产业产值占规模以上工业产值	%	5.70	4.70	3.21	2.25
	5	工业利税总额	万元	6.85	5.85	3.65	2.20
资源利用	6	单位 GDP 能源消耗	t/万元	6.05	5.35	4.74	3.72
	7	单位 GDP 二氧化碳	t/万元	5.95	5.35	4.95	3.72
	8	单位 GDP 污染物排放强度	t/万元	6.25	5.50	4.75	3.82
	9	单位 GDP 建设用地面积	m^2/万元	5.95	5.32	4.45	3.72
	10	单位工业增加值用水量	m^3/万元	5.85	5.32	4.55	3.52
	11	单位耕地面积农药化肥施用量	kg/hm^2	5.27	4.48	6.45	3.82
生态环境	12	市级考核断面地表水好于III类水质比例	%	5.44	10.55	6.25	6.50
	13	水生态健康指数水平	—	4.95	5.15	5.45	6.50
	14	生态产品价值	万元	5.15	5.25	7.55	9.50
	15	环境空气质量优良天数比例	%	4.95	4.52	5.2	9.50
	16	公众对生态环境质量满意程度	%	5.05	5.55	5.85	9.50
环境治理	17	受污染耕地安全利用率	%	2.25	2.55	4.05	4.45
	18	城镇污水处理率	%	2.15	2.75	4.05	4.45
	19	农村生活污水治理率	%	2.19	2.75	4.95	4.29
	20	垃圾分类集中处理率	%	2.15	2.55	3.05	4.45
	21	环境污染治理投资占 GDP 比重	%	2.15	2.81	4.05	4.25

9.1.3.4 绿色发展考核评价测算方法

（1）考核内容

1）绿色发展绩效指标考核。

绿色发展绩效指标考核总分 100 分。衔接江苏省、无锡市对宜兴市的绩效评价、考核指标，结合水生态约束分区实际，设置四大类 21 项考核指标，每个指标根据评价结果分为五级，结合权重，按总分 5 分折算成考核成绩计入总分。

2）加减分项。

加减分项总分限加 10 分，限减 10 分。同一事项不重复加分、扣分。

加分项：获得国家生态文明建设示范村镇的，每有一项加 5 分；获得江苏省生态文明建设示范乡镇、村（社区），纳入省级特色小镇创建范围的乡镇每有一项加 2 分；获得其他称号的乡镇、村镇或街道，每有一项加 1 分。

减分项：在镇、园区、街道范围内，发生重大生态环境事件等的，每发生一起扣 1 分；上述事件造成严重社会影响的，每发生一起扣 2 分。对中央或省环保督察“回头看”问题整改不到位的、未完成省级以上年度挂牌督办重点生态环境项目的每发生一起扣 0.5 分（由国家通报的加倍扣分）。宜兴生态环境局负责环保督查、生态环境事件、生态环境项目减分项；此项限减 10 分。

（2）考核方法设定

◆ 绿色发展绩效指标考核

权重设定。按照绿色发展考核指标体系设定，充分体现生态与经济协调绿色发展的总体要求，采用专家打分法设定各项考核指标权重。同时考核状态和发展两个方面的指标，按照状态占 70%、发展占 30%的比例确定。

计分方法。综合指标中，定量指标单个指标得分为：状态指标部分，实绩最高的镇、园区、街道得全分，其余镇、园区、街道按比例得分；指标增幅部分，增幅最高的镇、园区、街道得全分，其余镇、园区、街道按比例得分；定性指标由各责任部门制定相应考核评分办法，对各板块分别评分。

9.1.3.5　考核结果应用

差异化绩效考核能否起到引导和规范领导干部行为的作用，考核结果的运用至关重要。要充分发挥县（市）绩效考核引领高质量发展“指挥棒”、落实主体功能区战略“助推器”的重要作用，完善差异化绩效考核结果反馈和运用机制，提高考核的公信力。

（1）健全绩效考核与干部选拔任用相结合的机制

将差异化绩效考核结果作为各乡镇党政领导班子和领导干部综合考核评价、领导干部选拔任用的重要依据，发挥考核评价在选人用人方面的导向作用，避免绩效考核走过场，切实转变领导干部的政绩观和发展观。

（2）完善绩效考核与奖惩相结合的机制

根据分类考核评价结果，对成绩突出的乡镇和领导干部予以表彰和奖励，对连续三年处于末位的乡镇领导干部给予下调级别工资、不得评为优秀等惩罚，体现考核结果应用的“奖惩并举”。建立重要生态功能区 GEP 绩效考核结果与生态补偿、财政转移支付联动机制，对考评优秀的乡镇加大生态补偿、财政转移支付奖励力度。

（3）建立绩效考核与领导干部自然资源资产离任审计相结合机制

将乡镇差异化绩效考核中生态环境、GEP、资源保护等相关指标作为领导干部自然资源资产离任审计的重要依据，对任期内考核结果多次处于末位或生态文明建设指标得分居后的乡镇党政领导予以重点审计。

9.2 领导干部自然资源资产离任审计制度

9.2.1 我国现行规定解读

2013 年 11 月，党的十八届三中全会通过的《中共中央关于全面深化改革若干重大问题的决定》，对领导干部自然资源资产离任审计作出明确部署。2015 年 4 月，《中共中央 国务院关于加快推进生态文明建设的意见》提出“对领导干部实行自然资源资产和环境责任离任审计”。2015 年 9 月，中共中央、国务院印发的《生态文明体制改革总体方案》明确要求 2017 年出台自然资源资产离任审计规定。2015 年以来，审计署按照中共中央办公厅、国务院办公厅印发的《开展领导干部自然资源资产离任审计试点方案》，边试点、边探索、边总结、边完善，如期于 2017 年 6 月将代拟的《领导干部自然资源资产离任审计规定（试行）》（以下简称《规定》）提交中央深改领导小组会议审议并顺利通过。2017 年 9 月 19 日，中共中央办公厅、国务院办公厅印发该《规定》。

《规定》主要从审计的程序和对象、领导干部应当履行的资产管理和生态环境保护责任、离任审计的重点和主要内容、对被审计领导履行自然资源资产管理和生态环境保护责任情况的评价标准、审计结果运用五大方面对领导干部自然资源资产离任审计进行了明确规定。

9.2.1.1 审计对象

《规定》第二条、第五条、第三十七条明确，各级党政主要领导干部，各级发展改革、国土资源、环境保护、水利、农业、林业、能源、海洋等承担自然资源资产管理和生态环境保护工作部门（单位）的主要领导干部离任时，或任职期间工作需要时，应当接受自然资源资产（离任）审计。

9.2.1.2 审计范围与内容

《规定》第四条明确领导干部在任期内应当对本地区、本部门的土地、水、森林、草原、矿产等的开发利用，大气、水、土壤等的保护和改善，森林、草原、荒漠、河流、湖泊、湿地的保护和恢复履行责任。

《规定》第八条至第十三条明确了审计六大方面的主要内容，即贯彻执行中央生态文明建设方针政策和决策部署情况、遵守自然资源资产管理和生态环境保护法律法规情况、自然资源资产管理和生态环境保护重大决策情况、完成自然资源资产管理和生态环境保护目标情况、履行自然资源资产管理和生态环境保护监督责任情况、组织自然资源资产和生态环境保护相关资金征管用和项目建设运行情况。

9.2.1.3　审计评价

《规定》第十五条明确以自然资源资产负债表，或有关部门管理数据资料反映的自然资源资产实物量和生态环境质量状况变化为基础进行审计，并积极利用现代科技手段加强数据的分析查验。《规定》还明确审计评价应当将定性评价与定量评价相结合，充分考虑影响自然资源资产和环境质量状况的变化因素。对被审计领导干部任职期间自然资源资产管理和生态环境保护情况变化产生的原因进行综合分析，按照好、较好、一般、较差、差 5 个等次客观评价。

9.2.1.4　审计结果运用

《规定》明确有关部门和单位，应当根据干部管理监督工作的相关要求，将审计结果以及整改情况作为考核、任免、奖惩领导干部的重要依据，归入被审计领导干部本人档案。

9.2.2　宜兴市制度现状评估

9.2.2.1　宜兴市领导干部自然资源资产离任审计制度实施情况

宜兴市为更好地发挥领导干部自然资源资产离任审计在加快推进生态文明建设中的积极作用，按照省委、省政府和审计署工作部署及领导干部自然资源资产离任审计工作方案，积极开展相关审计工作。宜兴结合实际情况，围绕国家生态安全总目标，督促领导干部切实履行自然资源资产管理和生态环境保护责任，促进自然资源资产节约集约利用和生态环境保护。2017—2019 年宜兴市审计局多次开展了自然资源资产离任审计工作，2017 年宜兴市审计局试点开展了某镇原党委书记自然资源资产离任审计，2018 年全面开展了某镇和某部门原领导干部的自然资源资产离任审计。

在乡镇干部离任审计试点中，以湖㳇镇最为全面、系统。依据该区域林地资源比较丰富的区位特点及特色农村发展定位，重点聚焦林地资源及具有乡镇特色的农家乐饭店餐饮废水处理，探索运用地理信息系统、google earth、卫片图斑叠加分析等平台和技术方法，初步构建及有效利用了主要评价指标体系图、卫片图斑对比图、污水管网走向图、生态公益林地形图，形成“四张图”模式在全国推广。一是构建共性与个性相结合的主要评价指标体系图。在充分取得市自然资源与规划局、市农业农村局、市生态环境局等部门数据支持的基础上，按照自然资源资产离任审计要求初步建立了乡镇共性指标体系及符合湖㳇镇区位发展特点的个性指标体系图。主要指标涉及土地保护红线、土地利用、污水管网设施建设运行、减排目标完成、空气质量、水质达标等方面，并且对森林覆盖率、林地保有量、生态公益林面积等具有湖㳇特色的个性指标予以重点关注。二是充分利用航片及卫片图斑对比图，实地查勘相关地块。利用国土“一张图”系统技术支持，通过对被审计领导接任时及离任时两个时点航片及执法卫片、监测图斑的对比，查找出地貌特征明显改变的地块，进一步与建设项目审批台账对比分析，并结合现场实地勘查，重点关注农用地、林地保护开发，工业用地合法性、合规性等，关注是否存在违建及不符合生态保护红线保护区规定的项目开发等。三是根据污水主管网走向图，抽查部分企业、饭店污水纳管情况。根据湖汊镇污水主管网走向图、施工进度图，结合存在重污染可能性的印染、化工等工业企业地理位置图，重点关注污水主管网已经覆盖、具备纳管条件，但实际未能纳管的企业，并根据湖汊镇特色农家乐发展特点，选取部分规模较大的农家乐饭店，实地勘查其污水净化处理设施运行情况，重点关注是否存在污水直排、餐饮废水含油量较高对土壤土质的影响等情况。四是尝试将google地图与生态公益林地形图叠加分析。通过叠加分析，对比接任时与离任时林地（生态公益林）面积、位置的变化，结合林地使用项目审批台账，审核占用林地的审批手续是否完整，关注造林指标完成情况，掌握新增造林位置，实地勘查新增造林情况（造林方式），重点关注是否存在占用农用地（耕地、基本农田）等进行造林的情况。

9.2.2.2 制度实施过程中存在问题分析

审计实践中也面临了许多困难，自然资源资产审计需要的自然资源资产价值量、实物量、质量及保护、绩效方面的数据信息类型繁杂，分散在多个职能部门，自然资源总量与质量难以计量，无法统一口径。评价定责难，环境保护政策执行周期长，生态效益显现慢，难以界定是哪届党委、政府取得的成绩，自然资源保护绩效很难有效量化。同时自然资源领域产生问题的原因比较复杂，有人为因素、自然因素、历史因素、现实因素；因此在实际操作中，对于领导干部的责任很难界定，由此也带来了领导干部对自然资源资产离任审计不够重视的情况。

（1）思想认识不到位，审计结果运用作用有限

调研发现，领导干部自然资源资产离任审计，偏重于该地区土地、水、矿产、林业等所有自然资源及生态环境保护问题的全面审计调查，部分事项则没有与领导干部的职能权限，决策、执行、监管等履职情况挂钩，比较类似于资源环境专项审计项目，而没有充分体现领导干部自然资源资产离任审计的特点。少数地区在干部考核评比中对生态文明建设重视不够，生态文明建设方面权重较小、分值过低，审计结果对干部考核、奖罚和选拔任用的影响不大。

（2）自然资源总量与质量难以计量，无法统一口径

一是当前自然资源资产负债表尚未编制完成，对于矿产、森林、水等自然资源资产实物量的增减还无法定量反映。二是审计评价标准虽已在相关规定中明确，但评价办法还需进一步细化，评价指标体系还要进一步探索，评价的公正性、公允性和权威性有待提高。

（3）责任区分界定困难，审计结果权威性受影响

一是自然资源资产和生态环境处于复杂而敏感的系统之中，外部因素对其影响很大。一些自然资源资产开发利用和环境损害问题受气候、地域、季节、外部性及历史原因等因素影响，具有不确定性，领导干部责任难以界定。二是生态环境损害和生态系统的修复周期性较长，而领导干部任期相对较短，对于领导干部损害生态环境应承担的责任难以区分，采取措施修复生态环境应予以肯定的成绩难以体现。

（4）人员力量不足，审计结果质量难以保证

审计人员专业结构失衡，熟悉财政财务和资源环境审计业务，又具备经济责任或自然资源资产审计经验的主审缺乏。审计人员对领导干部自然资源资产离任审计工作的重要性认识不足，对相关内容不熟悉，对审计技术方法缺乏研究，未把领导干部自然资源资产离任审计与其他类型的审计区别开来，还停留在资源环境审计的思维定式中，未能与时俱进。

（5）基础数据获取困难，审计证据不充分

一是部分基础数据陈旧。如森林资源二类调查小图斑多年未更新。审计组所能取得的森林资源图斑数据与目前实际差距较大，利用地理信息技术进行图斑叠加比对核实领导干部任期内林业资源实物量变化的目标无法实现。二是部分基础数据缺乏。自然资源资产的实物量计算困难，资源资产质量方面的数据基本空白，不利于对领导干部进行全面评价。三是部分基础数据生成时间与领导任期不匹配，无法为审计提供数据支持。四是不同行政主管部门数据不一致，审计人员难以判断定性。

9.2.3　基于PSR模型的领导干部自然资源资产离任审计评价体系构建

9.2.3.1　理论基础

（1）概念界定

领导干部。自然资源资产离任审计中所涉及的领导干部，应为县级以上地方各级党委和政府及其有关工作部门以及中央和国家机关有关工作部门中的正职领导干部以及主持工作一年以上的副职领导干部，不包括经济责任审计中所包含的事业单位和人民团体等单位的党政主要领导干部。当然，事业单位和人民团体等单位的党政主要领导干部在一定程度上也负有对当地自然资源资产的责任，可以主动要求对其进行自然资源资产离任审计，审计程序和方式方法同各级党委和政府主要正职领导干部以及主持工作一年以上的副职领导干部。

自然资源资产。1972年，UNEP将在一定时间、地点、条件下产生经济价值且能够提高人类当前和将来福利的自然因素和条件定义为自然资源。《中国大百科全书》将土地资源、水资源、生物资源、气候资源、旅游资源等生产资料和生活资料的来源划归为

自然资源。然而，并非所有的自然资源都是资产。一方面，《企业会计准则》将是否能够给所有者带来收益作为资产的主要特征。因此，只有能够进行明确资产化的产权明晰的并且能够为人类生存和发展提供物质基础和物质财富的自然资源才能称为自然资源资产，这属于自然资源资产的经济价值。将自然资源投入社会的再生产过程中，通过一定的技术经济条件使其产生经济价值并为社会提供服务，由此获得资产收益，完成从自然资源到自然资源资产的过渡。另一方面，部分自然资源资产还具有巨大的非经济价值，即生态价值，主要体现在水、森林、大气等自然资源资产为人类生存提供必要的生活环境基础等方面。自然资源资产以会计中对资产的定义为参考，并结合自然资源的内涵，可将由国家拥有或控制的，能以货币计量或人类生存条件所必需的，在未来一定时期内能够产生经济价值或生态效益并提高人类当前和未来福利的自然资源与环境因素（具体包括土地、水、森林、海洋资源以及矿山生态环境、大气状况等）划为自然资源资产的范畴。

自然资源资产离任审计。对自然资源资产离任审计的理解为对各级党委和政府主要领导干部关于自然资源资产开发、利用、保护、管理及生态环境保护与治理情况的监督、评价活动。离任审计又称任期终结审计，是指审计主体对审计客体离任时其整个任职期间所承担责任履行情况进行的审查、鉴证和总体评价活动。根据审计客体性质划分，可分为对党政领导干部的任期离任审计与国有企业领导人员的任期经济责任审计两种不同类型。其中，前者一般是指审计主体对党政机关等正职领导干部的任期离任审计，对离任领导干部在资金、资源、资产等方面的管理责任以及各方面的绩效所负责任的审查。我国现行的离任审计为“先离任后审计”，这使得离任审计工作存在一定的弊端和漏洞，使得对领导干部的问责追责工作难以得到有效开展，导致审查所发现的问题得不到切实的解决。

（2）理论基础

根据马克思主义经济学的产权理论，自然资源产权应该归国家所有，是一种公共产权。《中华人民共和国宪法》明确规定了自然资源归国家所有和集体所有，这是我国社会主义基本制度的重要组成部分，是实现全体人民根本利益的一项制度保证。按照马克思主义经济学的观点，产权包括所有权以及派生出的占有权、使用权、收益权以及处分权等。就产权视角而言，自然资源国家所有权与一般经济物品的私人产权相比有很大的特殊性，具体表现在产权客体的广泛性和产权主体的相对模糊性。由于国家是一个抽象的、不清晰的集合，权利无法被具体界定到某一个体，因而，要真正行使自然资源的所有权，国家必须将其委托给中央政府；而中央政府无法直接管理如此众多的自然资源，必须再次将其委托给中央政府各部门和地方政府进行管理，而各地方政府同样无法事无巨细地全面控制和管理这些自然资源，他们需要再次寻找代理人，即最终由自然资源管理部门负责具体运营。在这种情况下，国家虽然是自然资源的所有者，但层层的委托代理关系使国家所有的资源转变为地方所有，导致国有资源的产权虚置或弱化，不仅容易带来国有资源收益流失，而且还可能造成部门之间、地区之间的利益之争。各级政府和部门很可能为了眼前的利益（如个人或团体的政绩等）不惜牺牲长远利益，对自然资源进行掠夺性开发，造成资源耗竭和环境破坏，引发公地悲剧。因此，为保障自然资源所有权人的合法权益，有理由、也有必要对自然资源的合法、有效使用予以审查评价，监督权成为自然资源产权的派生权之一。国家审计是国家治理的重要组成部分，与公司治理结构类似，国家治理中同样存在决策、执行与监督相互制衡机制，在所有者、管理者和监督者分离的自然资源管理体制中，审计机关正是作为一种监督机制，接受国家委托，对自然资源管理的决策和执行系统进行监督、检查和评价。环境问题归根结底是人的问题，长期以来，因过分重视经济发展速度，我国各级党政领导干部逐渐形成以牺牲资源、环境为代价，谋取地区经济增长的政治晋升路径依赖。随着受托责任的拓展，越来越多的学者开始从包含环境保护责任更广义的视角理解领导干部经济责任的范围和内容。解决中国的环境问题，资金是前提、技术是基础、制度是保障，实施自然资源资产离任审计，最终目的是改革传统 GDP 主导的绩效考核方式，建立生态环境损害责任终身追究制，通过制度创新推动生态文明建设。

（3）自然资源资产离任审计与经济责任审计及资源环境审计的关系

目前，我国的经济责任审计模式已经相对成熟，但对于自然资源资产离任审计的研究和模式构建才刚刚起步。虽然自然资源资产离任审计是独立于经济责任审计之外的一种新型审计，但在 2014 年印发的《党政主要领导干部和国有企业领导人员经济责任审计规定实施细则》中已将“自然资源资产的开发和保护、生态环境保护以及民生改善情况”列为经济责任审计的审计内容，只是缺乏具体的实施指导，从这个角度上来说，该新型审计属于领导干部经济责任审计的拓展、延伸和细化，二者存在一定的交叉关系。同时，在生态价值方面，由于其涉及生态环境内容，又与资源环境审计存在一定的交叉性。

9.2.3.2　PSR 模型

1979 年，加拿大统计学家 David J. Rapport 和 Tony Friend 率先提出了压力（press）—状态（state）—响应（response）（以下简称 PSR）模型，在 OECD 和 UNEP 进行应用。随后，PSR 模型先后获得包括联合国统计司（UNSD）、联合同可持续发展委员会（UNCSD）、联合国开发计划署（UNDP）以及美国、加拿大、荷兰等国家从事可持续发展研究的官方机构的认可。PSR 模型被各国学者普遍用作水资源、草地资源、能源等以及区域可持续发展的评价工具。PSR 模型的理论基础是研究人类与自然之间的相互关系。其中，状态（S）指标代表特定时间阶段或时间节点的自然资源和生态环境现状，反映生态系统和自然环境的状况，回答“发生了什么”的问题；压力（P）指标代表人类的经济社会活动对自然资源和生态环境所造成的影响，例如，工业生产排放的污染物、废弃物对自然环境的破坏等，回答“为什么发生”的问题；响应（R）指标代表人类社会将采取哪些补救措施来减轻、修复和预防其对自然资源和生态环境产生负面影响的各种努力，回答“我们将如何做”的问题。

PSR 模型建立在人类活动对环境施加压力并影响自然资源的质量以及数量的基本认识上，突出了压力、状态和响应指标之间的联系与循环，可反映自然资源资产情况与领导干部职责履行之间的相互影响关系，并且帮助决策者和公众意识到环境和其他问题是相互关联的。PSR 模型在研究自然资源指标时，不单单研究该指标目前的状态，而且还要找出能测量该指标目前状态的根源，以及人们对该指标目前状态的客观对策相关的指标。PSR 模型以其全面、量化的特点能够有效解决由于自然资源种类、数量多，空间分布不均衡等实际情况引起的审计评价困难的问题；而且可以动态地、系统地研究资源环境与可持续发展问题，并且把可持续发展的测度与可持续发展行动方案有机地联系在一起。

9.2.3.3 框架体系

根据马克思主义产权理论和现代审计理论，监督权是自然资源所有权的派生权，在监督权的行使过程中，审计机关通过接受委托开展自然资源资产离任审计，考察领导干部任职期初、任职期末自然资源开发保护响应指标（R）的落实情况、压力指标（P）的削减情况以及状态指标（S）的改善情况，客观反映领导干部在任期内是否贯彻科学发展观和自然资源保护的长远规划，是否对自然资源进行合理、合法、有效、有偿的占有和使用，判断其生态政绩，进而客观评价领导干部公共受托责任的履行情况。

9.2.4 基于 PSR 模型的自然资源资产离任审计评价指标体系

9.2.4.1 指标体系构建原则

科学全面性原则。各地方自然资源资产种类众多，因此领导干部自然资源资产离任审计的内容也各不相同，要求在构建评价指标体系中，要尊重经济规律以及各区域生态环境因素，选取科学全面的评价指标，对地方领导干部的履职情况进行合理评价。

客观可靠性原则。地方领导干部自然资源资产离任审计评价指标体系应易于理解使用，所得出的结论应能够在整体上对被审计对象做出客观公正的评价。审计评价指标包括定量和定性指标，定量指标可以克服地区、行业差异，定性指标应运行科学合理方法，起到较为有效的客观量化作用。

成本效益性原则。在制定审计评价指标体系时要考虑审计成本和审计效益，要求评价指标体系不能过于简单或过于复杂。评价指标体系若过于复杂，会大幅增加审计成本，评价指标体系若过于简单，将无法对领导干部进行客观全面的评价。因此应选择与目标高度相关的关键指标进行评价。

动态变化性原则。自然资源资产的数量、质量、效益都是动态发展的，为了反映这一动态的过程，在指标体系的选择上应采用因时制宜的动态发展模式。由于各个地区的情况不同，指标的设计应以当地实际考核目标做评价标准。

9.2.4.2 指标体系构建

初始指标构建。领导干部自然资源资产离任审计指标体系的设计，应当依照国家法律、法规，领导干部担任的职责和对领导干部监督的需要进行设定，本研究根据上述指标体系构建原则，结合宜兴市特点，在国家发展改革委发布的《绿色发展指标体系》、《生态文明建设考核目标体系》、试点地区已建立的离任审计指标体系以及国内学者相关研究成果的基础上，结合 PSR 模型特点，从压力（社会经济压力和资源环境压力）、状态（自然资源状态、生态环境状态）、响应（资金响应、环保响应、政策响应）等方面建立初始指标体系。

指标重要性筛选。一般而言，指标体系涵盖指标量越多，其评价范围越全面，但指标过多堆积也会使评价结果与真实情况相悖。指标的选取不仅要具有全面性，而且要具有可信性和有效性。因此就需要对构建的初始指标体系进行筛选。本研究运用专家调查法对指标体系的重要性进行筛选，并设置底线指标，强化生态环境保护底线工作考核。

设计指标体系重要性调查问卷，采用李克特量表打分法，专家根据其经验对各指标重要性进行打分。其中，“1”代表非常不重要，“2”代表不重要，“3”代表一般，“4”代表重要，“5”代表非常重要。另外，专家根据其经验对底线指标进行判断，认为某指标可设置为底线指标的在其后打“√”。

指标权重确定。指标体系建立后，选择适合的方法衡量各个指标相对于总体目标的重要程度就成了主要内容。确定权重是指对该指标重要程度的定量分配，主要方法可以分为两类：主观赋值法和客观赋值法。其中，主观赋值法又包括经验加权（定性加权）和数学加权（定量加权）。前者是由专家评估，直接给出相应结果，如评委投票表决法、德尔菲法等；后者是在经验的基础上，运用数学方法间接得到权重，相对来说具有较强的科学性，如层次分析法，该方法对各个指标的分析更具逻辑性，再加上数学方法的使用，使其对权重的确定可行度更大，因而应用更加广泛。客观赋值法主要有主成分分析法、熵权法、变异系数法等。客观赋值法相对于主观赋值法有客观、稳定的特点，但是需要大量的数据资料作支持，由于有些自然资源资产离任审计相关数据公开度较低，数据收集相对困难且对数据的处理也相对复杂，审计效率低和成本不经济，因此客观赋值法的实用性较小[102]。指标体系往往由定量指标或定性指标组成，以及定量指标和定性指标相结合组成，而指标间量纲和方向会有所差异，为了更客观地对指标数据进行模糊评价，因此需要对指标体系中各指标的原始数据进行处理。

自然资源资产离任审计指标体系中，自然资源资产离任审计综合评价是总目标层；

“压力”“状态”“响应”为准则层；“压力”准则层下分别设立了社会经济压力、资源环境压力两个要素指标，“状态”准则层下分别设立了自然资源状态、生态环境状态两个要素指标，“响应”准则层下分别设立了资金响应、环保响应、政策响应三个要素指标；最后，在每个要素指标下又设立了若干具体指标。

本研究在综合分析上述几种权重确定方法基础上，采用主观赋值法和客观赋值法相结合的方式确定自然资源资产离任审计指标体系中各指标的权重。首先，由专家确定准则层中“压力”“状态”“响应”的权重；其次，根据指标中各指标的排序，采用层次分析法获得各指标的权重；最后，根据计算所得权重，对结果进行分析决策，确定指标层级中各个元素相对于总目标的重要程度，在实际运用中，这将有助于审计人员在工作中有重点、有方向、有主次地搜集取证。

最终，本研究建立如表 9-7 所示的指标体系，共包括 30 个具体指标，并设定 5 个底线指标。一旦底线指标未完成，取消被审计领导干部参与当年表彰奖励资格，并由市纪委监委和市委组织部调查处理。

表 9-7　基于压力-状态-响应模型的领导干部自然资源资产离任审计评价指标体系

目标层	准则层	要素层	指标层	底线指标	排序	权重
领导干部自然资源资产离任审计综合评价（100）	压力（20）	社会经济压力（10.56）	单位 GDP 能耗	×	5	2.22
			万元 GDP 用水量	×	4	2.78
			单位 GDP 二氧化碳排放量	×	3	3.33
			人均 GDP	×	8	0.56
			单位 GDP 建设用地面积	×	6	1.67
		资源环境压力（9.44）	单位耕地面积农药化肥施用量	×	7	1.11
			工业废水排放量	×	1	4.44
			工业废气排放量	×	2	3.89
	状态（50）	自然资源状态（17.42）	森林覆盖率	×	10	1.52
			耕地保有量指标完成率	√	3	6.82
			基本农田保有量指标完成率	×	7	3.79
			林地保有量指标完成率	×	8	3.03
			湿地保有量指标完成率	×	9	2.27
		生态环境状态（32.58）	地表水好于III类水质比例	×	4	6.06
			地表水劣V类水体比例	×	5	5.30
			环境空气质量优良天数	×	6	4.55
			生态保护红线区域占辖区面积的比例	√	2	7.58
			重大环境污染事件	√	1	8.33
			公众对生态环境质量满意程度	×	11	0.76

目标层	准则层	要素层	指标层	底线指标	排序	权重
领导干部自然资源资产离任审计综合评价（100）	响应（30）	资金响应（5.91）	环保投资占 GDP 比例	√	2	4.55
			专项资金利用增长率	×	9	1.36
		环保响应（7.27）	受污染耕地安全利用率	×	10	0.91
			生活垃圾无害化处理率	×	11	0.45
			城镇污水处理率	×	5	3.18
			农村生活污水治理率	×	6	2.73
		政策响应（16.82）	土地资源监管情况	×	7	2.27
			林木资源监管情况	×	8	1.82
			水资源监管情况	×	4	3.64
			国家、省市决策部署落实情况	×	3	4.09
			以前年度审计发现问题整改率	√	1	5.00

9.2.4.3　指标评价方法

综合评价方法有很多，主要可分为两大类：主观赋权评价法和客观赋权评价法。主观赋权评价法包括层次分析法、模糊综合评价法等，这种方法多采用定性的方法，利用专家的经验对评价对象进行主观判断，经过计算分析得到指标权重结果；后者权重的确定则是根据指标间的关系或各指标变异系数，如数据包络分析法等。由于自然资源资产离任审计涉及的学科众多，具有较强的专业性和灵活性，以及指标体系中既包含定性指标又包含定量指标，采用单一的评价方法进行评价可能会影响评价结果的准确度。综合评价是一个复杂的过程，其结果受到指标结构、评价方法的选择、评价主体和对象等因素的影响，若仅用单一的方法对某一问题进行评价，往往得不到科学、合理的结果。为了降低使用单一评价方法所造成的评价结果偏差，可以对评价方法两两集成，来一同解决综合评价问题。由于综合评价是分几个阶段进行计算分析，在各个阶段都比较科学、合理的情况下才能保证最终的评价结果能够真实反映评价目标。

层次分析法将定性和定量指标有效结合，保证了评价系统的合理性，也使得决策人员能充分发挥其经验和判断能力，且其结构简单、计算简便的特点，使得在解决综合评价问题上有着广泛的应用。模糊综合评价法模型简单，对于不能准确描述的指标能够很好地进行量化，对多层次、多指标的复杂问题能够得到较好的结果。层次分析法与模糊综合评价法相结合，主要体现在将指标体系分成递阶的层次结构，运用层次分析法来确定各个指标的权重，而后用模糊综合评价法进行评价，最后综合得出总体的评价结果。因此，本书在综合各种评价指标的特点的基础上，选择将层次分析法和模糊综合评价法相结合的方法对自然资源资产离任审计指标体系做出分析评价[102]。

模糊综合评价是在模糊数学的基础上，对实际问题进行综合评价的方法。它将一些不易描述的指标进行量化，对各个指标隶属程度进行判断，最后进行综合评价，解决评价定责难、无法统一到可比较的价值量上的问题。构建具有底线指标的指标体系，引入调节系数对领导干部离任审计综合评价结果进行修正，一旦某一底线指标未完成，则无论其他方面表现如何，离任审计结果都为零，取消被审计领导干部参与当年表彰奖励资格，并交由市纪委监委和市委组织部调查处理。据此，本研究得到如表 9-8 所示的领导干部履职情况综合评价结果。

表 9-8 领导干部履职情况综合评价结果

综合得分分值	评价等级	参考评价
[90，100]	好	地方领导干部在任职期间很好履行了有关自然资源资产的管理及生态环境的保护责任
[80，90）	较好	地方领导干部在任职期间较好履行了有关自然资源资产的管理及生态环境的保护责任
[70，80）	一般	地方领导干部在任职期间基本履行了有关自然资源资产的管理及生态环境的保护责任
[60，70）	较差	地方领导干部在任职期间未能履行有关自然资源资产的管理及生态环境的保护责任
＜60	差	地方领导干部在任职期间未能履行有关自然资源资产的管理及生态环境的保护责任，或未完成底线指标

9.2.5 宜兴市领导干部自然资源资产离任审计要素

《2008—2012 年审计署工作发展规划》中将审计划分为企业审计、金融审计、财政审计、资源环境审计、经济责任审计以及涉外审计六种类型。自然资源资产离任审计应属于经济责任审计与资源环境审计的交叉和延伸，因此，可以依据经济责任审计与资源环境审计中已获得的一些经验对自然资源资产离任审计进行探索。将自然资源资产离任审计的要素确定为目标、范围、内容、主体、客体、组织方式和方法、评价、责任界定和报告、结果运用（图 9-5）。

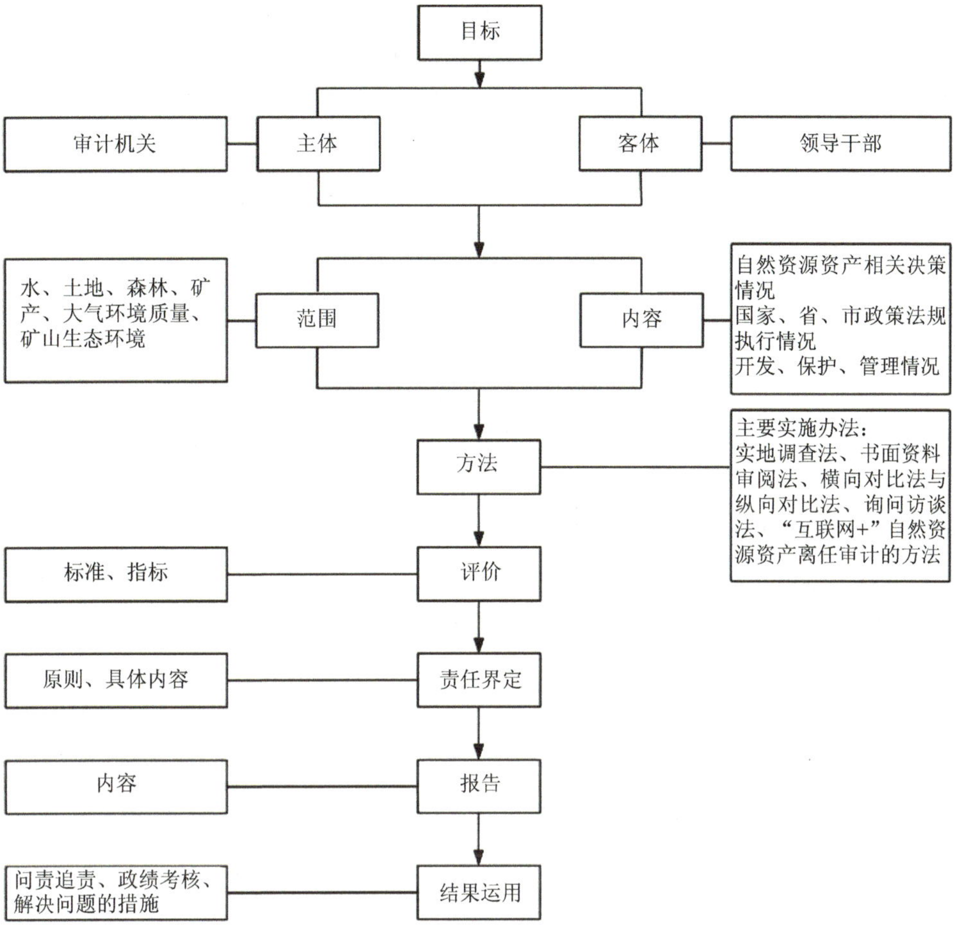

图 9-5　自然资源资产离任审计框架体系

9.2.5.1　审计目标

主要从出具的审计报告和所发表审计意见应起到的作用角度对审计目标进行分析，并提出实施自然资源资产离任审计所应达到的目标，分总体目标与具体目标进行探讨。其中，总体目标是通过考察领导干部任职期内所辖区域的经济、社会、文化等方面的发展与资源、环境保护之间的协调工作是否到位，以规范的制度来提高领导干部对资源环境保护的重视程度，促进转变唯 GDP 的传统政绩观。在此基础上建立生态环境损害责任终身追究制，以此来加快推进生态文明建设，最终实现改善我国目前的资源生态环境状况的目标。

9.2.5.2　审计主体与客体

在审计活动中主动实施审计行为并且行使审计监督权的审计机构及其审计人员被称为审计主体，通常是指在审计关系中接受审计授权人（或委托人）的授权（委托）的审计人。自然资源资产离任审计是一项政策性很强的工作，市审计机关理所当然地应接受委托，成为该项审计的主要执行者。但是由于宜兴市自然资源资产涉及土地、矿产、森林、水及大气状况等不同自然领域，分别由不同的政府职能部门各自进行管理，因此，开展自然资源资产离任审计应当以市审计机关为主体，内部审计机构、社会中介组织及社会公众可作为监督者参与自然资源资产离任审计并以水利、自然资源与规划、住建、生态环境、农业农村等相关部门为辅助。这样，多方面力量分工配合，协同努力，可以解决因涉及多领域专业知识而导致的审计力量不足等问题，照顾到点和面，较好地完成自然资源资产离任审计任务。

自然资源资产离任审计的客体为宜兴市各级党委和政府及其有关工作部门中的正职领导干部与主持工作一年以上的副职领导干部，不包括经济责任审计中所包含的事业单位和人民团体等单位的党政主要领导干部。

9.2.5.3 审计范围与内容

自然资源资产离任审计的范围划定为水资源、土地资源、森林资源、矿产、大气环境质量、矿山生态环境。内容应包括两个大的方面：一是领导干部对国家、省、市有关各项自然资源资产的政策、规范执行方面的责任，包括开发与使用政策的执行情况以及对于减少本地区与自然资源资产相关的违法行为的责任；二是领导干部对其所辖区域有关各项自然资源资产的开发、使用、保护与管理和资源环境状况等的保护与治理情况。对所涉及审计范围中不同资源应分类确定具体审计内容，针对各类自然资源开展具体审计。

9.2.5.4 审计组织方式与方法

领导干部自然资源资产离任审计工作程序如图 9-6 所示。主要分为以下 7 个程序：①每年年初，由领导干部自然资源资产离任审计领导小组办公室负责制订年度审计计划；②领导小组办公室根据审计计划发起审计任务和进行审计工作部门分工；③各自然资源主管部门和协调性指标相关部门收集并整理审计基础数据和资料，提交给第三方机构进行技术分析；④审计局分析审计基础数据与资料后汇总；⑤审计局编制审计报告和审计结果报告；⑥市委组织部和其他责任单位对审计结果进行应用；⑦市委、市政府定期公布审计结果和审计结果应用情况。[103]

领导干部自然资源资产离任审计工作是一项系统的、多部门协调配合的工作，因此，为保证其顺利开展，建议对各部门的分工如下。

1）领导干部自然资源资产离任审计联席会议办公室主要负责制定全市年度领导干部自然资源资产离任审计工作任务和发起对某一被审计人的审计工作。

2）市委组织部主要负责审计结果在领导干部任用方面的应用。

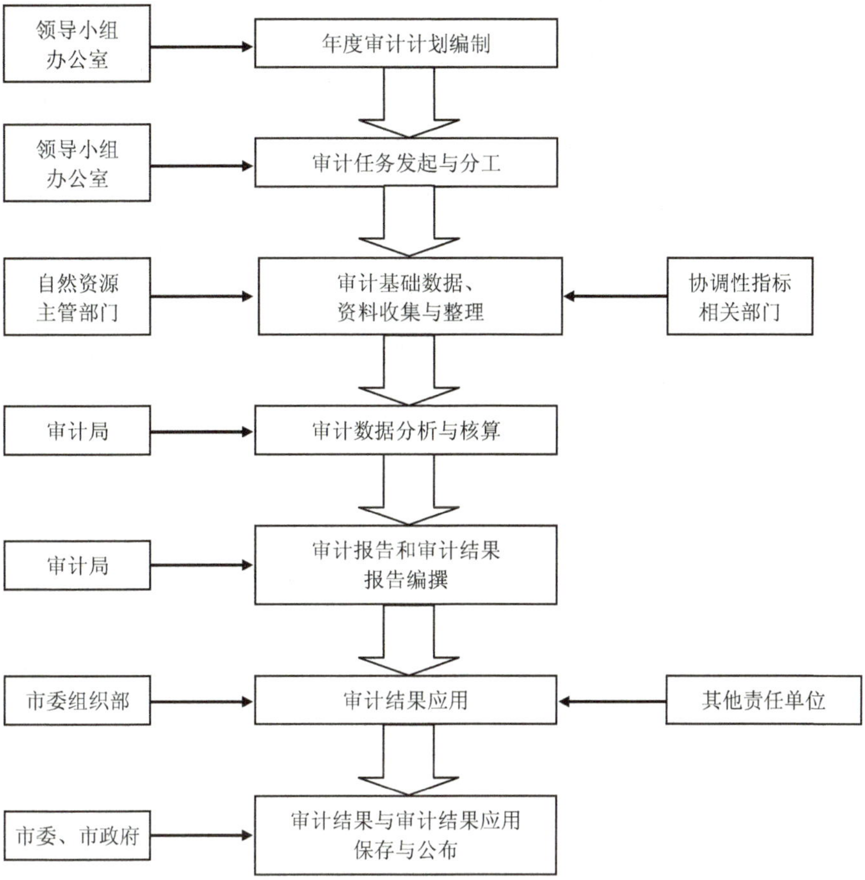

图 9-6　领导干部自然资源资产离任审计工作程序

3）审计局主要负责汇总各部门提供的审计指标核算结果与自然资源资产管理效果评估结果，编制审计报告和审计结果报告。

4）各资源主管部门主要包括市自然资源和规划局、市生态环境局、市水利局、市农业农村局、市文体广电和旅游局等，主要负责建立其主管自然资源资产相关审计指标核算台账制度、提供审计指标数据和管理效果评估结果。

5）其他部门主要包括市发展和改革委员会、市工业和信息化局、市住房和城乡建设局等，主要负责提供其主管业务相关的审计指标核算台账制度、提供审计指标数据。

9.2.5.5　责任界定

该项审计的责任界定应围绕宜兴市各级党委和政府及其有关工作部门中的正职领导干部与主持工作一年以上的副职领导干部对其所辖区域的土地、水、森林资源等自然资源资产的开发、利用、保护与管理情况，矿山生态环境、大气状况等的保护与治理情况，国家、省、市有关自然资源资产开发与使用政策的贯彻落实情况以及与上述自然资源资产和生态环境状况有关的项目的资金筹集与使用的合规性方面所应承担的责任展开。责任界定分以下 5 种主要情况：[103]

1）任期责任与前任责任。任期责任与前任责任的划分，在审计中关键是要对自然资源资产初期存量、管理对策、相关重点工程、项目实施等进行分析，对于前任留下的历史问题，需要以谨慎认真的态度，实事求是地分析评价，以界定前任和现任双方的责任。对于一些由于前任在任期间实施的自然资源资产管理对策或工程，出现不良后果的，要分析前任领导干部重大决策及其管理失误对后任领导干部所带来的影响，此类情况应界定为属于前任领导的决策不善的责任。如果后任领导能控制局面，缓解甚至消除不良影响，则不仅不是后任领导干部的“过错”责任，而且应是其履行区域自然资源资产管理有功的例证。

2）直接责任与间接责任。政府部门主要领导对本部门管理工作负责，对其自然资源资产管理工作、管理工作对自然资源资产的影响负全面责任。不过，这并不意味着这个部门的所有自然资源资产都由领导干部一人承担。按自然资源资产管理分工原则，部门领导人员对其直接分工负责工作承担直接责任，对其他领导成员分工的工作只负间接责任或管理责任，对未经其审批的各个职能部门负责的日常经营管理过程中发生的问题，由当事人负直接责任，被审计领导干部负间接责任。如果领导干部直接指示或授意下属从事违法违纪活动，领导干部负直接责任；如果属于下属违背领导指示办理或打着领导干部旗号“偷梁换柱”造成不良后果的，领导干部应承担管理不严的领导责任，而非直接责任。

3）主观责任与客观责任。主观责任是指由于领导干部以权谋私、滥用职权、玩忽职守等主观故意给组织和社会造成损害的行为。而由于不可抗拒的外在因素或不可预料的随机因素造成的不良后果或其他问题为客观责任。在审计的过程中，主观责任和客观责任的区分存在一定困难。一般遵循以下原则进行判断：如领导干部已经遵循正常的决策程序、存在环境变化造成的不可抗拒的客观因素或事先不可预计的变故而造成领导干部决策失误的，认为属于客观责任，否则认为属于主观责任。

4）主要领导责任与重要领导责任。主要领导责任和重要领导责任的判断主要从被审计领导干部直接主管工作的范围来界定。对领导干部直接主管的工作，由于不负责任、不履行或不正确履行职责，应追究该领导干部的主要领导责任；对协助他人分管的工作或参与决策的工作，由于不履行或不正确履行职责，应追究该领导干部的重要领导责任。

5）集体责任与个人责任。由于当前我国政府部门大多实行行政首长负责制，党政机关主要负责人在决策和管理中掌握着决定权和控制权，负有主要责任。因此，党政机关领导班子集体研究决定的事项出现重大问题，追究集体责任的同时还应追究领导干部班子正职的责任。

9.2.5.6　结果应用

自然资源资产离任审计结果的运用应从实施该项审计的目标出发，以该项审计的客体为审计结果的主要运用对象。将该项审计的结果和经济责任审计结果相结合，作为领导干部考核、任免、奖惩的依据，并由上一级党委组织部门及纪检部门做出决定。审计结果运用流程可分为审计结果的公示，针对审计结果对离任领导干部的问责、奖励与追责，对审计发现问题负责与进行整改几个部分，具体运用流程如图 9-7 所示。

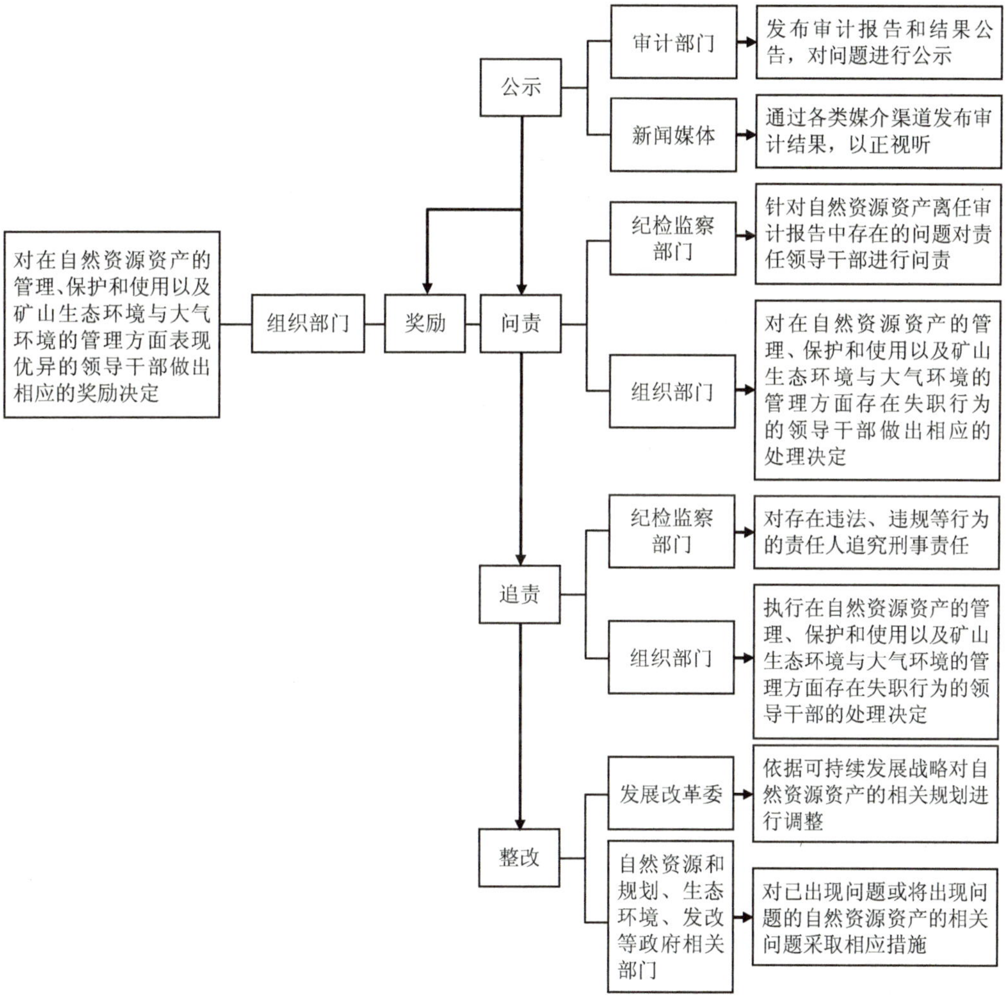

图 9-7　自然资源资产离任审计结果运用

9.3　党政干部生态环境损害责任追究制度

我国自改革开放以来经济持续高速增长，在带来快速工业化和城镇化发展的同时，也引发了环境污染与资源破坏等日益突出的生态环境问题。生态环境问题的产生具有多方成因，包括但不限于历史、政治、经济、文化、科学技术等方面。政府环境失灵是其中重要甚至主要的原因。党政领导干部作为政府代表在生态环境决策的失灵中起着主导者的作用[104]。党政领导干部生态损害责任追究，是生态损害责任追究机制的重要内容。党政领导干部生态损害责任追究是指在管辖的行政区划内，对党政领导干部所进行的生态绩效管理；是在生态政绩管理的过程中，党和政府对生态环境和自然资源保护总体责任和主要责任进行明确的界定与划分，并规定在管辖范围内一旦发生生态环境及其资源的损害，如违背生态文明建设决策部署、环境污染、生态破坏等情形时，对各级党政领导干部队伍所开展的一系列生态损害责任追究及管理。对党政领导干部进行依法依规的生态损害责任追究，是“权利、责任与问责”三者关系的进一步均衡与体现，是党政领导干部在法律上、政治上、民主上以及道义上所必须承担的以公权力维护公共利益的相关责任。具体表现为，党政领导干部在生态环境保护领域内权责一致、职权相当。在我国建设生态文明的大背景下，强化对各级官员的生态问责，可以更好地将生态环保责任嵌入党委、行政系统内部，避免一些生态环境破坏行为无人负责的状态产生，更好地发挥内部控制机制的作用。这既是“蓝天绿水保卫战”的必要保障，也是责任政府建设的内在要求。

9.3.1 党政领导干部生态损害责任追究的理论基础

9.3.1.1 生态文明理论

生态文明理论是中国特色社会主义理论体系的重要内容，是党和国家为深化生态文明建设而提出的重要指导思想。党的十七大报告首次提出“生态文明”这一概念。进一步地，党的十八大报告又将生态文明建设纳入社会主义现代化、“五位一体”的总体布局中，将其提升到一个新的战略高度。将生态文明建设视为人类与自然生态环境和谐共处而取得的物质、精神以及制度成果三者的总和，并明确提出加快建立生态文明制度，促使环境友好与资源节约“两型”社会建设全面推进，以推进人与自然的共同发展。

生态文明理论的要旨在于三重生态观，即自然生态、类生态以及内生态这三大内容体系。“自然生态观”以自然为中心，要求人类尊重自然发展规律，维持生态平衡，并促使现有的自然生态环境得到良好改善。“类生态观”由类生态学衍生而来，核心内容在于人类与自然协调发展，要求辩证地看待人类与环境的关系。“内生态观”将人类与自然视为一个生态系统，并认为在这个生态系统内，物质在不断循环、能量在不断变化，人类与自然之间往往相互制约、相互影响。

生态文明理论的三重生态观，构成了当代人类生存、发展的重要图景。人类历史发展和文明进步已经进入了一个全新的时代，生态文明承载了人类发展与自然生态和谐共处的美好愿望。党政领导干部生态损害责任追究机制优化研究，是在生态文明建设的大背景下，以生态文明理论为基础，借助于政府的生态绩效管理过程，将生态文明建设与政府绩效管理有效结合，是从我国基本国情出发，走可持续发展道路和建设美丽中国的必由之路。

9.3.1.2　环境治理理论

"善治"，从字面意思上理解，是指"良好的政府""妥善的治理"。就本质上而言，则是指能促使公共利益最大化，并能保持这种最大化持续下去的有效社会管理过程。"善治"可归结为一种"以人为本"的理念倡导，即以人民利益为根本出发点，逐步实现公共利益最大化。"善治"也可归结为一种"公民价值体现，彰显社会自治的要求和能力"。

环境治理理论的目标，便在于寻求生态环保与经济增长的协调发展，以迈向"善治"。"善治"的基本特性如合法性、有效性、公正性、透明性、法治性、回应性及参与性等，要求政府必须推行问责新政。要求政府在公共管理过程中，落实公民参与机制，积极培育第三部门并提升其政治参与能力，最终促进我国民主社会的培育与不断发展。同时，也要求政府在生态绩效管理过程中，始终保持政府与公众的良性互动、相互依存及合作共赢关系，实现"创新、协调、绿色、开放、共享"的协同共存发展，维护自然生态，切实保障公众的生存和发展权益。推行生态损害责任追究机制，是我国在环境治理理论的指导下，不断促成"善治"的必要之举。

9.3.1.3　委托—代理理论

20 世纪 30 年代，在现代公司制下，企业所有权和经营权相分离的企业内部管理和激励机制的变革研究中，美国经济学家伯利（Berle）和米恩斯（Means）共同提出了委托—代理理论（Principal-agent Theory）。随后，人们发现，除了现代公司治理能适用"委托—代理理论"的逻辑起点外，代理问题亦适用于包括公共组织在内的任何具有科层结构的组织中。

政府与公众间的关系就属于一种典型的委托—代理关系。政府作为一种典型的具有等级森严、上令下达、层级管理特质的科层组织，通过代议制选举产生的政府及其主要部门的领导人，以为公共利益服务为基本职责，其职责的履行成为政府与公众间委托—代理关系存续的关键。党政领导干部作为政府的"政权代理人"，是政府与公众间的委托—代理关系的直接执行者。因而，在生态绩效管理的过程中，为了落实政府对公众的代理职责，党政领导干部与公众的沟通交流，应该建立在平等地位的基础之上。党政领导干部应切实维护公众的自然生态环境权益，并力求公众生态权益最大化，最终实现公众的公共权益最大化。在生态环境因人为主观因素造成破坏，或地方官员自然生态保护不作为、作为不佳、乱作为等情况下，落实党政领导干部生态损害责任追究，加快问责进程并加大问责力度，是建立有效政府、责任政府，以及探索构建环境损害责任追究制度的必要之举，更是有效维持政府与公众间这种委托—代理关系稳定的根本举措[105]。

9.3.2 党政领导干部生态损害责任追究的发展历程和现状分析

9.3.2.1 机制不断完善

长期以来，我国地方基层政府单纯依靠以 GDP 增长创造税收来推动地方发展，由此导致了基层政府片面追求 GDP 增长的势头，“唯 GDP 主义”盛行。这种发展观念导致地方生态环境每况愈下，引起了党和国家对地方生态环境的高度重视。2005 年，国务院提出将生态环境保护责任作为政府的重要职责，加强了对生态环保的重视。2006 年 2 月，《环境保护违法违纪行为处分暂行规定》（以下简称《暂行规定》）问世，这一规定意味着我国生态损害责任追究制的正式起步。但是《暂行规定》对党政领导干部的生态损害责任追究并不具备巨大威慑性，生态损害责任追究机制建设程度并不高。进入经济发展新常态后，为满足人民群众渴望良好生态环境的需求，党和政府关于生态环境损害责任追究制度的探索从未间断。2015 年，中共中央办公厅、国务院办公厅颁布《党政领导干部生态环境损害责任追究办法（试行）》（以下简称《办法》）。《办法》的出台，对“党政同责、终身追究、一岗双责”等，予以了明确的规范和制度化，明确强调县以上各级党政领导干部，对本行政区域内的生态环境负有保护职责；并为基层政府因地制宜，制定出台具体的实施细则或具体办法，进一步明确责任主体、问责范围、细化追责情况等，提供了制度前提。

《办法》是党和政府第一次对党政领导干部生态环境损害责任进行追究作出的制度性安排，体现了党和政府建设生态文明社会的决心。这也意味着我国生态文明建设正式进入了实质问责、追责阶段。党和政府对党政领导干部生态损害责任追究的高度重视，为党政领导干部在生态环保领域是否正确履职用权悬挂了一把制度利剑，为衡量党政领导干部是否为民造福设置了一条不可逾越的生态保护红线、责任红线，也为贯彻落实“有权必有责”“用权受监督”“违法违规必追究”等政策，提供了必要的制度保障。

9.3.2.2 适用范围和对象不断拓展

回顾我国党政领导干部生态损害责任追究机制的实践发展，大致可以总结出这样一种规律：首先，是从注重追究重大生态破坏事故的责任，到追究所有生态环境污染、自然资源损害违法违纪行为的责任；其次，是从单纯追究生态环保违法违纪行为的责任，到追究地方党委和政府生态环保的相关决策、监管与执行有失的联动责任；最后，是从对生态环保损害个案的个体问责，到贯彻落实党政领导干部生态环境损害责任追究制度的完善建设。由此，可以发现，我国生态损害责任追究的范围不断得到延伸，问责对象不断拓展。

过去，针对党政领导干部的生态环境与自然资源的破坏行为，国家不乏种种法律规定。例如，《中华人民共和国环境保护法》（2014 年修订）就规定，对生态环境损害事件和行为直接负责的主管官员和其他直接责任官员进行追责。但是，所有这类规定一般都无法追究到地方党委和政府主要领导，尤其是党委书记、市县级政府“一把手”等党政领导干部的责任。而《办法》的出台，便已不再局限于追究主管领导的直接责任，更是要追究其监管责任，尤其是加强了对党政领导干部“一把手”的责任追究。这种刚性、明确的责任追究机制的约束力，超过了某些宽泛的法条规定，实际应用价值也更为明显。

《办法》对党政领导干部生态损害责任追究的范围和对象做出了明确的规定，规定生态环境损害责任追究实行“党政同责”“终身追责”。《办法》共 19 条，主要规定了适用对象与范围、损害责任追究原则、4 种领导干部类型下的 25 种追责情形、损害责任追究主要方式和程序以及责任追究结果运用等。对党政领导干部生态环境损害责任追究主体、对象、范围、程序、方式、后果等重要内容进行了较系统和完善的规定，填补了党政领导干部在生态环境责任追究领域的很多空白，消除了很多责任追究的盲区和模糊地带。其中的一大亮点，便是将基层地方党委与政府主要领导，一并加入了生态损害责任追究的范围之内，并着重细化了地方党委和政府主要领导成员在生态环境与自然资源保护方面的“责任清单”。以前，因为缺乏明确的法律法规规定，某地区发生重大生态环境污染、资源损害事故时，往往只是追究部分政府相关领导人的责任，无法追究到党委领导这一层的责任。实际上，在地方经济发展问题上，真正有决策权力的往往是地方党委，地方政府只不过是权力机构（党委）的具体执行机构，片面追究地方政府相关领导的责任，只能导致真正的决策者逃避了其应该承担的责任。实行“党政同责”，打破了生态环境责任追究的权责不对称，防止了责任转嫁、滑落，避免了“决策者免责、执行者负责”的不良现象，实现了追责对象的全覆盖。

9.3.2.3　意识不断增强

过去，我们对重大生态环境破坏和自然资源损害等事故的处理，一般是对政府直接责任人或直接领导者进行相对较轻的“党纪政纪”处罚。甚至一些地方出现生态环境破坏重大事故后，基层政府领导不但不严肃查处，反而官官相护，姑息迁就违法违纪官员。

随着《办法》等文件的出台、实施，党政领导干部对地方生态环境保护具有重要的监管责任。生态损害责任追究机制的不断创新，问责对象与范围的不断扩展，潜移默化地影响了党政领导干部的生态环保意识，迫使党政领导干部必须实行好自己的生态环保权力，并履行好自己的生态环保职责。强化生态环保责任意识、公仆意识和全局意识，对党政领导干部牢固树立注重环保的政绩观，起到了重要的规范作用。

9.3.3　制度落实过程中存在的问题

《办法》为我国党政领导干部生态损害责任追究提供了一项制度规范，不过这仅仅意味着我国生态损害责任追究历程的开始，党政领导干部生态损害的问责在实施过程中仍存在诸多问题，主要表现在以下 4 个方面：

9.3.3.1 问责程序难以启动，仍待改进

“党政同责”追责起来相对复杂。它涉及许多党组织、行政、司法和其他问责程序。根据法规和实施要求，党的程序和法定程序是必需的。“党政同责”的问责权力属于党和政府组织，同时也可能导致程序性叠加的存在或程序性断开的可能性，导致案件责任不准确甚至浪费问责机构的资源。

9.3.3.2 环境问责主体单一

环境问责主体是指在环境监管过程中有环境监管权限的组织和个人。《办法》第十一条明文规定，对党政领导干部生态损害行为实施的问责，须由各级负有生态环保监管职责的政府职能部门实施调查，随后，由其将相关调查材料交由纪检监察机关或者组织人事部门接管。这就相当于让负责生态环境保护的政府部门来判断是否有党政领导干部应该被追责，让权力小的部门来启动对权力大的领导干部的追责，或者说让政府下级来追责政府上级。这种“同体问责”的生态问责机制，会在一定程度上约束着“党政同责”的落实，也会导致党政领导干部生态损害责任追究的有效性不足，很难保证生态损害责任追究的公平、公正、公开，并最终导致应被问责人员逃避处罚。

9.3.3.3 终身追责制与救济复出制度不健全

1）终身追责制未严格执行。当一个党政领导离任，必须有一个完整的机制主动对他在任期间的生态环境保护情况进行审计、清算、考核。如果在任期间，当地的环境破坏与党政领导干部的决策有关，即使已经转任异地、退居二线甚至退休多年，官员也必须要为自己在任期间做的有关环境保护的决策负责，承受“终身追究”责任的风险。在当前，对党政领导干部的审计主要是经济责任离任审计，生态责任离任审计还是个比较新鲜的事物，在以经济责任离任审计占据主要地位的情况下，生态责任离任审计一般是包含在经济责任离任审计之中，或者是在部分地区进行单独审计试点。生态责任离任审计与追究的实施保障难以到位，也可能导致经济责任离任审计与生态责任离任审计与责任追究相互重叠或制度衔接困难，使得生态责任离任审计停于表面，流于形式。在地方，有些审计领导小组的组长就是当地的政府领导干部，存在审计主体与问责对象重合问题，影响问责工作；对追责对象未能全覆盖，对生态环境破坏较为严重、社会公众影响大的官员会审计问责，对不作为或者慢作为的党政领导干部却缺乏审计问责；地方对辖区内的自然资源资产未能清算，指标和考核体系尚不健全。

2）救济、复出制度缺失。随着我国生态损害责任追究力度的日益增大，被问责党政领导干部的数量也越来越多，官员的复出与救济问题显得尤为重要。如对于因间接领导责任而被问责的地方官员，他们与责任后果之间的因果关系并不显著，如果因此将他们彻底“打入冷宫”而“永不再用”，对他们个人是不公平的，对国家也造成一定程度

的人力资源损失。让这一类地方官员复出既是必要的，又合情合理。《办法》规定了领导干部救济事项，但具体实施规则尚不明确，官员的及时救济安排等问题没有得到妥善的处理。

9.3.3.4　党政环保责任分工机制不明确

我国存在党政之间职责不清、权责不明的情况，法律法规对党政职责规定也不是很规范，或者即使有规定也缺乏有效的监督和考核，主要体现在：

1）同级别的党政之间的权责不够明确。目前我国党委与政府机构的权责界定没有完善的制度来规范，所以在实际运作中党委与同级政府之间存在职能定位不清、职权交叉重叠等现象。党委因掌握大政方针的决策权，行使某些职能时凌驾于政府部门之上，甚至插手政府的工作，导致了在环境问责中的党政分工不清、职责不明的现象，不利于环境保护和污染问题的有效治理。

2）上下级之间的责任界限比较模糊。在环境保护领域，没有相关法律对中央与地方各级政府的环保责任和权限做详细的制度安排，只有笼统的原则规定。《中华人民共和国环境保护法》规定地方各级政府对环境问题负总责，但过于笼统和宽泛，在法条中并没有规定详细的责任清单，导致中央和地方各级政府之间的上下级层级职责不明晰，缺乏明确的职权划分，以致权力错位现象严重，导致阻碍了地方政府对环境责任的履行。

3）党政正副职之间的责任划分不清晰。在环境领域，党和政府内部的责任分工没有一个明确的法律依据，正副职之间的责任性质不明确，副职能否独立承担责任不明确，所以在某些时候，存在正职利用自己的权力将责任推到副职身上的情况，副职也会为了不担责而选择不作为，导致党和政府不能很好履行环境职责。

9.3.4　宜兴市党政领导干部生态环境损害责任追究制度框架体系构建

《办法》出台后，全国各省（区、市）也相继出台了有关环境保护职责分工的文件、环境保护督察方案、党政领导干部生态环境损害责任追究实施细则。江苏省 2016 年出台《江苏省党政领导干部生态环境损害责任追究实施细则》（以下简称《细则》）。2019 年出台《江苏省党政领导干部生态环境损害责任追究工作规程》（以下简称《规程》），进一步规范生态环境损害责任追究工作，夯实地方党委、政府环境保护主体责任。《规程》明确责任分工，生态环境部门负责生态环境损害问题调查，会同有关部门提出问责建议，明确问责对象、应负责任及处理建议，并与属地党委、政府或有关部门充分沟通后，按照干部管理权限将有关材料及时移送至纪检监察机关，并配合开展后续问责工作。纪检监察机关基于审核的案卷材料确定问责处理意见，作出问责决定，组织实施问责。针对生态环境损害问题，《规程》明确，以造成生态环境损害和不良社会影响程度为标准，实行分类分级办理，具体包括移交案件办理、交办通报问题办理和日常执法发现问题办理 3 类。

结合《细则》和《规程》，以及宜兴市本地生态环境特色，构建党政干部生态环境损害责任追究制度基础框架，具体如图 9-8 所示，主要包括问责、公示、追责、整改、跟踪、救济、复出等步骤。

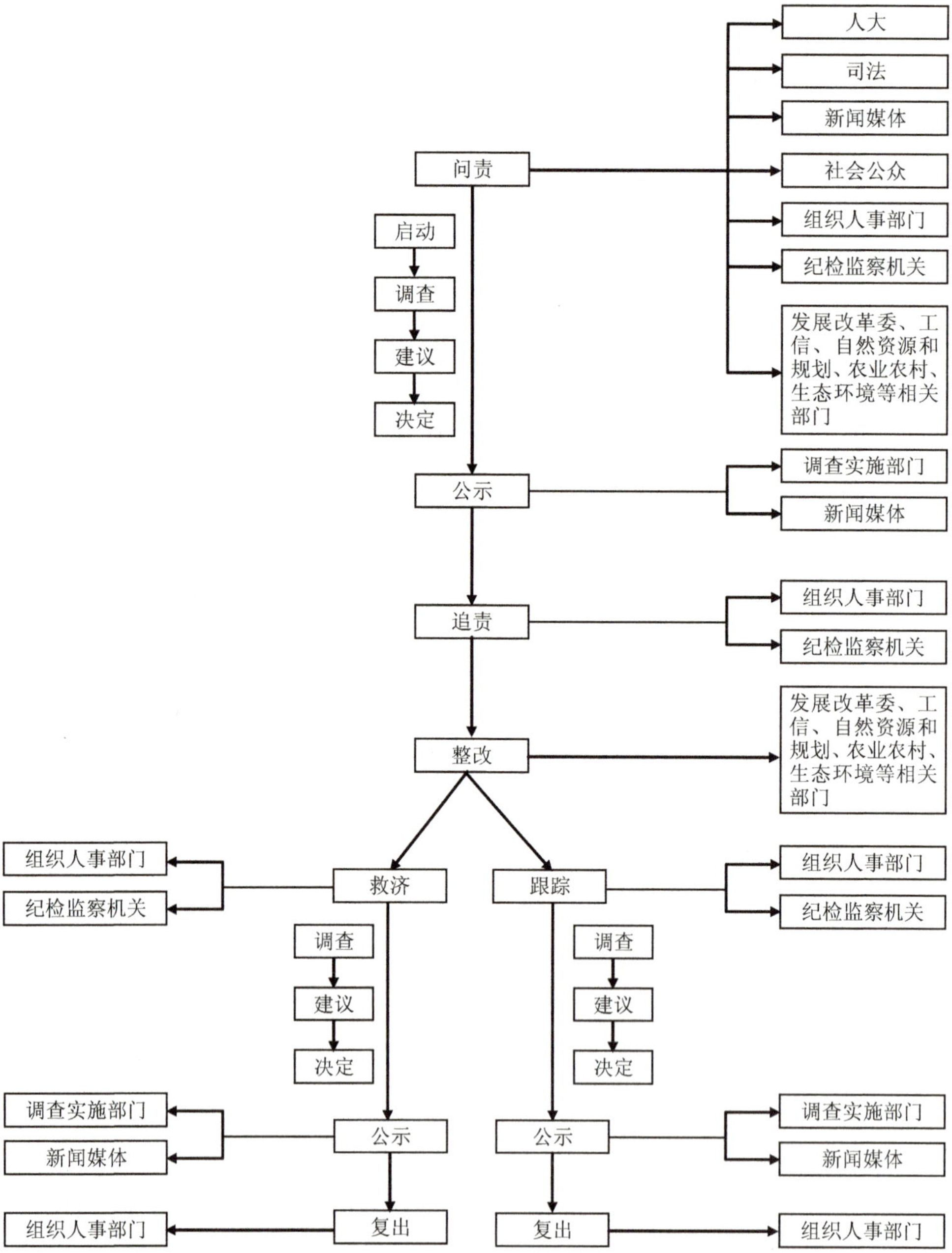

图 9-8　宜兴市党政干部生态环境损害责任追究制度框架

9.3.4.1　问责

市发展改革委、市工信局、市自然资源和规划局、市生态环境局、市住建局、市农业农村局、市水利局等负有生态保护监管职责的有关部门发现有追责情形的，按照职责依法对生态环境和资源损害问题进行调查，视情况邀请检察机关参加，在根据调查结果依法作出行政处罚决定或者其他处理决定的同时，对相关党政领导干部应负责任和处理措施提出建议，按照干部管理权限将有关材料及时移送纪检监察机关或者组织人事部门。

人大、市级纪检监察机关、组织人事部门、巡察机构、审计部门等在开展执纪执法和干部考核考察、巡察、审计等工作中发现有追责情形的，应当将涉及问题的线索及时移送负有生态保护监管职责的有关部门并抄送检察机关，由上述有关部门按照程序处理。

司法机关在生态环境和资源损害等案件处理过程中发现有追责情形的，应当按照干部管理权限向纪检监察机关或者组织人事部门提出处理建议，并移送处理。

群众举报反映且线索清楚或者被新闻媒体曝光的问题，由负有生态保护监管职责的有关部门按照职责进行调查，视情况邀请检察机关参与调查。经核实符合规定追责情形的，有关部门按程序处理。

应当追责情形涉及部门较多、主管部门不明确、调查部门应当回避、调查中发现情况比较复杂以及存在其他情形需要联合调查的，由组织部门协调相关部门派出联合调查组调查核实，提出处理意见，按照干部管理权限由纪检监察机关、组织人事部门处理。

移送部门自作出移送决定之日起 3 个工作日内，应当向纪检监察机关或组织人事部门移送相关案卷材料，材料包括：①移送材料清单；②移送书；③调查报告（含党政领导干部应负责任和处理建议）；④相关证据材料；⑤其他有关材料。

纪检监察机关对移送的案卷材料，应当按照有关规定进行调查。经调查后作出责任追究决定的，自作出决定之日起 3 个工作日内书面告知移送部门。组织人事部门对移送的案卷材料，认为事实清楚、证据确凿、定性准确，符合责任追究条件的，应当按照有关规定提出责任追究建议，报党委研究决定；认为事实不清、证据不足、定性不准的，可以告知移送部门补充相关材料，也可以直接调查取证。形成由组织部门牵头，纪检监察机关、人力资源社会保障、审计、统计及负有生态环境和资源保护监管职责的各工作部门参加的联系工作机制，及时交流情况，研究问题，提出追责建议，并做出责任追究决定。

9.3.4.2　公示

责任追究决定作出后，一般应当在 30 个工作日内通过调查实施部门和新闻媒体向社会公开，确保公众的知情权和追责结果的透明性、公开性。

9.3.4.3 追责

责任追究由纪检监察机关对存在违法、违规等行为的责任人追究刑事责任，由组织人事部门对在生态环境保护和管理方面存在失职行为的领导干部做出相应的处理决定。责任追究实施后，案卷材料原件并由纪检监察机关或组织人事部门结案归档。

9.3.4.4 整改

市发展改革委依据可持续发展战略，对生态环境保护的相关规划进行调整。市自然资源和规划局、市生态环境局、市农业农村局等政府相关部门对已出现问题或将出现问题的生态环境问题采取相应整治、整改措施。

9.3.4.5 跟踪

组织人事部门和纪检监察机关对整改结果进行跟踪调查，对整改结果实施调查、提出建议、做出调查决定，并对调查结果进行公示。

9.3.4.6 救济

被追责官员根据追责结果或整改实施情况申请个人权利的救济。由组织人事部门和纪检监察机关启动救济程序，实施调查、给出建议、做出决定，并对结果进行公示。

9.3.4.7 复出

由组织人事部门对救济成功或整改表现良好的官员启动复出程序。

9.3.5 宜兴市完善党政领导干部生态环境损害责任追究制度的路径

在构建宜兴市党政干部生态环境损害责任追究制度基础框架的条件下，进一步实施以下制度完善的路径。

9.3.5.1 细化追责程序

《办法》规定了领导干部生态环境损害追责程序，规定了追责程序的启动、调查、决定、执行、救济等事项，但具体实施规则尚不明确。《规程》对工作程序进行了规范，在环保问责调查、提出问责建议、移送问责事项、组织实施问责、跟踪结果落实 5 个方面，提出具体、可操作的步骤。但是在制度落实的过程中，以下事项仍需进一步细化：启动阶段追责的条件和模式、调查阶段的损害评估、决定阶段责任的认定与归属、执行阶段的监督落实、救济阶段被追责主体对自己权利的救济程序。

9.3.5.2 加强“异体问责”

《办法》由行政机关和纪检监察机关进行生态环境损害责任追究，这种“同体问责”的形式虽有利于提升责任追究效率，但行政隶属关系下的问责机制弹性较大，不利于追责真正落实[104]。探索建立健全异体问责机制，强化人大、司法、新闻媒体和社会公众对领导干部生态环境损害责任的问责力度，实施全方位监督，要明确异体问责的参与主题、拓展异体问责的参与渠道；并进一步完善环境行政公益诉讼制度，建立重大环境行政决策档案制度、决策跟踪评估制度和信息公开制度，将对党政领导干部生态损害责任追究机制的优化产生巨大推动。

9.3.5.3　建立被追责领导干部救济与复出机制

对于因生态环境问题被问责的地方官员，要一分为二地看待其过错和责任，在“精准问责”的基础上，建立救济与复出机制。对于疏忽大意、消极无为、玩忽职守、失职渎职而被问责的地方官员，应该依法依规依纪进行问责，谨慎按法定程序复出。对于利用职务涉嫌犯罪的，应当依法问责，剥夺其重新任职的资格[106]。为此，建议完善被追责领导干部的救济与复出机制，尤其复出机制应重点围绕追责原因、被追责领导干部被处理后的表现、追责时所担任职务、复出条件、复出程序和复出职位安排等进行设计。整个复出程序必须在合法、公开的前提下进行。

9.3.5.4　制定生态环境保护责任清单

责任追究的前提是确定责任。党政领导干部作为我国政治体系中的关键人物，在职责上代表民众和政府行使职权。自然地，当他们没有履行或者没有正确履行其环境职责时，也要依法依规进行责任追究，特别是要将集体责任转化为地方官员的个人责任，找准生态环境保护与治理第一责任人，这样才能避免借集体责任推卸个体责任。2016 年 8 月江苏省出台《江苏省生态环境保护工作责任规定（试行）》，规定了党委及其职能部门的环保责任，重视党委领导作用和党政协同共进力量的发挥，突出地方各级党委的环境保护重要责任，避免出现政府有压力干事而没有党委的支持最终干不成事的现象。2017 年 12 月，无锡市在江苏省内率先出台生态环境保护责任规定，一份清单划清权责，48 个部门分领 193 项生态环境保护责任，首次具有可操作性地把职责严谨细致地划分到每个部门、每个区域，避免因部门职责交叉而出现“处理不力”的状况。根据无锡市生态环境保护责任规定，宜兴市需因地制宜，进一步细化区县级、乡镇级党政领导的生态环境保护责任，消除权责盲区。尤其，水环境是宜兴市生态命脉，需对各相关部门的水生态责任进行全覆盖、全流程的明晰划分，按照规划源头、红线管控、过程监管、责任落实、司法联动的脉络，奏响全市水生态环保“大合唱”。

9.3.5.5　开展生态环境损害定性定量评估标准的研究

领导干部生态环境损害责任需以发生生态环境损害并达到特定程度为追究要件，生态环境损害定性定量评估工作是生态环境损害责任追究的事实基础。目前我国生态环境损害的评估技术、程序、手段和方法等，都已在有效开展并在逐步完善之中，但政府决策等抽象行为导致的环境损害如何评估，决策行为与损害结果间因果关系链条如何划定等关键技术问题尚待深入研究[104]。宜兴市可建立健全自然资源资产评估体系，列出行政区划内的自然资源清单，科学客观地获取辖区内的自然资源资产数量。2021 年 4 月，自然资源部发布《自然资源分等定级通则》和《自然资源价格评估通则》，将自 2021

年6月1日起实施，为完善自然资源评价评估技术体系，显化自然资源资产质量与价值提供行业标准。宜兴市可率先利用这两部通则，定量评估辖区内的自然资源价值。2021年4月，江苏省政府办公厅发布《国家城乡融合发展试验区（江苏宁锡常接合片区）实施方案》，江苏宁锡常接合片区主要包括溧水区、高淳区、宜兴市、溧阳市、金坛区5个市（区），重点开展包括生态产品价值核算的5项试点任务探索实践。宜兴市应以此为契机，加快建立生态产品价值实现机制和生态产品价值核算评估标准体系。通过自然资源价值和生态产品价值的核算，为开展生态环境损害定性定量评估提供理论依据和数据支撑。

9.3.5.6 加大信息公开的力度

实现生态损害责任追究的政务信息公开，对于确保问责过程的畅通、公正、客观具有重要作用。信息的透明度问题，理应被置于生态损害责任追究的程序规范、法制规范等同等重要的位置。

追究启动前的信息公开。生态损害责任追究启动，必须建立在一定的信息获取量的基础之上。首先，包括生态环境质量目标及党政领导干部生态政绩的考评信息，这种信息公开必须借助于政府主动公开，同时辅之以公众申请公开的方式。其次，启动前的信息公开还应包括生态环境决策、发展相关信息。

追究过程中的信息公开。在追究实施的过程中，大量收集相关责任人的生态环境损害数据信息，并加大对问责情形、程序、范围、方式等信息的公开，确保相关利益责任人的知情权与权益维护。并将责任追究的相关决定如日期、对象、范围等具体情况向社会公开，通过建设本行政区划内的生态环境损害追责曝光平台，畅通公共参与、监督举报的渠道。

追究实施后的信息公开。这里需要公开的信息是党政领导干部的复出情况，主要针对被问责党政领导干部的后续及任职信息，以及评优评选、提拔、转任等信息，以切实发挥公众监督作用，防范“带病复出”问题。

此外，党政领导干部生态环境损害责任追究制度的建立与实施还应注意与党内巡视、领导干部自然资源资产离任审计、环境保护督政约谈和问责等制度的紧密联系，发挥制度创新的叠加效应。

9.4 绿色发展考核政策优化建议

结合国家生态文明体制改革中对环境保护考核和责任追究相关制度的顶层设计，借鉴国内外成功的政策实践案例，提出了绿色发展考核政策优化建议如下：

一是制定基于主体功能和水生态功能协同分区的差异化考核制度。针对不同功能区设计差异化考核导向，利用德尔菲法确定各类考核指标的权重，设置差异化绿色发展考核评价指标体系，充分发挥县（市）绩效考核引领高质量发展“指挥棒”、落实主体功能区战略“助推器”的重要作用，完善差异化绩效考核结果反馈和运用机制，提高考核的公信力。将评价结果主要应用于干部任用、乡镇领导干部自然资源资产离任审计、差异化奖惩机制等方面。

二是健全绩效考核与干部选拔任用相结合的机制。将差异化绩效考核结果作为各乡镇党政领导班子和领导干部综合考核评价、领导干部选拔任用的重要依据，发挥考核评价在选人用人方面的导向作用，避免绩效考核走过场，切实转变领导干部的政绩观和发展观。

三是完善绩效考核与奖惩相结合的机制。根据分类考核评价结果，对成绩突出的乡镇和领导干部予以表彰和奖励，对连续三年处于末位的乡镇领导干部给予下调级别工资、不得评为优秀等措施，体现考核结果应用的“奖惩并举”。建立重要生态功能区 GEP 绩效考核结果与生态补偿、财政转移支付联动机制，对考评优秀的乡镇加大生态补偿、财政转移支付奖励力度。

四是建立绩效考核与领导干部自然资源资产离任审计相结合机制。将乡镇差异化绩效考核中关于生态环境、GEP、资源保护等相关指标作为领导干部自然资源资产离任审计的重要依据，对任期内考核结果多次处于末位或生态文明建设指标得分居后的乡镇党政领导予以重点审计。

第10章

结论与展望

10.1 研究结论

本书在国家生态环境保护制度体系改革的顶层设计下，立足宜兴市绿色发展现状及存在的关键问题，对当前引领区环境治理政策的实施效果进行绩效评估，结合国家生态文明制度改革要求，分析宜兴市绿色发展的主要制度障碍。基于绿色制度发展内涵和理论基础，从源头严防、过程严管、后果严惩全过程管理中构建了一套涵盖自然资源保护制度体系、环境经济政策体系、水生态环境管理体系、环境保护与责任追究制度体系的绿色发展创新制度体系，对环境治理、环境经济、环境监管和考核等重点政策开展优化，主要结论如下：

1）构建了宜兴生态引领区绿色发展水平绩效评估技术。在系统分析国内外关于绿色发展的理论基础和方法研究基础上，梳理国内外相关城市及发展示范县绿色发展的考核指标体系和评估方法，结合宜兴市生态引领区实际和目标，构建了涵盖经济质量、环境质量、污染排放、生态效益、资源利用5个方面21项具体指标，对宜兴市2017年、2019年绿色发展水平开展评估。2019年宜兴市绿色发展水平明显有所提升，在无锡市整体处于“较高”水平，绿色发展指数由2017年的76.8分上升到2019年的88.9分。整体上，资源利用效率低、工业结构相对较重依然是影响宜兴市绿色发展水平的主要限制因子。

2）构建了绿色产业发展体系。深入调查了宜兴生态保护引领区产业结构、资源消耗、经济贡献和污染特征等情况，对绿色产业内涵进行界定，对宜兴市绿色产业发展现状进行评估，指出区域产业在绿色转型过程中面临的主要问题，建立了由绿色制造产业链、“绿色循环”生态农业、“五色”生态旅游组成的绿色产业体系，从推动产业结构优化调整、构建绿色产业链、完善环境激励机制政策、大力发展第三产业等方面提出了绿色产业发展的政策建议。

3）优化山水林田湖草系统保护与修复制度。梳理山水林田湖草系统保护与修复顶层设计及宜兴生态引领区保护与修复方面存在的问题，分析生态引领区山水林田湖草保护与修复的需求。对山水林田湖草系统保护与修复制度设计及建设成效进行深入分析，提出了引领区山水林田湖草保护修复示范模式与保护修复建议。

4）构建了精细化水生态环境监管体系。运用PDCA理论构建以目标责任制-督查管理制-考核评价制为主要制度的水生态环境治理制度体系，将目标责任制度、权责清单制度、政府监管制度、企业主体管理制度、公众参与制度、考核制度、激励制度和乡镇水环境生态补偿制度相融合，形成一套系统化、全面化的水生态环境监管制度体系，制定了引领区水生态监测网络优化设计方案。从提升监测监控能力、建立创新管理制度、强化执法监督能力3个方面提出了推动精细化水生态环境监管体系建设的政策建议。

5）构建了基于差别化考核、精细化管理的党政干部绩效评价考核和责任追究制度框架和技术评价体系。结合国家生态文明体制改革中对环境保护考核和责任追究相关制度的顶层设计，借鉴国内外成功的政策实践案例，研究设计生态引领区在精准化推进环境保护考核绩效评价制度、领导干部自然资源资产离任审计、党政领导干部生态环境损害责任追究等方面的制度创新体系。一是制定基于主体功能和水生态功能协同分区的差异化考核制度。结合宜兴市经济发展与环境质量状况形成宜兴市高压高敏、高压低敏、低压高敏、低压低敏四类功能分区，根据不同功能区设计差异化考核导向，设置差异化绿色发展考核评价指标体系。二是构建基于压力-状态-响应模型的宜兴市乡镇领导干部自然资源资产离任审计评价体系和工作规程。从压力、状态、响应方面建立涵盖30项具体指标的宜兴市乡镇领导干部自然资源资产审计评价体系，根据计算所得权重，对结果进行分析决策，确定指标层级中各个元素相对于总目标的重要程度。三是构建党政领导干部生态环境损害赔偿评价和问责程序。

6）基于国家环境经济政策改革要求、引领区定位和建设目标与改革需求等特点，按照坚持激励与约束并举、合理搭配政府和市场手段等原则构建环境经济政策框架体系。从“政策设计—政策实施—政策效果”三方面构建面向绿色信贷、环境税、财政转移支付、生态环境补偿与损害赔偿等重点环境经济政策的绩效评估方法体系，对绿色金融、绿色财税、生态补偿和损害赔偿等重点环境经济政策在宜兴的实施现状进行评估，提出了5项重点环境经济政策的优化建议。

10.2 难点与展望

一是生态文明体制机制改革涉及部门较多，本书差异化考核、领导干部自然资源资产离任审计制度、领导干部生态环境损害赔偿责任追究制度等涉及组织部、发展改革委、生态环境、审计、自然资源等多个部门共同协作，虽然在研究层面开展了较为深入的工作，但成果的应用示范只能以政策建议形式体现，相关政策实施成效较难定量化表征。下一步，进一步推进政策示范，领导干部自然资源资产离任审计制度、领导干部生态环境损害赔偿责任追究制度等试点示范工作仍需要进一步争取地方的配合，通过成效评估不断完善、修订，才能在全省推广示范。

二是及时更新、跟踪国家最新政策。随着治理体系和治理能力现代化建设推进，生态文明制度改革内涵也不断扩充，生态产品价值实现、高质量考核政策也不断创新，宜兴市生态资源禀赋优越，生态保护修复取得较好成效，下一步在绿色发展制度体系中应强化对生态产品价值实现机制的探索。

三是区域绿色发展评价涉及生态环境、社会经济、资源能源消耗等综合性指标，在乡镇层面开展绿色发展评价和差异化考核指标可得性较差，有待从统计层面进一步完善。随着统计部门、自然资源部门、生态环境部门的相关统计、监测数据不断完善，绿色发展评估、生态产品价值核算等研究工作可进一步开展，有利于将绿色发展考核导向和生态环境保护激励机制等落实到操作层面。

四是环境经济政策制度研究方面，一方面，环境经济制度的评估难以量化，本书主要采用逻辑框架法和“目标—执行—效果”评估方法，因受数据限制，主要侧重于对政策的设计、实施和效果方面进行定性化评估。另一方面，因为政策研究的特殊性，受影响因素较多，制定的优化技术难以在宜兴市进行试行，距离落地实施仍有一定差距。下一步，与宜兴市相关部门进行对接，选择两项环境经济政策进行试点应用。

参考文献

[1] 大卫·皮尔斯. 绿色经济蓝图[M]. 何晓军，译. 北京：北京师范大学出版社，1996.

[2] 杨志，王梦友. 绿色经济与生产方式全球性转变——刍议基于“资本·网络·绿色”框架的新经济[J]. 经济学家，2010（8）：18-24.

[3] 王有捐，林卫斌. 经济发展方式转变与绿色增长[J]. 经济研究参考，2011（1）：3-12.

[4] 钟朝宏. 中外企业环境绩效评价规范的比较研究[J]. 中国人口·资源与环境，2008（4）：216-220.

[5] 刘丽敏，杨淑娥，袁振兴. 国际环境绩效评价标准综述[J]. 统计与决策，2007（16）：150-153.

[6] 陈静，林逢春，曾智超. 企业环境绩效模糊综合评价[J]. 环境污染与防治，2006（1）：37-40.

[7] 曹东，宋存义，曹颖，等. 国外开展环境绩效评估的情况及对我国的启示[J]. 价值工程，2008（10）：7-12.

[8] 卞亦文. 基于 DEA 的环境绩效评价研究现状及拓展方向[J]. 商业时代，2009（6）：64-65.

[9] 许家林，刘海英. 我国央企社会责任信息披露现状研究——基于 2006—2010 年间 100 份社会责任报告的分析[J]. 中南财经政法大学学报，2010（6）：77-84，144.

[10] 胡健，李向阳，孙金花. 中小企业环境绩效评价理论与方法研究[J]. 科研管理，2009，30（2）：150-156，165.

[11] 袁广达，孙薇. 环境财务绩效与环境管理绩效评价研究[J]. 环境保护，2008（18）：12-14.

[12] 孔繁文，高岚. 挪威的自然资源与环境核算[J]. 林业经济，1991（4）：47-51，66.

[13] 高敏雪. 从联合国有关手册看环境经济核算的国际研究进程[J]. 当代经济管理，2005（3）：73-75.

[14] 周军，周国梅. 绿色 GDP 国际经验及对中国的启示[C]. 2007 中国环境科学学会学术年会优秀论文集（下卷），2007：319-324.

[15] Bureau of Economic（BEA）. Integrated economic and environmental satellite accounts[J]. Survey of Current Business，1994（4）：33-49.

[16] Statistics Canada. Concepts sources and methods of the canadian system of environmental of resource account[R]. 2006.

[17] 吴优. 德国的环境经济核算[J]. 中国统计，2005（6）：46-47.

[18] 邱琼. 绿色 GDP 核算研究综述[J]. 中国统计，2006（9）：8-9.

[19] Statistcs Sweden. Forest economic and environmental accounting[R]. 2007.

[20] Hoffré N J. Finnish forest resource accounting and ecological sustainability：224[R]. 1997.

[21] Federal Statistical Office. Waste accounting in germany possibilities and limits[R]. 2011.

[22] Australian Bureau of Statistics. Environmental protection expenditures：an application of seriee in australia[R]. 1999.

[23] National Statistical Coordination Board. Philippine asset accounts：forest，land/soil，fishery，mineral，and water resources[R]. 1998.

[24] 齐援军. 国内外绿色 GDP 研究的总体进展[J]. 经济研究参考，2004（88）：25-29，34.

[25] 李德水. 努力探索中国绿色国民经济核算体系[J]. 环境经济，2004（8）：24-25.

[26] 雷明，胡宜朝. 地区绿色投入产出表编制——宁夏 1997 年绿色投入产出表编制与分析[J]. 统计研究，2004（6）：36-42.

[27] 国家环境保护总局，世界银行. 建立中国绿色国民经济核算系统研究报告[R]. 2006.

[28] National Institute of Statistics and Geography of Mexico（INEGI）. Green growth indicators for mexico[R]. 2011.

[29] Statistics Netherlands. Green growth in the netherlands[R]. 2011.

[30] Czech Statistical Office. Green growth in the czech republic selected indictors[R]. 2011.

[31] 剧宇宏. 中国绿色经济发展的机制与制度研究[D]. 武汉：武汉理工大学，2009.

[32] 国务院. 中国 21 世纪议程：中国 21 世纪人口、环境与发展白皮书[M]. 北京：中国环境科学出版社，1994.

[33] 陈旭. 论我国生态文明建设的制度设计创新[J]. 四川行政学院学报，2013（2）：3.

[34] 周红格. 论循环经济立法中的基本激励制度——以回归人性为基础[J]. 生态经济，2010（5）：4.

[35] 刘峰. 以体制机制创新建设美丽中国[J]. 中国国情国力，2013（3）：2.

[36] 徐岩. 国家生态安全视角下的生态补偿机制的构建[J]. 改革与战略，2011，27（9）：3.

[37] 卢风. 生态价值观与制度中立——兼论生态文明的制度建设[J]. 上海师范大学学报（哲学社会科学版），2009，38（2）：9.

[38] 王雨辰. 论生态文明的制度维度[N]. 光明日报，2008-04-08（10）.

[39] 王金南，王夏晖. 推动生态产品价值实现是践行“两山”理念的时代任务与优先行动[J]. 环境保护，2020，48（14）：9-13.

[40] 谢高地，张彩霞，张雷明，等. 基于单位面积价值当量因子的生态系统服务价值化方法改进[J]. 自然资源学报，2015，30（8）：1243-1254.

[41] 刘世锦. 基于“生态元”的全国省市生态资本服务价值核算排序评估报告[R]. 北京腾景大数据应用科技研究院，2019.

[42] 李非，张路阳. 论两岸绿色产业的发展趋势与合作策略[J]. 海峡科技与产业，2011（3）：37-41.

[43] 陈健. 我国绿色产业发展研究[D]. 武汉：华中农业大学，2009.

[44] 刘小清. 绿色产业——迎着朝阳走来的新兴产业[J]. 商业研究，1999（9）：112-114.

[45] 曾建明，陈万江. 论我国产业结构趋同的机制[J]. 天府新论，1999（5）：22-24.

[46] 何永进. 绿色产业：21世纪经济大势[J]. 苏南科技开发，2007（5）：76.

[47] 孙文英，曾煜. 促进绿色城镇化与绿色产业协同发展对策研究[J]. 统计与管理，2016（8）：66-69.

[48] 王傲雪. 关于绿色产业概念与特征的界定研究[J]. 现代经济信息，2015（15）：370-371.

[49] 揭益寿，丁玉华. 国内外绿色产业的兴起和发展[J]. 当代生产农业，2000：13-21.

[50] 于芷薇. 基于长江经济带发展视角的长江流域生态环境监管体制创新研究[D]. 武汉：湖北大学，2020.

[51] 王霞，郭传新，张丽杰. 基于水生态功能分区的流域水环境监测网络体系构建[J]. 环境与可持续发展，2018，43（2）：46-48.

[52] 金小伟，王业耀，王备新，等. 我国流域水生态完整性评价方法构建[J]. 中国环境监测，2017，33（1）：75-81.

[53] 杜飞，王世岩，刘畅，等. 基于水生态区的黑河流域水生态健康评价研究[J]. 中国水利水电科学研究院学报，2017，15（6）：478-484.

[54] 王丽娜. 基于水生态功能三级分区的松花江流域水环境质量评价[D]. 哈尔滨：哈尔滨工业大学，2018.

[55] 时艳婷. 基于水生态功能分区的流域水环境质量评价模型研究[D]. 哈尔滨：哈尔滨工业大学，2017.

[56] 宋蒙蒙，田爽，卢奥然，等. 渭河河流生态系统完整性评价体系的构建[J]. 大连海洋大学学报，2020，35（2）：288-295.

[57] 刘鹏. 流域水生态监测网络系统设计——以辽河流域为例[J]. 环境保护科学，2018，44（3）：110-113.

[58] 董文灵. 蒲河流域水生态健康评价[D]. 沈阳：辽宁大学，2018.

[59] 杨成江，郭传新，于洋. 基于贴近度法在吉林省松花江干流水质监测断面优化中的应用研究[J]. 环境科学与管理，2018，43（6）：112-116.

[60] 顾红明. 上海金山区酸雨分布特征及降水酸度主控因子探讨[J]. 环境科学与技术，2012，35（7）：59-63，85.

[61] Karr J R，Fausch K D，Angermeier P L. Assessing biological integrity in running waters：a method and its rational[M]. Champaign：Illinois Natural History Survey，1986.

[62] Hughes R M，Paulsen J L. Stoddard. EMAP-surface waters：a multiassemblage，probability survey of ecological integrity in the U.S. A[J]. Hydrobiologia，2000，5（17）：429-443.

[63] 刘琰，郑丙辉. 欧盟流域水环境监测与评价及对我国的启示[J]. 中国环境监测，2013，29（4）：162-168.

[64] 王业耀，阴琨，杨琦. 河流水生态环境质量评价方法研究与应用进展[J]. 中国环境监测，2014，

30（4）：1-9.

[65] Forio M A E，Landuyt D，Bennetsen E. Bayesian belief network models to analyse and predict ecological water quality in rivers[J]. Ecological Modelling，2015（312）：222-238.

[66] Moe S J，Haande S，Counture R. Climate change，cyanobacteria blooms and ecological status of lakes：a bayesian network approach[J]. Ecological Modelling，2016（337）：330-347.

[67] Huntjens P，Pahl-Wostl C，Rihoux B，et al. Adaptive water management and policy learning in a changing climate：a formal comparative analysis of eight water management regimes in Europe，Africa and Asia[J]. Enviromental Policy & Governance，2011，21（3）：145-163.

[68] Pahl-Wostl C，Lebel L，Knieper C，et al. From applying panaceas to mastering complexity：toward adaptive water governance in river basins[J]. Environmental Science & Policy，2012，23.

[69] Salajegheh S，Jafari H R，Pourebrahim S. Modeling the impact of social network measures on institutional adaptive capacity needed for sustainable governance of water resources[J]. Natural Resource Modeling，2020，33（4）：15.

[70] Gerlak A K，Heikkila T，Newig J. Learning in environmental governance：opportunities for translating theory to practice[J]. Journal of Environmental policy & Planning，2020，22（5）：653-666.

[71] 陈硕. 坚持和完善生态文明制度体系：理论内涵、思想原则与实现路径[J]. 新疆师范大学学报（哲学社会科学版），2019，40（6）：18-26.

[72] 邬晓燕. 新时代生态文明制度体系建设：进展、问题与多维路径[J]. 北京交通大学学报（社会科学版），2020，19（4）：23-28.

[73] 刘登娟，邓玲，黄勤. 以制度体系创新推动中国生态文明建设——从“制度陷阱”到“制度红利”[J]. 求实，2014（2）：56-60.

[74] 蔡永海，谢滟檬. 我国生态文明制度体系建设的紧迫性、问题及对策分析[J]. 思想理论教育导刊，2014（2）：71-75.

[75] 叶冬娜. 国家治理体系视域下生态文明制度创新探析[J]. 思想理论教育导刊，2020（6）：85-90.

[76] 朱留财，张雯，陈兰，等. 以生态环境制度体系创新推进生态文明治理制度转型[J]. 环境保护，2015，43（11）：22-25.

[77] 冯阳雪，徐鲲. 农村生态环境治理的政府责任：框架分析与制度回应[J]. 广西社会科学，2017（5）：125-129.

[78] 龚天平，刘潜. 我国生态治理中的国内环境正义问题[J]. 湖北大学学报（哲学社会科学版），2019，46（6）：14-21，172.

[79] 汤玉官，刘棋滔. 生态治理中的制度比较及启发[J]. 市场周刊，2019（2）：185-186.

[80] 董战峰，王玉. 生态文明制度创新的逻辑理路与实践路径[J]. 昆明理工大学学报（社会科学版），2021，21（1）：43-50.

[81] 李娟. 中国生态文明制度建设 40 年的回顾与思考[J]. 中国高校社会科学，2019（2）：33-42，158.

[82] 郭荣茂. 加强生态文明建设的新举措——论生态环境治理和生态修复制度的完善[J]. 汕头大学学报（人文社会科学版），2017，33（12）：48-55，95.

[83] 许玲燕，杜建国，汪文丽. 农村水环境治理行动的演化博弈分析[J]. 中国人口·资源与环境，2017，27（5）：17-26.

[84] 贾先文. 我国流域生态环境治理制度探索与机制改良——以河长制为例[J]. 江淮论坛，2021（1）：62-67.

[85] 周鑫. 当代中国生态治理的制度建设[J]. 理论视野，2014（11）：80-82.

[86] 陈凤玉，刘伟，李昊洋，等. 南平市水利行业强监管制度体系创新探索[J]. 中国水利，2020（2）：42-44.

[87] 辛向阳. 推进国家治理体系和治理能力现代化的三个基本问题[J]. 理论探讨，2014（2）：27-31.

[88] 张磊. 国家治理能力现代化的生态维度——以政府生态治理能力为视角[J]. 行政论坛，2015，22（6）：9-13.

[89] 刘建伟，漆思. 推进国家生态治理能力现代化[N]. 中国环境报，2014-06-16（2）.

[90] 刘纯明，余成龙. 乡镇政府生态环境治理能力现代化：现实依据、发展困境和破解思路[J]. 昆明理工大学学报（社会科学版），2020，20（2）：51-57.

[91] 陈健鹏. 从政府监管视角看生态环境治理体系和治理能力现代化[J]. 环境与可持续发展，2020，45（2）：17-21.

[92] 席艳玲. 大数据助推环境治理能力现代化的路径与实施原则[J]. 现代管理科学，2019（11）：18-20.

[93] 王世海. 辽宁省生态环境治理能力现代化研究与应用[J]. 中国地名，2020（8）：37-38.

[94] Rosenau J N，Czempiel E O. Governance without government[M]. Cambridge University Press，2009.

[95] Bevir M. A theory of governance[M]. Global，Area and International Archive，University of California Press，2013.

[96] Patterson J J，Smith C，Bellamy J. Understanding enabling capacities for managing the “wicked problem” of non point source water pollution in catchments：A conceptual framework[J]. Journal of Environmental Management，2013，128（15）：441-452.

[97] 李晓光，苗鸿，郑华，等. 生态补偿标准确定的主要方法及其应用[J]. 生态学报，2009，29（8）：4431-4440.

[98] 秦艳红，康慕谊. 国内外生态补偿现状及完善措施[J]. 自然资源学报，2007，22（4）：557-567.

[99] 郑海霞. 中国流域生态服务补偿机制与政策研究[M]. 北京：中国经济出版社，2010.

[100] 刘桂环，文一惠，张惠远. 基于生态系统服务的官厅水库流域生态补偿机制研究[J]. 资源科学，2010，32（5）：856-863.

[101] 黄溶冰. 基于 PSR 模型的自然资源资产离任审计研究[J]. 会计研究，2016（7）：89-95.

[102] 王瑞琪. 基于 PSR 模型的自然资源资产离任审计指标体系构建及应用研究[D]. 南京：南京审计大学.

[103] 杜敏，周丽旋，彭晓春. 自然资源资产核算与领导干部自然资源资产离任审计研究[M]. 北京：化学工业出版社，2016.

[104] 刘倩. 《党政领导干部生态环境损害责任追究办法》评析与建议[J]. 环境与可持续发展，2015，40（6）：3.

[105] 陈叶叶. 县域党政领导干部生态损害责任追究机制优化研究[D]. 湘潭：湘潭大学，2018.

[106] 李代明. 地方官员生态环境损害责任追究存在的问题与解决路径[J]. 江南社会学院学报，2017，19（3）：6.